超细晶粒高碳钢

——组织控制原理与制备技术

熊 毅 厉 勇 吕知清 著

化学工业出版社

·北京·

内 容 简 介

本书共 7 章。首先介绍超细晶粒钢的基本概念、分类、组织性能特点、研究现状及应用领域，高碳钢中的物相及显微组织特性；其次，采用第一性原理方法计算钢中碳化物的晶体结构及力学、电磁性能；最后，系统阐述超细晶粒高碳钢不同的制备技术与组织性能。本书通过理论计算、数值模拟与实验验证相结合，较为全面深入地论述了各种超细晶粒高碳钢制备方法的组织性能特征及优缺点，以期为超细晶粒钢铁材料在工业领域的推广应用提供相关理论依据和实际指导。

本书可作为钢铁材料领域的工程技术人员、科研院所研究人员的参考用书，也可作为高等院校材料、机械类专业师生的教学用书。

图书在版编目（CIP）数据

超细晶粒高碳钢：组织控制原理与制备技术/熊毅，厉勇，吕知清著. —北京：化学工业出版社，2024.7
ISBN 978-7-122-44790-6

Ⅰ.①超… Ⅱ.①熊… ②厉… ③吕… Ⅲ.①超细晶粒-高碳钢 Ⅳ.①TG142.31

中国国家版本馆 CIP 数据核字（2024）第 111290 号

责任编辑：王　婧　杨　菁　　　　文字编辑：徐　秀　师明远
责任校对：李雨晴　　　　　　　　装帧设计：张　辉

出版发行：化学工业出版社
　　　　　（北京市东城区青年湖南街 13 号　邮政编码 100011）
印　　装：三河市航远印刷有限公司
710mm×1000mm　1/16　印张 17　字数 290 千字
2024 年 10 月北京第 1 版第 1 次印刷

购书咨询：010-64518888　　　　售后服务：010-64518899
网　　址：http://www.cip.com.cn
凡购买本书，如有缺损质量问题，本社销售中心负责调换。

定　　价：98.00 元　　　　　　　　　版权所有　违者必究

前言

　　钢铁是现代文明社会的基础物质材料。自 19 世纪 60 年代问世以来，随着科学技术的飞速发展，钢铁材料已经实现了自动化程度很高的大规模生产。20 世纪是钢铁材料的世纪，21 世纪钢铁材料仍是占据主导地位的结构材料，没有任何一种材料能够全面代替钢铁材料。经济建设和社会发展不断要求大幅度提高钢铁材料的强韧性，开发适应不同服役环境要求的钢铁品种，改善钢铁产品质量，降低生产成本，按照可持续发展的要求开发环境友好的基础材料，已经成为钢铁材料研究者和生产单位的重要使命。

　　进入 20 世纪 90 年代以后，构件的轻量化、基础设施更新以及大规模的经济建设，对钢铁的需求量日益增加。为实现社会的可持续发展，钢铁材料的研发与生产呈现出四个态势：高强度化、长寿化、低成本以及环境友好。实现这些目标，必须依靠相关基础理论研究的深入及科学技术的进步。新一代钢铁材料具备以下三个特征：超细晶、高洁净度、高均匀性，同时还兼具良好的性价比、优良的强韧性匹配、符合可持续发展。其中，组织超细化理论是研究新一代钢铁材料的核心和关键。

　　本书著者长期从事先进钢铁材料的相关基础研究与组织性能表征工作，书中部分内容结合著者及课题组多年来承担和参与的国家重大科研项目研究成果，以超细晶高碳钢的制备与组织性能表征为主线，结合国内外超细晶粒高碳钢的最新研究结果和发展趋势，期望为超细晶高碳钢材料在相关工业领域的推广应用提供理论依据和技术支持。

　　本书由熊毅、厉勇、吕知清、潘昆明、贺甜甜和岳赟撰写。全书共分为 7 章，其中第 1 章由潘昆明撰写，第 2 章由吕知清撰写，第 3 章由厉勇撰写，第 4 章和第 5 章由熊毅撰写，第 6 章由岳赟撰写，第 7 章由贺甜甜撰写。全书由熊毅教授统稿，傅万堂教授审稿，贺甜甜和岳赟校稿。衷心感谢燕山大学傅万堂教授的培育之恩，将著者引领至超细晶粒钢铁材料研究领域，感谢燕山大学傅万堂教授、孙淑华教授、日本京都大学 T. Maki 教授、T. Furuhara 教授在研究素材上提供的大力支持和帮助，同时对数十年来一起工作的同事和研究生表示真诚的感谢！

本书中的研究工作得到国家自然科学基金（项目号：50271061、50471102、50671089、50801021、51171161、51201061、U1804146、51905153、52111530068）、河南省高校科技创新人才支持计划项目（项目号：17HASTIT026）、河南省高等学校青年骨干教师培养计划项目（项目号：2011GGJS-070）、河南省外国专家引智计划项目（项目号：HNGD2020009）等的支持。

本书得到了河南科技大学、有色金属新材料与先进加工技术省部共建协同创新中心、高端轴承摩擦学技术与应用国家地方联合工程实验室、金属材料磨损控制与成型技术国家地方联合研究中心、化学工业出版社的大力支持，在此一并表示感谢！

本书编写过程中，参阅了国内外许多学者的研究成果，著者在此对他们表示感谢。同时，由于超细晶粒钢铁材料的研究为多学科交叉，涉及的知识面广，且著者的水平有限，对许多资料取舍和理解存在不妥或不足之处，敬请广大读者批评指正。

熊　毅

2024 年 3 月

目录

第4章 珠光体钢温变形后微复相组织的形成与力学性能

第5章　ECAP方法制备超细晶粒高碳钢的数值模拟与组织性能

第6章　高应变速率变形制备超细晶粒高碳钢的组织与性能

第7章　超细晶粒高碳钢的其他制备技术与组织性能

第1章 超细晶粒钢概述

提高钢的强度、韧性、延展性、加工性能以及使用寿命是 21 世纪钢铁工业的主要发展目标。传统方法多通过提高钢中合金元素总量来实现，但这不仅会对冶炼工艺及设备提出更高的要求，增加炼钢工序的生产成本，而且往往只能提高材料某一方面的性能。20 世纪末，新一代钢铁材料（超级钢）的概念被提出后，受到包括我国在内的许多钢铁工业发达国家学术界和工业界的高度重视，主要通过控制钢的微合金化、显微组织形态、固态相变和晶粒细化等方法来提高钢的性能。这些方法的核心是钢铁材料的晶粒超细化技术。如果将晶粒细化一个数量级，钢铁材料的强度可提高 1 倍，同时仍然保持良好的塑性和韧性。钢铁材料晶粒超细化技术生产工艺和设备简单，且能在满足钢铁材料综合力学性能的同时消耗最少的资源，因此，该技术已成为许多工业发达国家竞相研发的领域。

1.1 超细晶粒钢的基本概念

超细晶粒钢作为 21 世纪最具代表性的先进金属结构材料，其强化思路具有鲜明的特点，即通过晶粒超细化的同时实现强韧化，这完全不同于传统的以合金化及热处理为主要手段的强化思路。超细晶粒钢大都通过细晶强化、相变强化、析出强化等相结合的方法来提高钢的强韧性。

超细晶粒的目标是将晶粒度从传统的几十微米细化到 $1\sim2\mu m$ 的尺度。为实现"强度翻番"并保持良好的强韧性配合，对于不同强度级别的钢类，其超细化（超细晶或超细组织）目标也不尽相同，这主要与材料的最终组织状态和服役环境有关[1]。

目前，世界各国一般采用与标准金相图片比较评级的方法来表示钢材晶粒大小。生产中常见的晶粒度在 $1\sim8$ 级范围内。其中，$1\sim3$ 级（直径 $250\sim125\mu m$）为粗晶；$4\sim6$ 级（直径 $88\sim44\mu m$）为中等晶粒；$7\sim8$ 级（直径 $31\sim22\mu m$）为细晶。而如果根据物理冶金学中的晶粒特点以及实际生产中加工条件的可能性分类[2]，晶粒的尺寸等级又可以分为以下几种：大于 $10\mu m$ 的为普通晶粒；$3\sim 10\mu m$ 的为细晶粒；$1\sim 3\mu m$ 的为超细晶粒；$0.1\sim 1\mu m$ 的为微细晶粒；小于 $0.1\mu m$ 的为纳米晶粒。

在本书中，为了方便起见，我们把细晶粒、超细晶粒、微细晶粒（即晶粒尺寸介于 $0.1\sim 10\mu m$）统称为超细晶粒。随着各个国家对研发超细晶粒钢不断投入巨额资金，目前，关于超细晶粒钢的许多研究成果已经应用于工业化生产，并且取得了良好的经济和社会效益。

强度是衡量材料性能的一项重要指标。提高超细晶粒钢强度的方法有：固溶强化、细晶强化、沉淀强化、位错亚结构强化等。然而，除了细晶强化能够同时提高强度与韧性外，其他强化手段都不同程度地损害钢的韧性。

（1）固溶强化

固溶强化是利用间隙原子或置换溶质原子提高固溶体强度的方法。Honey-combe[3] 认为，强度与 $c^{1/2}$ 成正比（溶质浓度 c），而强度与间隙原子浓度 c_{in} 成正比。

固溶强化主要通过添加一些具有强化效果的合金元素来实现。一般来说，对于同一种合金系，提高固溶体的浓度就会提高材料的强度，而当固溶体比例占到一半时，其强化效果达到最高值。在采用固溶强化的过程中，材料的塑性会有所下降。如果同时添加多种合金元素，而且每种合金元素的含量均不高时，产生的强化效果会比采用单一的高比例合金元素的强化效果要更好。

（2）细晶强化

细晶强化可用 Mclean 提出的 Lüders 带模型形象地说明[4]。该模型表明，晶界的主要作用是阻塞位错运动，晶粒越细，晶界的总面积越大，阻塞位错滑移的作用也越大，进而导致材料的屈服强度升高。Hall-Petch 据此对低合金钢的细晶强化总结后得到下屈服点与晶粒大小的关系式，即细晶强化效果可以用著名的霍尔-佩奇（Hall-Petch）公式来描述：

$$\sigma_s = \sigma_0 + kd^{-1/2} \tag{1-1}$$

式中，σ_s 为屈服强度；σ_0 为内摩擦应力，代表晶体点阵摩擦力和溶质原子的影响；k 是常数，与激活滑移位错源所需的应力集中有关；d 是平均晶粒尺寸，它对钢的韧脆转变温度起着决定性作用。

细晶强化主要由于在材料的内部产生了大量的晶界，在晶界处比较容易发生弹塑性变形，这种变形因能量的大小不同而总出现形变不协调，从而在晶界处产生应力集中，以维持细小晶粒本身所具有的连续性，导致位错的急剧增加，在局部产生应变硬化，从而阻碍位错滑移，提高了材料强度。

（3）沉淀强化

沉淀强化是钢中特别是微合金钢中常见的强化机制，其本质在于析出相粒子对位错运动的阻碍作用。由第二相粒子引起的屈服强度增加主要来自于基体位错与弥散相粒子之间的直接相互作用，不同的相互作用过程存在不同的理论模型。主要的强化机制有以下几种。①共格错配应变机制。当沉淀粒子与基体完全共格或形成溶质原子的聚团时，它们和基体间的晶格错配引起的内应力场是强化的原因。在沉淀早期阶段，如果沉淀相的体积分数不大，则强化效果不大。②弥散相粒子切变强化机制。当第二相粒子在沉淀初期并与基体保持共格界面时，运动位错能够切过粒子或使粒子切变，这时合金的屈服应力由引起粒子切变的应力控制。Kelly-Nicholson 理论[5] 认为，位错切过可变形的共格或半共格沉淀粒子时，将产生所谓的"化学强化"效应。共格或半共格粒子的半径越小，其强化作用就越强，这是时效峰前的强化原因。③位错越过粒子机制。位错越过粒子机制主要包含两种：一种是位错弓形弯曲机制（即所谓的 Orowan 机制），适用于非共格的弥散相粒子，粒子与基体具有非共格的界面而且有足够强度，在位错弯弓越过的过程中粒子既不切变也不断裂，在外力作用下位错线绕过粒子继续运动并留下位错环；另一种是位错交滑移机制，塑性变形时如果粒子的平均间距近似地大于粒子平均直径的 10 倍，交滑移机制就有可能发生，而且会先于 Orowan 机制越过沉淀粒子。

（4）位错亚结构强化

在稍加塑性变形后，铁素体中的位错密度增加，位错亚结构对铁素体产生强化作用。位错密度 ρ 与铁素体的流变应力 τ（以及屈服强度 σ_s）之间的关系为[6-9]

$$\tau = \sigma_0 + \alpha \mu b \rho^{1/2} \tag{1-2}$$

式中，α 为比例系数；μ 为切变模量；b 为位错的柏氏矢量；ρ 为位错密度。位错与晶界对铁素体的强化作用强烈地取决于间隙原子在位错上的偏聚情况。原子偏聚越多，对位错运动阻力越大，强度越高。在易于交滑移的金属中，应变量超过一定程度后，位错将排成三维亚结构，形成"胞状结构"或"亚晶"。

1.2　超细晶粒钢的分类

钢的性能是由其组织决定的。根据其使用状态下的基本组织，超细晶粒钢主要分为铁素体/珠光体钢、贝氏体钢、针状铁素体钢、马氏体钢、马氏体/贝氏体钢[1]。这种划分方法既反映了钢种强度与相应组织的关系，也体现了材料的发展进程。

1.2.1　铁素体/珠光体钢

铁素体/珠光体钢的典型组织为多边形铁素体和 10%～25% 的片层状珠光体，相应钢中的碳含量为 0.08%～0.20%。随碳含量的提高，钢中珠光体的体积分数增加，钢的强度提高。工业用钢中均含有一定数量的锰，它可以消除或削弱因硫所引起的热脆性，形成固溶体，起固溶强化作用；同时，它可降低临界转变温度，细化钢的组织。加入微合金化元素，采用控轧控冷工艺，使组织细化，从而提高钢的强韧性。随工程的需求，出现了微珠光体钢（珠光体的体积分数小于10%）和无珠光体钢（珠光体的体积分数小于5%）。

低碳碳素结构钢基本为铁素体/珠光体，强度较低，$\sigma_s \approx 200MPa$，其代表性钢号为Q235。传统的低合金高强度钢大多为铁素体/珠光体，其强度较高，$\sigma_s \approx 300 \sim 400MPa$，代表性钢号为Q345。由于这类钢应用量大面广，故提高其强度、韧性有巨大的经济意义。

1.2.2　贝氏体钢

低碳贝氏体钢是以钼钢或钼硼钢为基础，同时加入锰、铬、镍以及其他微合金化元素（铌、钛、钒）后开发的一系列低碳贝氏体钢种。这类钢的碳含量多数控制在0.16%以下，最多不超过0.20%[10]。由于低碳贝氏体组织钢比相同碳含量的铁素体/珠光体钢具有更高的强度，因此，低碳贝氏体钢种的研发已成为发展屈服强度为450~800MPa级别钢种的主要途径。

低碳贝氏体钢的碳含量已降低到0.05%左右，传统意义上的铁素体/渗碳体组织已经不复存在。这类钢常采用控冷技术，得到的主要是中温转变产物，如针状铁素体、贝氏体及马氏体等。习惯上，人们把贝氏体分为上、下贝氏体、粒状贝氏体及无碳化物贝氏体等。低碳贝氏体钢由于碳含量低，其组织形态属于无碳化物贝氏体。贝氏体板条之间无渗碳体碳化物，板条内亦无这类碳化物析出，板条内存在大量的位错，而板条的边界由位错墙构成，板条之间存在一些尺寸细小的残留奥氏体及马氏体/奥氏体（M/A）岛。

1.2.3　针状铁素体钢

针状铁素体管线钢是20世纪70年代发展起来的，是目前天然气输送管线工程的主流钢种。针状铁素体管线钢以Mn-Nb低碳微合金钢为主，并添加0.2%~0.4%的Mo来抑制铁素体-珠光体相变，从而形成具有高密度位错亚结构的非等轴铁素体组织。其主要成分为C、Mn、Mo和Nb，碳含量一般小于0.08%，强度级别范围可覆盖X60~X90。这种以针状铁素体组织为主的管线钢具备优异的综合性能，并很快应用到加拿大、苏联及大西洋北海等高寒地区。自投入实际工业生产以来，由于其良好的高强度和韧性配合，至今仍是管线钢追求的理想组织，也是目前油气输送管线工程的主要钢种。

相较于铁素体/珠光体钢，针状铁素体钢的带状组织不明显，纵横向性能差异小，具有相当高的横向韧性，而且具有较好的焊接性能，焊接裂纹敏感系数很低。

对于管线钢脆性断裂、硫化氢或二氧化碳引起的阳极腐蚀、应力腐蚀、硫化氢应力腐蚀断裂、氢致诱发裂纹以及延迟断裂等失效形式，针状铁素体钢的"抗力"要高得多。目前 X70 针状铁素体钢是世界各国进行天然气管线建设的首选级别和品种，而从制造成本上来看，X80 针状铁素体管线钢将成为未来新一轮管线建设的主要力量[11]。

1.2.4　马氏体钢

当奥氏体以大于临界速度冷却到 Ms（马氏体转变的起始温度）点以下时，形成马氏体组织。马氏体最早被应用，目前在钢的强化方面应用最广。现今多数的结构钢件还是通过淬火得到马氏体，再进行回火。这是由于钢的回火马氏体组织具有良好的强度和韧性配合，还可通过调整碳等添加元素的量和热处理工艺（如回火温度等）控制其强度。然而，高强度马氏体钢在自然环境下对延迟断裂比较敏感，且随着强度的提高敏感性会进一步增大。

通常，抗拉强度 1200MPa 以上的高强度钢的组织多为回火马氏体，其延迟断裂的起点和扩展路径往往为原奥氏体晶界，原奥氏体晶界呈薄膜状析出的渗碳体（300～400℃回火处理）提供了裂纹优先形核的场所并加速了延迟断裂裂纹的扩展。以沿晶断裂为特征的回火脆性状态的高强度钢对延迟断裂十分敏感。上述结果表明，对于回火马氏体组织，原奥氏体晶界强度与延迟断裂敏感性的关系十分密切，因而原奥氏体晶界性质的控制即强化晶界、抑制晶界裂纹的萌生和扩展是改善高强度钢耐延迟断裂性能的有效途径之一，故主要对策应为：

① 减少晶界脆化元素偏聚量；

② 改变晶界碳化物的形态，抑制薄膜状碳化物形成；

③ 细化晶粒等。

1.2.5　贝氏体/马氏体钢

利用新的合金成分和显微组织设计，使钢形成无碳化物贝氏体/马氏体和膜状残余奥氏体组织，形成无碳化物贝氏体/马氏体钢。用无碳化物贝氏体改善钢的韧性，用膜状残余奥氏体提高钢的抗延迟断裂性能，这类钢主要有以下特点。

① 钢中含有适量的硅。硅作为非碳化物形成元素，在发生贝氏体相变时阻止碳化物的析出，在下贝氏体周围成为富碳的奥氏体。随后冷却过程中，在原奥氏体晶界、下贝氏体和马氏体的板条束界、亚板条界形成残余奥氏体膜。

② 膜状残余奥氏体不仅可以消除碳化物沿晶析出的危害，使疲劳裂纹尖端钝化，而且可以明显提高钢的抗延迟断裂性能。奥氏体的吸氢能力比铁素体高一个数量级，是强力的氢陷阱。

③ 贝氏体/马氏体复相钢加热奥氏体化后自高温冷却时，奥氏体晶粒内先析

出一定数量的无碳下贝氏体分割原奥氏体晶粒，使随后形成的马氏体板条束得以细化，提高钢的强韧性。

④ 该钢因含硅有较高的回火抗力。经中温回火后，具有良好的综合性能。

1.3 超细晶粒钢的组织性能

上节将超细晶粒钢按主体相组成分为铁素体/珠光体钢、低碳贝氏体钢、针状铁素体钢、马氏体钢以及贝氏体/马氏体钢，不同钢种具有不同的组织特性，通过晶粒细化能够有效提高材料的性能，本节将介绍不同钢种晶粒细化后的组织性能特点。

1.3.1 铁素体/珠光体钢组织性能

在轧钢生产过程中，获得铁素体/珠光体钢超细晶组织是综合利用再结晶、未再结晶和形变诱导铁素体相变，以及铁素体的动态再结晶等机制的结果。其中，未再结晶和形变诱导铁素体相变机制至关重要。

通常认为，铁素体/珠光体钢的未再结晶控轧相对困难得多，其原因是：①容易发生动态再结晶；②热变形后短时间内就会发生静态再结晶。现代化连轧机的高速度带来高应变速率和短暂的道次间隔时间，为铁素体/珠光体钢进行未再结晶控轧提供了可能。整个轧钢机组的轧钢温度可以控制在一定范围内，未再结晶控轧可以充分发挥累积变形的效果。

采用临界奥氏体控轧工艺可以轧制出超细晶铁素体/珠光体钢。当整个轧钢机组的轧钢温度控制在 $Ae_3$❶$\sim Ar_3$❷ 范围内时，就为形变诱导铁素体相变提供了变形条件。为了实现低温和道次累积变形的效果，需要整条生产线进行在线控温轧制，对特定机组实行在 $Ae_3 \sim Ar_3$ 范围内的较低温轧制。轧后快冷可以抑制奥氏体晶粒的长大、细化铁素体晶粒。快速冷却能够有效控制奥氏体的恢复，充分利用亚晶等形核位置诱发晶内形核。高温再结晶控轧和低温未再结晶控轧可使奥氏体晶粒细化、晶界面积增加、相变温度 Ar_3 提高、奥氏体容易发生相变。对于低碳钢，由于珠光体晶界形核需要碳原子充分扩散，低温变形后的快速冷却容易产生离异珠光体。轧后快冷可以按不同的相变温度区间和不同的冷却速度分段控制，如使钢材快速冷却，通过铁素体-珠光体相变温区，然后空冷，可以达到组织（铁素体＋珠光体）和细晶双重控制目的。

---

❶ Ae_3 是亚析钢在平衡状态下奥氏体和铁素体共存的最高温度，也就是亚共析钢的上临界点。

❷ Ar_3 是亚共析钢高温奥氏体化后冷却时铁素体开始析出的温度。由于高温奥氏体转变为铁素体需要一定过冷度，因此通常 $Ae_3 > Ar_3$。$Ae_3 \sim Ar_3$ 温度区间指的是奥氏体亚稳温区附近。

超细晶铁素体/珠光体钢具有远比粗晶粒钢高的力学性能，尤其优异的低温韧性性能扩大了钢材的应用范围。通过形变参数的选择，可以利用形变诱导铁素体相变机制，进行临界奥氏体控轧，使铁素体/珠光体钢获得超细晶组织（达 $4\mu m$），从而大幅提高钢材的强韧性。

1.3.2 贝氏体钢组织性能

在低碳贝氏体钢中，由于碳含量已降得较低，此时虽然比较容易得到全贝氏体组织，但降碳所导致的强度下降必须通过其他方法来补偿。研究表明，这类贝氏体钢的强化机制主要包括以下几个方面。

① 细的贝氏体板条束。低碳贝氏体钢种利用现代炼钢生产技术，采用钢包精炼及连铸，利用高温非再结晶区控轧获得细长的变形奥氏体晶粒，钢中加有少量提高淬透性的元素（如锰、铜、铌、钼、硼等）在轧后空冷条件下，变形奥氏体可以转变为细小的多种形态的贝氏体组织，这时的贝氏体板条束或粒状贝氏体团相当于晶粒。

② 高密度位错。在冷却过程中贝氏体以切变方式形成，在该过程中产生相当数量的相变位错。另一方面，这种相变产物形成时又可以继承奥氏体内在非再结晶区变形时产生的大量形变位错，从而使这种贝氏体中位错密度很高，钢的屈服强度提高较多。

③ 碳化物及 ε-Cu 析出强化（10nm 左右）。这类钢中加入的少量铌、钛、钒、铜、钼、硼等元素会在高密度位错及亚结构上析出，产生明显的强化效应。

④ 碳在铁素体中的固溶强化。由于这类钢中碳含量已降到 0.04% 左右，通常冷却条件下不会产生渗碳体，所以碳的危害以及渗碳体对贝氏体韧性的影响等问题已完全消除，钢材的焊接性能极佳，热影响粗晶区在各种冷却条件下均可得到极高韧性的贝氏体组织，钢板韧脆转变温度可以降到 -60℃ 左右。通过铌、钛、钒及 ε-Cu 的析出强化，钢的屈服强度可达 500MPa 以上，韧性明显高于普通的低合金高强度钢，是一种低成本、高性能、节能与多用途的典型钢系。

1.3.3 针状铁素体钢组织性能

（1）针状铁素体的微观组织类型

日本钢铁研究所贝氏体研究委员会及 Krauss 和 Thompson 提出的铁素体的五种形态[12][13]，囊括了现代低碳、超低碳微合金钢中奥氏体连续冷却阶段形成的所有可能的铁素体形态，目前这种分类方法得到广泛使用。

① 多边形铁素体（PF），在光镜下观察基本上是等轴晶粒、晶界明锐平直，一般位错密度较低，在透射电镜下基体呈白色、晶界呈灰色。PF 主要在奥氏体晶粒的三叉晶界或晶界拐角处形核，从而使奥氏体晶界网被掩盖，并以扩散方式长

大，其晶粒长大速率较慢。在生长过程中，铁素体晶粒边界超出原奥氏体晶界，从而发生奥氏体多边形铁素体相变。

② 准多边形铁素体（QF）[14]，也称块状铁素体（MF），其转变温度低于PF，所需冷却速度高于PF，在相变过程中不存在长程扩散，原子的迁移和置换发生于界面上，晶粒生长受界面上的短程扩散控制，一般属于块状相变。与PF相比，QF具有更高的位错密度和更丰富的位错亚结构，可能存在M/A岛组织。QF组织具备高强度和高塑性，而且由于较高的位错密度和M/A岛的存在，其具有较低的屈强比和较高的应变硬化速率。

③ 魏氏铁素体（WF），是带有位错亚结构的拉长的、粗大的铁素体晶粒，WF是在比PF更快的冷却速度和更低的温度区间条件下形成的。

④ 贝氏铁素体（BF），是由相互平行且具有很高位错密度的铁素体板条束组成的，相邻板条界面为小角度晶界，而板条束界面为大角度晶界。根据板条形貌特征，又可称其为板条铁素体（LF）。此外，板条间有条状分布的M/A岛。BF通常在连续冷却过程中的一定温度区间内形成。当转变温度较高时板条不够稳定，有些板条形成后还会发生回复，从而导致板条界不连续现象的出现。贝氏体研究中经常提及的无碳化物贝氏体组织同样属于BF的范畴。BF的鉴别必须采用透射电镜。由于BF板条间相互平行，具有基本一致的晶体学位向，使低角度晶界不存在侵蚀区，导致板条束在光镜下呈现无特征的铁素体晶粒，而且原奥氏体晶界无法被观察到。此外，铁素体晶粒间存在奥氏体或M/A组元时，光镜下铁素体晶粒呈现出针状形态。

⑤ 粒状铁素体（GF）[15]，通常在QF和BF之间的温度范围内形成，属于中温转变产物，只是其形成温度稍高，导致组织形态略有差异。GF由被拉长的铁素体晶粒束构成，其具有板条轮廓，位向基本保持一致，且存在较高的位错密度，基体内部分布着粒状或等轴状组织。GF在连续冷却条件下的析出同样存在一定的温度区间。在较高温度下形成的GF组织中，铁素体的亚结构呈现等轴亚晶形态，而非板条状结构，基体上的小岛趋于无序分布；而较低温度下形成的GF组织，其亚结构为板条状，基体上的小岛在板条间呈有序分布。需要注意的是，有一部分贝氏体研究学者认为，在较高温度下形成的GF是通过块状转变机制获得的，应当称为粒状组织，而较低温度下形成的GF是通过切变机制获得的，应称为粒状贝氏体。有研究表明，粒状组织一般比较粗大，会恶化钢的强度和韧性。与之相反，粒状贝氏体具有较好的力学性能。

（2）针状铁素体钢的性能特点

针状铁素体管线钢具有优良的强韧性和抗 H_2S 性能，以针状铁素体管线钢取代传统的铁素体-珠光体管线钢已经成为现代高性能管线钢的主要发展趋势。在针状铁素体中，相对于铁素体/珠光体，消除了带状组织，基本上不存在对硫化物应力开裂萌生和扩展特别敏感的路径。并且，材料的碳和硫等含量很低，有效地减少了粗大的碳化物和硫化锰等夹杂物。即使氢脆产生了微裂纹，在裂纹扩展阶段，由于晶粒细小且晶界较多，微裂纹将在晶界处受到阻碍而不易扩展长大，特别是典型板条束针状铁素体的有效晶粒为针状板条束，裂纹在扩展的过程中必然强烈地受到彼此咬合、相互交错分布的细小针状板条束的阻碍，使针状铁素体组织具有相当高的强韧性。管线钢中针状铁素体同样具有很高的强韧性配比，这是因为管线钢中的针状铁素体呈不规则、大小不等的非等轴状，晶粒与晶粒之间的位向关系不定，呈混乱分布状态，加上部分板条状结构均对裂纹扩展起到强烈的阻碍作用或改变裂纹的扩展方向。另外，已有研究表明裂纹遇到 M/A 岛和碳氮化物析出物常常发生转折，表现出对裂纹的强烈阻滞作用，并且 M/A 岛中的残余奥氏体是一种有利的韧性相可降低裂纹尖端应力消耗部分扩展功。所有这些因素，都使针状铁素体组织具有相当高的强韧性配比。同时，这些碳氮化物作为强烈的氢陷阱，为氢的重新分布提供了众多的位置，有助于避免在局部区域产生很高的氢富集并发生微观区域氢脆，从而显著削弱氢在钢中的作用而改善材料的抗硫化物应力开裂性能。

1.3.4　马氏体钢的组织性能

（1）强度

对于合金元素含量较低的淬火回火马氏体钢而言，晶粒细化对其力学行为具有重要影响。晶粒细化的本质就是晶界强化。晶粒越细，晶界越多，阻碍位错滑移的作用也越大，从而材料的屈服强度 σ_s 就越高。对于板条马氏体组织，起强化作用的主要是晶界类型。一般而言，板条界面大多为小角度晶界，而相邻板条束之间的界面大多是大角度界面。这两种类型的晶界对位错运动都有阻碍作用，但从断裂的观点来看，小角度晶界对裂纹扩展的阻力较小，而大角度晶界与奥氏体晶界相类似，对裂纹起主要阻碍作用[3]，能够提高材料的屈服强度。

（2）韧性

在相同的硬度（强度）水平下，马氏体钢的冲击功随晶粒细化而逐渐提高，且在低硬度下提高的幅度较大。晶粒细化后的马氏体钢的冲击断口呈现准解理＋韧窝的混合型断裂机制，其余晶粒尺寸的马氏体钢则呈穿晶型韧窝断裂机制[1]，表明晶粒细化有效提高了马氏体钢的韧性。

（3）延迟断裂抗力

高强度钢延迟断裂的起点和扩展路径往往沿原奥氏体晶界，其主要影响因素除晶界碳化物和杂质元素的偏聚外，另一个重要影响因素便为原奥氏体的晶粒尺寸。由于晶粒细化可使变形更加均匀并降低了应力集中程度，而且单位晶界面积的增加可降低杂质元素的晶界偏聚浓度，因而有可能改善高强度钢的耐延迟断裂性能。

原奥氏体晶粒尺寸的超细化对高强度钢延迟断裂行为会产生以下两个方面的影响。

① 延迟断裂过程与塑性变形有关（氢促进位错发射和运动）[16]。在外加应力 τ_s 的作用下，晶界前塞积的位错数目 n 为[3]

$$n = \frac{k\pi\tau_s d}{2\mu b} \tag{1-3}$$

式中，k 为玻尔兹曼常数；d 为晶粒尺寸；μ 为切变模量；b 为柏氏矢量。

显然，随着晶粒的细化，晶界总面积增多，晶界上塞积的位错数量减少，则在同样变形量条件下，变形分散在更多的晶粒内进行，导致应力集中程度降低，这既会降低晶界裂纹的萌生概率，也会降低应力诱导氢扩散和富集的推动力，这些均有利于提高钢的延迟断裂抗力。

② 随着晶粒的超细化，单位体积中晶界面积急剧增加。如 L 为试样检测面上晶粒的平均截距，若不考虑晶粒形状，则可推导出单位体积中的晶粒面积 S_v 与 L 的关系为

$$S_v = 2/L \tag{1-4}$$

由此可见，当原奥氏体晶粒尺寸细化后单位体积中的晶界面积 S_v 急剧增加。在钢中杂质元素浓度不变的情况下，超细晶粒钢单位体积中的晶界面积成倍增加，这将显著降低 P、S 等杂质元素的晶界偏聚浓度，使晶界得到净化，超细晶粒钢的晶界强度得到提高，从而使氢致延迟断裂裂纹不易在晶界萌生和沿晶扩展，延迟断裂抗力得到提高。

此外，超细晶粒钢的单位体积中晶界面积的急剧增加，还会使晶界捕集的氢量减少，这同样有利于提高钢的延迟断裂抗力。

1.3.5 贝氏体/马氏体钢组织性能

（1）氢脆敏感性

不同类型 1500MPa 级高强钢的氢脆敏感性，由小到大的顺序依次为：细化的无碳化物贝氏体/马氏体复相高强钢，含有较多薄膜状残余奥氏体的无碳化物贝氏体/马氏体复相高强钢，未细化的无碳化物贝氏体/马氏体复相高强钢，不含有薄膜状残余奥氏体的贝氏体/马氏体复相高强钢，30CrMnSiA 钢和 42CrMo 钢。晶粒细化有效减少了贝氏体/马氏体钢的氢脆敏感性。

（2）应力腐蚀断裂

无碳化物贝氏体/马氏体复相高强钢的应力腐蚀门槛应力强度因子 K_{ISCC}，高于传统的同强度级别的 30CrMnSiA 高强钢，组织细化的和有较多残余奥氏体的无碳化物贝氏体/马氏体复相高强钢的 K_{ISCC} 可达 50MPa/m^2 以上，裂纹扩展速率低

于 30CrMnSiA 钢。

（3）扩散系数

无碳化物贝氏体/马氏体复相高强钢的扩散系数远低于传统的 30CrMnSiA 和 42CrMo 高强钢。无碳化物贝氏体/马氏体板条界和薄膜状残余奥氏体对氢的陷阱结合能分别为 28kJ/mol 和 40kJ/mol。

（4）抗延迟断裂

无碳化物贝氏体/马氏体复相高强钢中没有碳化物析出，而在马氏体板条及贝氏体板条间和板条内存在具有高度机械稳定性、热稳定性及化学稳定性的薄膜状残余奥氏体，这种组织特点对提高高强钢的抗延迟断裂性能是有利的。经过形变热处理的无碳化物贝氏体/马氏体复相高强钢由于组织细化、板条界增加可显著改善钢的延迟断裂性能。

1.4　钢的组织细化理论与控制技术

钢铁材料的强度与晶粒尺寸关系符合 Hall-Petch 公式，晶粒细化能够同时提高材料的强度和韧性。本节首先结合 Hall-Petch 公式介绍钢的组织细化理论，然后介绍钢的组织细化控制技术，主要包括微米级晶粒细化技术（形变诱导铁素体相变、循环热处理、形变热处理、磁场或电场处理及合金化细化技术）和纳米级晶粒细化技术（大塑性变形细化、机械合金研磨细化）等。

1.4.1　钢的组织细化理论

多年来，为提高钢铁材料的使用性能，人们开展了大量的研究工作。研究和生产实践表明，同时兼有高强度和高韧性的钢铁材料是最理想的结构材料。然而，实际上钢铁材料这两方面的性能往往是相互矛盾的。影响材料强度和韧性的主要原因是其化学成分和组织结构，组织细化是同时提高材料强度和韧性的最有效途径。

Hall-Petch 公式适用于从屈服应力至断裂范围内的流变应力，但是，适用范围也不是无限的，适用于 $0.3\sim400\mu m$ 尺寸的晶粒，也适用于马氏体板条束，因为板条束间为大角度晶界。至于束内的板条其间是否为大角度晶界尚有争论。用于板条束时，泛用的 Hall-Petch 公式被修正为 Nalyer 公式[17]，即

$$\sigma_s = \sigma_i + K_y d_m^{-1} \tag{1-5}$$

式中，σ_s 为材料的屈服强度；σ_i 为与材料有关的常数；K_y 是 Hall-Petch 系数。d_m 为平均板条束直径，并可用下式计算：

$$d_m = 2\{w\ln[\tan(\arccos(w/d_p)/2 + \pi/4)] + \pi d_p/2 - d_p\arccos(w/d_p)\}/\pi$$

$$\tag{1-6}$$

式中，w 为板条束宽度；d_p 为板条长度。

晶粒尺寸与材料塑性和韧性之间有着密切的关系。根据裂纹形成的断裂理论，晶粒尺寸 d 与裂纹扩展临界应力 σ_f 的关系为：

$$\sigma_f \approx (2GV_p/K_y)d^{-1/2} \tag{1-7}$$

式中，G 为切变模量；V_p 为比表面能，即裂纹扩展对每增加单位面积所消耗的功；K_y 为 Petch 斜率。当 V_p 一定时，d 越小，σ_f 越高。凡提高 σ_f 值的因素都能改善材料的塑性。晶粒尺寸 d 与韧性的关系为：

$$\beta T_c = \ln B - \ln C - \ln d^{-1/2} \tag{1-8}$$

式中，β、B、C 为常数；T_c 为韧脆转变温度，$℃$。

一般认为，晶粒越细，单位体积内的晶粒界面越多。由于晶界间的原子排列比晶粒内部的更为紊乱，位错密度较高，使晶界对正常晶格的滑移位错产生缠结，不易穿过晶界继续滑移，从而增大变形抗力，表现为强度提高。晶粒越细，强度越高，其变化规律符合 Hall-Petch 公式。而晶粒过细也会引起强度下降，这可能是因为晶界所占体积分数超过一定数值后，晶界影响区大于晶粒内部完整晶格影响区，进而使材料的变形不是从晶粒内部的位错滑移开始，而是直接从晶格缺陷很多的晶界开始，并沿变形阻力较小的晶界扩展，导致材料变形抗力指标下降。此时的强度已不再反映材料正常晶粒的变形抗力，而是晶界的变形抗力。晶粒细化促使韧性提高的微观机理主要是：材料晶界位错缠结既可有效释放裂纹尖端应力，起到钝化裂纹作用，又可通过位错缠结阻止裂纹扩展。

1.4.2　钢的晶粒控制技术

（1）微米级晶粒细化技术

微米级晶粒细化技术主要有形变诱导铁素体相变、循环热处理、形变热处理、磁场或电场处理以及合金化细化技术等等。

① 形变诱导相变细化。形变诱导相变是将低碳钢加热到稍高于奥氏体相变温度（A_{c3}）以上，对奥氏体施加连续快速大压下量，使其变形，从而可获得超细的铁素体晶粒。在变形过程中，形变能的积聚使奥氏体向铁素体转变的相变点温度 A_{d3} 上升，在变形的同时发生铁素体相变，并且变形后进行快速冷却，以保持在形变过程中形成超细的铁素体晶粒。在形变诱导相变细化技术中，变形温度和变形量是两个最为重要的工艺参量，随变形温度的降低及形变量的增大，应变诱发铁素体相变的转变量增加，同时铁素体晶粒变细。

② 循环加热淬火细化。采用多次循环加热淬火冷却方法可有效细化材料的组织。其具体工艺是，将钢由室温加热至稍高于 A_{c3} 的温度，在较低的奥氏体化温度下短时保温，然后快速淬火冷却至室温，再重复此过程。每循环一次奥氏体晶粒就获得一定程度的细化，从而获得细小的奥氏体晶粒组织。研究表明，一般循环 3～4 次细化效果最佳[18]，当循环 6～7 次时，其细化程度达到最大。有人利用

快速循环淬火方法在 65Mn 钢中获得了 $4\mu m$ 的奥氏体晶粒[19]。

③ 形变热处理细化。成熟的形变热处理工艺有许多，但大致可分为两类，一类是将钢在较低的奥氏体化温度变形，然后淬火；另一类是将淬火后的钢进行冷变形，然后奥氏体化再淬火。第一种形变热处理工艺，是将钢加热到稍高于 A_{c3} 的温度，保持一段时间，直到完全奥氏体化，再以较大的压下量使奥氏体发生强烈变形，之后等温保持一段时间，使奥氏体进行起始再结晶，并于晶粒尚未开始长大之前淬火，从而获得较细小的淬火组织。

④ 磁场或电场处理细化。强磁场或电场与温度、压力、化学成分等因素一样，也是影响金属相变的重要因素。强磁场或电场可使奥氏体和铁素体的 Gibbs（吉布斯）自由能降低，从而提高 A_{c3} 温度。关于磁场热处理早在 20 世纪 50 年代就有文献报道，但由于当时获得强磁场存在许多困难，使其研究受到限制。最近，超导体的迅速发展，可较容易地获得相当于数十 T 的强磁场，促进了人们对强磁场下各种现象的研究工作。钢铁材料在凝固过程中通过外加电场或磁场也可有效细化其组织[20,21]。该技术的局限在于高强度磁场和电场的获得，目前较大尺寸的高强度磁场或电场很难获得。

⑤ 合金化细化。通过对钢铁材料合金化也可有效细化晶粒，其原因可分为以下两种情况：一是，一些固溶合金化元素（如 W、Mo 等）的加入提高了钢的再结晶温度，同时可降低在一定温度下晶粒长大的速度；二是，一些强碳化物形成元素（如 Nb、V、Ti 等）与钢中的碳或氮形成尺寸为纳米级的化合物，它们对晶粒的增长起到强烈的阻碍作用，并且这种纳米级的化合物所占的体积分数为 2% 时，对组织的细化效果最好。Nb 是钢中常加的微合金化元素，它在钢中通常形成 Nb（C，N）化合物，这种化合物在一般钢中析出的鼻尖温度为 900℃ 左右，钢在不被施加热加工而直接冷却时一般不析出 Nb（C，N），只有在热加工时才有大量的析出，此现象可称为应变诱导析出。因此，在热加工及钢的再结晶过程中，其细化晶粒的效果最佳。Nb 的加入在没有热加工的条件下，它可使奥氏体的晶粒尺寸细化到 $6\mu m$[22]。单纯的合金化细化技术对钢铁材料组织细化有较大的局限性，它往往是结合一定的热处理工艺进行综合细化，才能得到较好的效果。

⑥ 快速加热细化。通过快速加热或超快速加热方法可以获得超细晶粒。实现快速加热的方法主要有 3 种：

a. 火焰快速加热法。这种方法加热速度很快，但表里温度不均，工艺参数难以控制，性能重现性差，工业化生产应用困难。该方法主要应用于特殊结构件的局部处理、修复和焊接。

b. 感应快速加热法。该方法加热速度较快，可明显获得细化效果，但表里组织差别较大，无法准确控温，很难获得均匀的细化晶粒组织，且表面集肤效应易造成局部过热。该种工艺在高强度弹簧的细化处理中得到了广泛应用。

c. 电接触快速加热法。这种加热速度极快且易于控制。由于兼有温度场、电场和磁场的复合作用，为材料相变形核提供了必要形核能，因此晶粒细化效果尤为突出。该加热法对加热零件的截面积要求较高，在等截面条件下，可获得完全均匀组织。加热设备小巧玲珑，自动化程度高，适合于工业化生产。

（2）纳米级晶粒细化技术

自从20世纪80年代初德国科学家Gleiter教授成功地采用惰性气体凝聚原位加压法制得纯物质的块状纳米材料后[23]，纳米材料的研究及其制备技术近年来引起了世界各国的普遍重视。由于纳米材料具有独特的纳米晶粒及高浓度晶界特征，以及由此而产生的小尺寸量子效应和晶界效应，从而使其表现出一系列与普通多晶体和非晶态固体有本质差别的力学、磁、光、声等性能，纳米材料的制备、结构、性能及其应用研究成为20世纪90年代材料科学研究的热点[24]。目前，块体纳米材料的制作技术文献报道得较多，如惰性气体凝聚原位加压成形技术、非晶转化技术、高压凝固技术、大塑性变形技术等等。由于钢铁材料在物理和力学性能方面的特性，获得纳米晶组织相对较难，因此，关于钢铁材料获得纳米晶技术的文献报道较少，主要有大塑性变形技术、机械合金化细化等。

① 大塑性变形细化。卢柯等利用超声速喷丸硬化的方法在316不锈钢板表面得到层深约$30\mu m$、晶粒尺寸为$10\sim100nm$的纳米晶。超声速喷丸硬化在材料表面反复施加多方向的高速机械载荷，粒子与材料的局部接触在材料内部引起很大的塑性应变，塑性变形改变了近表面的微观组织，使其产生局部切变，该切变又使更深层和其周围的材料产生塑性变形，从而在表面形成纳米晶[25,26]。高锰钢是一种传统的抗冲击磨粒磨损材料，一百多年来它一直被广泛地应用于制造冶金、矿山和建材等行业受冲击磨粒磨损的零部件。最近研究发现，高锰钢受冲击磨粒磨损后其表面组织为纳米晶[27,28]。Baumann等人[29] 发现高速铁路钢轨由于受高速运转的机车车轮的碾压和冲击作用，在瞬间其承受的压应力高达$12GPa$以上，从而使钢轨表面形成一层纳米晶组织结构[28,29]。

② 机械合金研磨细化。机械合金研磨细化法是美国INCO公司于20世纪60年代末发展起来的一种新技术。它是一种用来制备具有可控微结构的金属基或陶瓷基复合粉末的高能球磨技术，即在干燥的球形装料机内，在高真空Ar气保护下，通过机械研磨过程中高速运行的硬质钢球与研磨体之间相互碰撞，对粉末粒子反复进行熔结、断裂，在熔结过程中使晶粒不断细化达到纳米尺寸，然后，纳米粉再采用热挤压、热等静压等技术加压制得块状纳米材料。但机械合金研磨细化法存在的问题是研磨过程中易产生杂质污染、氧化及应力，很难得到洁净的纳米晶界面[17]。

1.5　超细晶粒钢的应用现状及进展

新一代钢铁材料是超细晶粒、超洁净度、高均匀性、性价比更加合理的钢种，其强度和寿命均有明显提高。本节首先介绍超细晶粒钢在工程上的应用，然后介绍超细晶粒钢生产及应用中存在的问题，以及超细晶粒钢的研究现状及发展。

1.5.1　超细晶粒钢的应用

目前，国内外许多超细晶粒钢已能稳定、批量生产，而且使用性能良好。国内几家大中型钢铁公司超细晶粒钢的生产及应用情况如下。

① 鞍钢[30]。其主要开发的产品是超细晶粒汽车结构用热轧钢板 ANS400。通过低温轧制和低温快速冷却，铁素体晶粒尺寸达到 $4\mu m$，同时组织中还含有少量的珠光体和贝氏体，从而大幅度地提高了钢板的综合性能。另外，鞍钢首次在现有工业条件下用普碳钢生产出 400MPa 级超细晶粒钢热轧线材，在保证韧性的前提下使屈服极限翻了一番，节省了合金元素，降低了线材成本，大大提高了使用性能，促进了建筑钢筋品种更新换代。超细晶粒汽车结构用热轧钢板 ANS400 主要用于汽车车架的横梁和其他结构件，而且使用数量极大、性能稳定。

② 本钢[31]。其在普碳钢的基础上开发出屈服强度 400MPa 和 500MPa 的超细晶粒钢 CX400、CX500。另外，在 09CuPTiRE 和 SPA-H 的基础上开发出 Cu-P-Ti-RE 系和 Cu-P-Cr-Ni 系超细晶粒耐候钢。超细晶粒耐候钢的生产分两部分同时进行：一是采用常规成分热连轧低温控轧工艺；二是在常规成分基础上加 Nb 进行微合金化，再采用热连轧低温控轧工艺生产。通过该工艺将 09CuPTiRE 的晶粒尺寸细化到 $5\mu m$ 以下，SPA-H 的晶粒尺寸细化到 $3\mu m$ 左右，而且综合性能良好。目前，CX400 和 CX500 钢在金州车架厂和辉南车架厂已用于冲压汽车底盘加强梁和纵梁的制造，09CuPTiRENb 钢应用于齐齐哈尔车辆厂的铁路货车车门、侧板等部件，SPA-HNb 钢用于中集集团制造集装箱梁等结构件。

③ 攀钢[32]。其利用变形诱导铁素体相变和铁素体动态再结晶原理将普碳钢 Q235 细化晶粒增加晶界来提高其强度，从而生产出超细晶粒钢 SP52，主要在东风汽车有限公司推广应用。在生产中采用的重要工艺措施之一就是稀土处理技术。SP52 在东风汽车公司从 2002 年开始使用至今，应用效果良好，主要应用于汽车横梁、加强板、前板中支柱等零件，合格率 100%。

④ 宝钢[33]。其生产的 400MPa 级超细晶粒钢产品分别被一汽集团、东风汽车集团等汽车制造厂应用到冲压卡车底盘横梁、纵梁、加强板、下支撑-后簧前支架、托板-后簧前支架等十余种零部件上，效果良好。

⑤ 武钢[34]。武钢在超细晶粒钢的开发方面也取得了一些成就，已冶炼、轧

制出了超细晶粒耐候钢和 800MPa 超细晶粒钢。

1.5.2　超细晶粒钢生产及应用中存在的问题

当前超细晶粒钢生产及应用中还存在着如下有待解决的问题。

① 目前尚有的前述部分技术还仅限于实验阶段，制备所得超细晶粒材料尺寸小、成本高，难以达到钢铁材料低成本、大规模生产的要求。

② 在工业生产中单一的细化晶粒技术已很难满足实际需求，如何将制备超细晶粒钢所需的生产技术有机地结合起来，以充分发挥不同制备技术的优势，实现生产工艺优化配置，还有待于进一步研究。

③ 超细晶粒钢的焊接问题尚未得到彻底解决，这也严重限制了超细晶粒钢的应用范围。

因此，研究新的制备超细晶粒钢的生产方法，确定适宜工业生产的工艺路线，生产出具有高的综合力学性能和良好焊接性能的超细晶粒钢，是目前这一领域的主要发展方向。同样，在超细晶粒钢的研究与开发方面，也应立足于我国钢铁企业实际情况，结合现有的条件和设备，不断开发适合我国工业生产所需的高效、高性能、节能降耗及环保友好的超细晶粒钢生产新工艺。

1.5.3　超细晶粒钢的研究现状及发展

超细晶粒钢是当今世界钢铁材料技术领域的研发热点。从 20 世纪 90 年代末开始，日本、韩国、中国等国家以及欧盟先后投入巨资进行超细晶粒钢的研发，取得了一系列卓有成效的研究结果，其中有许多研究成果已成功应用于工业化生产[1]。超细晶粒钢作为 21 世纪代表性的先进高性能结构材料，其强化思路具有鲜明的特点，即通过晶粒的超细化同时实现强韧化。这种工艺技术路线完全不同于传统的以合金元素添加及热处理为主要手段的强化思路，以此充分挖掘材料的潜力，使其获得更加优异的综合使用性能，实现传统钢铁材料性能的全面升级。然而，上述给予超细晶粒钢的研究与开发工作大都限于中、低碳钢，而对高碳钢则涉及较少。高碳钢作为工模具领域内应用广泛的一类材料，使其晶粒在超细化的同时获得优异的综合性能并能适用于工业生产，也将具有十分重要的意义。

超细晶粒高碳钢作为一类新型并具有重要应用前景的高性能钢铁材料，已被广大材料科学工作者所关注，各种组织细化的方法也应运而生，但大多局限于实验室阶段，难以实现工业化大生产，从而严重制约了超细晶粒高碳钢在生产实践中的运用推广。因此，开发出适用于工业化大生产的超细晶粒高碳钢的制备技术是目前最为严峻的问题。冷轧变形后珠光体组织的特性将直接影响到随后退火过程中超微细（$\alpha+\theta$）两相组织的形成，研究珠光体在冷轧变形及随后退火条件下的组织演变规律对于超细晶粒高碳钢零部件的制备具有重要意义。本书第 3 章着重阐述深冷变形及退火后超细晶高碳钢的组织性能。

温楔横轧是目前能在生产实践中推广使用的制备超细晶粒高碳钢大塑性变形方法，多向温变形能在多个方向引入形变。相对于板材轧制而言，在轧机负荷增加不大的条件下更容易实现大塑性变形。本书第 4 章着重阐述采用温楔横轧方法制备超细晶粒高碳钢棒件的原理与方法。等通道角挤压工艺（ECAP）可以使材料获得大的应变，从而可以细化晶粒。变形过程中材料的横截面面积和截面形状都不发生改变，因而可以进行多次反复定向均匀剪切变形，最终在反复积累的特别大的应变下大幅度减小材料的晶粒尺寸，使材料获得均匀的超细晶组织。但目前 ECAP 技术多应用于低碳钢、中碳钢，本书第 5 章着重阐述采用 ECAP 方法制备超细晶高碳钢棒件的原理与方法。通过高应变速率变形对材料表面进行强化，能显著改善材料的力学性能，特别是能显著延长材料的疲劳寿命并提高抗应力抗腐蚀性能，可快速、高效地对金属零部件需要进行表面强化，却难以用其他技术进行强化的局部区域进行表面强化，本书第 6 章着重阐述高应变速率变形条件下高碳钢组织细化的原理与方法。除了工业上使用的超细晶粒高碳钢制备技术外，还有一些在实验室广泛研究的超细晶粒高碳钢的其他制备技术，如表面机械研磨、高压扭转、循环热处理、落球法、TMCP 等，本书第 7 章将对这些细化理论进行阐述。

目前，关于超细晶粒高碳钢的研究虽已取得一定进展，但仍有许多研究内容亟待完善和解决。例如，超细晶粒高碳钢的疲劳失效行为和机理的研究；适合于超细晶粒高碳钢焊接技术的研究；超细晶粒高碳钢在不同变形条件下的组织超细化机理；超细晶粒高碳钢复相组织中亚微米级铁素体晶粒和渗碳体颗粒的纳米力学性能表征；超微细复相组织超塑性机理及对最佳超塑性的定量控制研究；超微细复相组织特性对其冲击韧性、韧脆转变温度等性能指标的影响等。因此，应及时开展对上述内容的研究工作，以使超细晶粒高碳钢尽早获得广泛的工业化应用。

参 考 文 献

[1]　翁宇庆. 超细晶钢——钢的组织细化理论与控制技术 [M]. 北京：冶金工业出版社，2003.

[2]　董瀚等. 先进钢铁材料 [M]. 北京：科学出版社，2008.

[3]　Honeycombe R W K. Steels（microstructure and properties）[M]. Amsterdam：Elsevier，1981.

[4]　Carrington W E，McLean D. Slip nuclei in silion-iron [J]. Acta metall.，1965，13：493-499.

[5]　Kelly A. Nicholson R B. Precipitation Hardening [J]. Prog. Mat. Sci.，1963，10：151.

[6] Keh A S. Imperfections in crystals [M]. New York：Wiley-Interscience，1961：213.

[7] Keh A S，Weissmann S. Electron microscopy and the strength of crystals [M]. New York：Wiley-Interscience，231.

[8] Cahn R W，Haasen P. Physical Metallurgy [M]. Elsevier Science Publishers，1996：1589.

[9] 章守华，吴承建. 钢铁材料学 [M]. 北京：冶金工业出版社，1992.

[10] Stephen L. Critical concerns of welding high strength steel pipelines：X-80 and beyond [C] // Proc of Pipe Dreamers Conference，2002.

[11] Araki T. Atlas for Bainitic Microstructures-Vol. 1. Continuous-Cooled Zw Microstructures of Low-Carbon Steel [C]. Tokyo：ISIJ，1992：4-5.

[12] Thompson S W，Colvin D J，Krauss G. Continuous Cooling Transformations and Microstructures in a Low-Carbon，High-Strength Low-Alloy Plate Steel [J]. Metal. Trans.：A，1990，21A：1493.

[13] 方鸿生. 贝氏体相变 [M]. 北京：科学出版社，1999：23-28.

[14] 康沫狂. 钢中贝氏体 [M]. 上海：上海科学技术出版社，1990：181.

[15] 褚武扬. 氢损伤与滞后断裂 [M]. 北京：冶金工业出版社，1988.

[16] 陈蕴博，张福成，褚作明，等. 钢铁材料组织超细化处理工艺研究进展 [J]. 中国工程科学，2003，5 (01)：74-81.

[17] 陈思联，董瀚，惠卫军，等. 合金结构钢的组织超细化及其性能研究 [C]. 新一代钢铁材料重大基础研究论文集，2000：281-286.

[18] 杨蕴林，席聚奎，孙万昌. 65Mn 钢的组织超细化与超塑性 [J]. 热加工工艺，1995，(2)：14-15.

[19] Misra A K. A novel solidification technique of metals and alloys：under the influence of aplied potential [J]. Acta Metall. Trans.，1985，16A：1354-1355.

[20] Conrad H. Influence of an electric or magnetic field on the liquid-solid transformation in materials and on the microstructure of the solid [J]. Mater. Sci. Eng.，A，2000，287：205-212.

[21] Choo W Y. Proceedings of the international symposium on high performance steels for structural application [C]. Cleveland，1995：117-121.

[22] Gleiter H. Nanocrystalline materials [J]. Prog. in Mater. Sci.，1989，33：233-315.

[23] Valiev R Z，Kozlov E V，Ivanov Yu F，et al. Deformation behaviour of ultra-fine-grained [J]. Acta Metall. Mater.，1994，42 (7)：2467-2475.

[24] Liu G，Wang S C，Lou X F，et al. Low carbon steel with nanostructureed surface layer induced by high-energy shot peening [J]. Scr. Mater.，2001，44 (8/9)：1791-1795.

[25] 许云华，陈渝眉. 冲击载荷下应变诱导高锰钢表层组织纳米化机制 [J]. 金属学报，2001，37 (2)：165-170.

[26] Djahanbakhsh M，Lojkowski W，Kle G. Nanostructure formation and mechanical alloying in the wheel/rail contact area of high speed train in comparison with other ynthesis routes

[J]. Mater. Sci. Forum., 2000, 360 (9): 175-182.

[27] 张福成. 不锈钢与高锰钢闪光焊接熔合区组织 [J]. 金属学报, 2001, 37 (7): 711-716.

[28] 孙建伦, 张万山, 王科强, 等. 鞍钢超细晶粒钢的开发 [J]. 钢铁钒钛, 2005, 26 (1): 26-29.

[29] Baumann G, Knothe K, Fecht H J. Comparison between nanophase formation during friction induced surface wear and mechanical attrition of a pearlitic steel [J]. Nanostruc. Mater., 1996, 7 (2): 237-244.

[30] 周宏威, 翁宇庆, 金月桂. 本钢超细晶粒钢的开发研制 [J]. 钢铁钒钛, 2005, 26 (1): 30-33.

[31] 周建军, 谢小梅. 超细晶粒钢的应用研究 [J]. 汽车工艺与材料, 2005 (9): 22-24.

[32] 赵洪运, 王国栋, 刘相华, 等. 新一代钢铁材料——超级钢 [J]. 汽车工艺与材料, 2003 (10): 4-6.

[33] 王向成. 新一代钢铁材料研究的进展 [J]. 武钢技术, 2004, 42 (2): 38-42.

[34] Hodgson P D, Hurley P J, Kelly G L. The formation of ultrafine ferrite in low C steels through thermomechanical processing [C] // Proc Int Symp on Ultrafine Grained Steels (ISU GS 2001). Tokyo: The ISIJ of Japan, 2001: 42.

第2章 高碳钢中的物相及显微组织特性

高碳钢因其具有优良的力学性能而被广泛应用于工业领域，因此使高碳钢组织超细化并获得优异的综合性能具有非常重要的学术价值和实际意义。目前，铁-碳合金相图作为钢铁材料的理论基础，对于钢铁材料的各类应用、加工工艺、热处理过程以及研究材料的性能都具有指导意义。

本章主要介绍铁-碳合金相图、钢的分类、高碳钢中合金元素的作用、珠光体组织形态与转变，为后面的超细晶粒高碳钢的制备工艺提供理论依据。

2.1 铁-碳合金相图

碳钢和铸铁是现代工农业生产中使用最广泛的材料，它们主要是由铁和碳两种元素组成的合金。钢铁的成分不同，则组织和性能不同，因而在工程实际中的应用也不一样。根据铁-碳合金相图及对典型铁-碳合金结晶过程的分析，可以明确铁-碳合金的成分、组织、性能之间的关系。

2.1.1 铁-碳合金的组元与基本相

组成材料最基本的、独立的物质称为组元，简称元。组元可以是纯元素，如金属元素 Cu、Ni、Al、Fe 等，以及非金属元素 C、N、B、O 等；也可以是化合物，如 Al_2O_3、SiO_2、ZrO_2、TiC、BN、TiO_2 等。相是合金中具有同一聚集状态、同一晶体结构和性质并以界面相互隔开的均匀组成部分，材料的性能与各组成相的性质、形态、数量直接相关。

钢铁材料的组元主要包括纯铁、渗碳体和石墨等。

① 纯铁[1]。Fe 是过渡族元素，1 个大气压下的熔点为 1538℃，20℃时的密度为 $7.87×10^3 \text{kg/m}^3$。纯铁由液态结晶为固态后，继续冷却到 1394℃及 912℃时，先后发生两次晶格类型的转变。金属在固态下发生的晶格类型的转变称为同素异构转变。温度低于 912℃的铁为体心立方晶格，称为 α-Fe；温度在 912～1394℃间

的铁为面心立方晶格，称为 γ-Fe；温度在 1394～1538℃间的铁为体心方晶格，称为 δ-Fe。

② 渗碳体。渗碳体是铁和碳形成的间隙化合物，晶体结构十分复杂，属于正交晶系，$w_C=6.69\%$，通常以 Fe_3C 表示。Fe_3C 具有很高的硬度，硬度约为 950～1050HV，但强度很低，抗拉强度 $\sigma_b=30MPa$；塑性韧性很差，延伸率 $\delta=0$。

③ 石墨。碳在固态下有晶态、非晶态两种存在形式，晶态又以石墨、金刚石两种形式为主。在铁碳合金中石墨具有层状的方晶格，六方层中的点阵常数为 0.142nm，而层间距为 0.340nm。石墨的硬度很低，只有 3～5HB，而塑性几乎为零。

基于 Fe-Fe_3C 相图，钢铁材料的基本相除了高温时存在的液相 L 和化合物相 Fe_3C 外，还有碳溶于铁原子中后形成的几种间隙固溶体相。

① 铁素体。是碳溶于 α-Fe 的间隙固溶体，体心立方晶格，用符号 α 或 F 表示。铁素体具有体心立方晶格结构，晶格间隙分布较分散，因而间隙尺寸较小，溶碳能力较差，室温时溶解度仅为 0.0008%。铁素体的强度和硬度低，塑性和韧性好。

② 奥氏体。是碳溶于 γ-Fe 的间隙固溶体，面心立方晶格，用符号 γ 或 A 表示。奥氏体中碳的固溶度较大，在 1148℃最大达 2.11%。奥氏体强度较低，硬度不高，易于塑性变形。

③ 高温铁素体。是碳溶于 δ-Fe 的间隙固溶体，体心立方晶格，用符号 δ 表示。高温铁素体与铁素体本质相同，但高温铁素体存在的温度范围较大。

2.1.2　Fe-Fe_3C 相图

Fe-Fe_3C 相图及相图中各点温度、成分及意义等见图 2-1 和表 2-1。各特性点的符号是国际通用，不能随意更换。图中 $ABCD$ 为液相线，$AHJECF$ 为固相线。整个相图中有三个恒温转变[2]。

① 包晶转变。在 HJB 水平线（1495℃）发生包晶反应：$L_B+\delta_H \xrightleftharpoons{1495℃} \gamma_J$

② 共晶反应。ECF 线（1148℃）是共晶反应线。碳含量在 $E\sim F$（w_C 为 2.11%～6.69%）之间的铁碳合金均要发生共晶转变：$L_C \xrightleftharpoons{1148℃} (\gamma_E+Fe_3C)$，转变产物是奥氏体和渗碳体的机械混合物，称为莱氏体，用 Ld 表示，莱氏体中的渗碳体称为共晶渗碳体。

③ 共析反应。PSK 线称为共析反应线，常用符号 A_1 表示，在 PSK（727℃）发生共析转变：$\gamma_S \xrightleftharpoons{727℃} \alpha_P+Fe_3C$ 共析转变产物称为珠光体，用符号 P 表示。

④ GS 线。奥氏体与铁素体之间的转变曲线，又称 A_3 线，它是在冷却过程中，由奥氏体析出铁素体的开始线，或加热时铁素体全部溶入奥氏体的终了线。

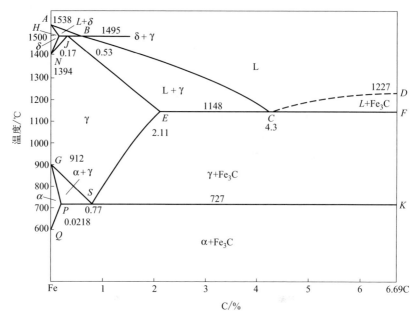

图 2-1　按组织区分的铁-碳合金相图

表 2-1　$Fe-Fe_3C$ 相图中各主要点的温度、碳含量及意义

特性点	温度/℃	w_C/%	说明
A	1538	0	纯铁熔点
B	1495	0.53	在包晶转变下的液相碳含量
C	1148	4.30	共晶点
D	1227	6.69	渗碳体熔点
E	1148	2.11	碳在 γ-Fe 中最大溶解度
F	1148	6.69	共晶转变线与渗碳体成分线的交点
G	912	0	α-Fe↔γ-Fe 同素异构转变点(A_3)
H	1495	0.09	碳在 δ-Fe 中的最大溶解度
J	1495	0.17	包晶点
K	727	6.69	渗碳体
N	1394	0	γ-Fe↔δ-Fe 同素异构转变点(A_4)
P	727	0.0218	碳在 α-Fe 中的最大溶解度
S	727	0.77	共析点(A_1)
Q	室温	0.0008	碳在 α-Fe 中的溶解度

⑤ ES 线。碳在奥氏体中的溶解度曲线，此温度线常称 A_{cm} 线。当温度低于此线时，奥氏体中将析出 Fe_3C，称为二次渗碳体 Fe_3C_{II}，以区别从液相中直接结晶析出的一次渗碳体 Fe_3C_I。

⑥ PQ 线。碳在铁素体中的溶解度曲线。碳在铁素体中的最大固溶度在 727℃时为 0.0218%，而室温其溶解度几乎趋近于零，故铁素体从 727℃冷却下来时，也将析出渗碳体，称为三次渗碳体 Fe_3C_{III}[3]。

2.1.3　铁-碳合金的平衡结晶过程及组织

按有无共晶反应将铁-碳合金分为碳钢和铸铁两大类，即碳含量大于 2.11%为铸铁，碳含量小于 2.11%的为碳钢（碳含量小于 0.0218%的为工业纯铁）。按 Fe-Fe_3C 系结晶的铸铁，因其断口呈白亮色，称为白口铸铁[4]。在工程中，按组织又将细分为七种类型，见表 2-2。

表 2-2　铁碳合金的分类

总类	分类名称	w_C/%	室温平衡组织
铁	工业纯铁	<0.0218	铁素体；或者铁素体+三次渗碳体
钢	亚共析钢	0.0218~0.77	先共析铁素体+珠光体
	共析钢	0.77	珠光体
	过共析钢	0.77~2.11	先共析（二次）渗碳体+珠光体
铸铁	亚共晶白口铸铁	2.11~4.30	珠光体+二次渗碳体+莱氏体
	共晶白口铸铁	4.30	莱氏体
	过共晶白口铸铁	4.30~6.69	一次渗碳体+莱氏体

下面分别对以上七种典型铁-碳合金的结晶过程进行分析。

（1）w_C=0.01% 的合金（工业纯铁）

工业纯铁冷却曲线和平衡结晶过程如图 2-2 中①所示。合金由液相完全转变为 δ 相后，随温度下降固溶体发生了两次同素异构转变，即冷至 3 点时，开始发生 δ→γ 的同素异构转变，这一转变过程中奥氏体（γ）通常在 δ 相的晶界上形核，然后长大，这一过程在 4 点温度结束。冷却到 5~6 点间又发生同素异构转变 γ→α，至 6 点全部转变为铁素体 α。冷却至 7 点，铁素体已呈饱和状态。温度低于 7 点时，将从铁素体中析出 Fe_3C_{III}，在缓慢冷却下，这种渗碳体以断续网状沿铁素体晶界析出。因此，合金的室温平衡组织为 α+Fe_3C_{III}。

（2）w_C=0.77% 的合金（共析钢）

共析钢冷却曲线和平衡结晶过程如图 2-2 中②所示。合金冷却时，于 1 点起从 L 中结晶出 γ，至 2 点全部结晶完成，在 2~3 点间 γ 冷却不变。至 3 点时，γ 发生共析转变生成 P，继续冷却至 4 点时，P 不发生变化，故共析钢的室温平衡组织全部为 P，P 呈层片状。

（3）w_C=0.40% 的合金（亚共析钢）

亚共析钢冷却曲线和平衡结晶过程如图 2-2 中③所示。合金在 1~2 点温度之间按匀晶转变析出 δ 铁素体。冷却至 2 点时，δ 铁素体的碳含量为 0.09%，液相

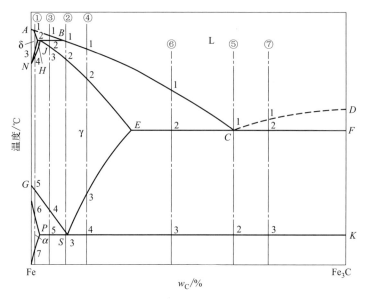

图 2-2　典型铁碳合金冷却转变过程

的碳含量为 0.53%，此时液相和 δ 相发生包晶转变 $L_{0.53}+\delta_{0.09}\rightleftharpoons\gamma_{0.17}$。由于合金的 w_C（0.40%）大于 0.17%，所以包晶转变结束后，还会有剩余液相存在。在 2～3 点之间，从液相不断结晶出奥氏体 γ，所有 γ 固溶体的成分均沿 JE 线变化。冷却至 3 点时，合金全部由 γ 相组成。冷至 4 点时，开始从 γ 中析出 α 相，α 相的碳含量沿 GP 线变化，而剩余 γ 相的碳含量沿 GS 线变化。当冷却至 5 点时，剩余 γ 相的碳含量达到 0.77%，在恒温下发生共析转变形成珠光体。在 5 点以下，先共析铁素体中将析出三次渗碳体 Fe_3C_{III}，但因其数量较少，一般可忽略。因此，亚共析钢的室温组织为 P+α。

（4）$w_C=1.20\%$ 的合金（过共析钢）

过共析钢冷却曲线和平衡结晶过程如图 2-2 中④所示。点 3 温度以上的结晶过程与共析钢相似。当 γ 缓冷至 ES 线（点 3 温度）时，开始从 γ 中析出二次渗碳体 Fe_3C_{II}，同时引起尚未转变的 γ 中碳浓度的减小。点 3～4 降温过程中，随着 Fe_3C_{II} 的不断析出，γ 相中碳含量随着 ES 变化，温度降到 4 点（727℃）时，剩余 γ 相的碳含量达到 0.77%，在恒温下发生共析转变形成珠光体，缓冷至室温时其平衡组织为 $P+Fe_3C_{II}$，但随着碳含量的增加，组织中的 Fe_3C_{II} 相对量增加，P 的相对量减小。

（5）$w_C=4.30\%$ 的合金（共晶白口铸铁）

共晶白口铸铁冷却曲线和平衡结晶过程如图 2-2 中⑤所示。合金溶液冷却至 1 点（1148℃）时，液相 L 在恒温下发生共晶转变：$Lc\rightarrow\gamma_E+Fe_3C$，转变产物为 γ 和 Fe_3C 的机械混合物，即莱氏体 Ld，其形态为短棒状的 γ 分布在 Fe_3C 基体上。

冷至 1 点以下，共晶 γ 中不断析出二次渗碳体 Fe_3C_{II}，它通常依附于共晶 Fe_3C 上面不能分辨。同时，γ 相的碳含量沿 ES 线逐渐减小。温度降到 2 点（727℃）时，共晶 γ 相的碳含量达到 0.77%，在恒温下发生共析转变形成珠光体。此后的莱氏体组织由 P、Fe_3C_{II} 和共晶渗碳体 Fe_3C 组成。为便于与高温莱氏体 Ld 区分，这种室温下的组织保留了高温下共晶转变产物 Ld 的形态特征，但组成相 γ 已发生了转变，因此称为低温莱氏体或变态莱氏体，用符号 Ld′ 表示。

（6）w_C = 3.0% 的合金（亚共晶白口铸铁）

亚共晶白口铸铁冷却曲线和平衡结晶过程如图 2-2 中⑥所示。点 1～2 温度区间为匀晶转变，自 L 相中不断结晶出初生 γ 相，并且初生 γ 相的成分沿 JE 线变化，逐渐趋于 E 点。L 相的成分则沿 BC 线变化，逐渐趋于 C 点。当冷却至 2 点（1148℃）时，γ 相的碳含量为 2.11%（E 点），剩余 L 相的 w_C 为 4.3%（C 点），便发生共晶转变，形成 Ld。在继续冷却至室温的过程中，初生 γ 相的变化与过共析钢的结晶过程相同，而 Ld 的变化则与共晶白口铁的结晶过程相同，所以亚共晶白口铸铁室温平衡组织为 $P+Fe_3C_{II}+Ld'$ $[P+Fe_3C_{II}+Fe_3C]$。

（7）w_C = 5.0% 的合金（过共晶白口铸铁）

过共晶白口铸铁冷却曲线和平衡结晶过程如图 2-2 中⑦所示。点 1～2 温度区间从 L 中结晶出一次渗碳体 Fe_3C_I。随着 Fe_3C_I 的不断析出，剩余 L 相的碳含量沿 DC 线变化，逐渐趋于 C 点。当冷却至点 2（1148℃）时，剩余 L 相的碳含量达到 C 点，于是发生共晶转变形成莱氏体 Ld。在以后的降温过程中，Fe_3C_I 不再发生变化，而 Ld 的变化则与共晶白口铁的结晶过程相同。所以，过共晶白口铸铁室温下的组织为 $Fe_3C_I+Ld'[P+Fe_3C_{II}+Fe_3C]$。

2.2　钢的分类

钢的应用广泛、种类繁多，对钢进行分类可以满足各方面需求。根据不同的目的，钢的分类方法也各不相同。例如，按用途分类可以满足使用者需求；按照金相组织和化学成分分类，可便于检验和研究工作；按冶炼方法分类有助于钢铁企业的管理等[5]。

2.2.1　按用途分类

（1）结构钢

主要用于承受负荷的结构件，根据不同的使用场合又可以分为工程构件用钢和机器零件用钢两类。

工程构件用钢广泛用于制造船体、石油井架、矿井架、桥梁、建筑用钢结构件、高压容器、输送管道等大型结构件。由于这些构件体积较大，一般需要进行焊接，通常不进行热处理。但对于有特殊要求的结构钢，一般是在钢厂内进行正火或调质热处理，对于一些可靠性要求高的焊接构件，焊后需在现场进行整体或局部去应力退火。通常这类钢材很大一部分是以钢板和各类型钢供货，其使用量很大，多采用碳素结构钢、低合金高强度钢和微合金钢。

机器零件用钢是在优质碳素结构钢的基础上发展起来的，用于制造各种机器零件的钢种，如各种齿轮、轴（杆）类零件、弹簧、轴承及高强度结构件，广泛应用在汽车、拖拉机、机床、工程机械、电站设备、飞机及火箭等装置上。

（2）工具钢

是用于制造切削工具、量具、模具及抗高温软化弹簧、各类轴承和一些耐磨零件等的钢，具有良好的强度、韧性、硬度、耐磨性和回火稳定性等性能。按不同的使用目的和性质，工具钢又可分为刃具钢、量具钢、冷作模具钢、热作模具钢、耐冲击工具用钢等。

（3）特殊性能钢

是除了要求力学性能之外，还要求具有其他一些特殊物理性能或化学性能的钢。这类钢种类很多，机械制造中主要使用不锈耐酸钢（包括马氏体不锈钢、铁素体不锈钢和奥氏体不锈钢）、耐热钢（包括氧化钢和热强钢）、耐磨钢等。

2.2.2 按金相组织分类

（1）按平衡组织分类

可以分为亚共析钢（铁素体＋珠光体）、共析钢（珠光体）、过共析钢（珠光体＋渗碳体）和莱氏体钢（珠光体＋渗碳体）。

（2）按正火组织分类

可以分为珠光体钢、贝氏体钢、奥氏体钢、马氏体钢。这种分类方法与钢材尺寸有关，通常以直径为 25mm 的圆钢，经奥氏体化后在静止空气中冷却所得到的组织为准。

（3）按加热冷却时是否发生相变分类

按相变组织可以分为铁素体钢、奥氏体钢、半铁素体钢或半马氏体的复相钢。

2.2.3 按化学成分分类

（1）碳素钢

碳素钢按碳含量又可以分为低碳钢（$w_C < 0.25\%$）、中碳钢（$w_C = 0.25\% \sim 0.60\%$）、高碳钢（$0.6\% < w_C < 1.0\%$）和超高碳钢（$w_C > 1.0\%$）等。

低碳钢碳含量低，其塑性韧性好，但硬度、强度低，耐磨性也差。通常情况下将其渗碳、淬火及低温回火后使用。这样，表面属于高碳，具有高强度和高耐磨性，而芯部保持了较高的强度（因为回火温度低）和韧性（因为碳含量低）。

中碳钢是生产上用量最大的一类钢，包括调质钢、弹簧钢和热作模具钢。中碳钢往往采用完全淬火（加热到单相奥氏体区得到单相均匀奥氏体）加中温或高温回火的热处理工艺。

高碳钢包括碳素工具钢、低合金工具钢、滚动轴承钢、高速钢和冷作模具钢等。多数高碳合金钢的碳含量在 1% 左右，在钢号中不再标出碳的质量分数，如果低于 1%，用千分数标出，如 9SiCr 的碳含量约为 0.9%。

高碳钢的热处理特点是：①预备热处理采用球化退火；②采用不完全淬火（加热到两相区得到奥氏体加未溶碳化物）加低温回火的热处理工艺。

高碳钢具有高硬度和高耐磨性。当奥氏体中碳含量介于 0.5%～0.6% 时，继续增加奥氏体中碳含量，硬度不但不增加，反而还会降低。这是由于当奥氏体中碳含量再增加时，会出现大量残余奥氏体，而奥氏体硬度低，使淬火后的硬度不增加或略有降低。所以对高碳钢来说，在进行奥氏体化时，希望控制奥氏体中的碳含量在 0.5%～0.6%，其余的碳以碳化物形式存在，淬火后在高硬度马氏体基体上均匀分布着细小球状的碳化物，使钢的耐磨性提高。一般采取三个措施，一是锻造后采用球化退火处理，得到球状或粒状珠光体而不是片状珠光体。因为球状珠光体没有片状珠光体易于溶解，加热时比较容易保留未溶的碳化物；二是采用较低的淬火加热温度，在两相区加热，碳化物溶解速度慢；三是采用较短的保温时间，在未达到平衡之前开始冷却。

为了进一步提高高碳钢的耐磨性，需要在钢中加入大量的强碳化物形成元素 Cr、W、Mo 和 V 等，如高速钢和冷作模具钢。

① 碳素工具钢（如 T7A、T8A、T10A、T12A 等），其碳含量在 0.65%～1.30%。碳素工具钢经淬火加低温回火后能获得 60HRC 以上的硬度和较高的耐磨性。碳素工具钢加工性能良好，价格便宜，在工具钢中占有较大比例，不仅能制造刃具，还能用于制造模具。

② 低合金高碳钢的碳含量在 0.85%～1.10%，加入的合金元素以 Cr、Si、Mn 为主，主要是提高淬透性和耐磨性，力学性能优于碳素工具钢。低合金高碳钢主要用于制造滚动轴承（滚动轴承钢，钢号中用 G 开头，铬含量用万分数表示）、刃具和量具。

③ 高合金高碳钢主要包括高速钢和 Cr12 型冷作模具钢，这两类钢属于莱氏体钢，铸态有莱氏体组织，其他钢无莱氏体。高速钢的碳含量在 0.70%～1.20%，W、Mo、V 形成合金碳化物提高耐磨性和红硬性，Cr 可提高淬透性，形成的合金渗碳体可提高耐磨性。

（2）合金钢

按合金元素含量可分为低合金钢（$w_{Me} \leqslant 5\%$）、高合金钢（$w_{Me} > 10\%$）和中合金钢（$w_{Me} = 5\%～10\%$）；按照主要合金元素的名称可分为铬钢、锰钢、铬镍钢、铬锰硅钢等。

2.3 合金元素在高碳钢中的作用

合金元素能够改善高碳钢的力学性能，并赋予高碳钢某些特殊性能的根本原因在于它能够改变钢的组织结构，并影响高碳钢在加热和冷却过程中的组织转变规律。本节对合金元素在高碳钢中的作用进行简单概述，主要包括 Cr、Si、Al、Mn、V、Nb 和稀土元素。

2.3.1 Cr 和 Mn 在高碳钢中的作用

Cr 作为高碳钢中一种重要的合金元素，能提高高碳钢的淬透性，并且形成合金渗碳体后可以提高钢的强度、韧性、抗回火性以及耐磨性等。在碳钢中添加适量的 Cr 元素可显著改变铁素体的形态及分布，并能细化晶粒。高碳钢中加入元素 Cr 后，使钢 CCT 曲线向右上移动，从而抑制先共析铁素体的析出，增加了贝氏体、马氏体组织形成倾向，减小了钢的临界转变速度，提高了钢的淬透性，提高了钢的抗拉强度；在冷却速度不变的情况下，相应珠光体发生相变温度区间下降，随着过冷度的增加，珠光体片层间距得到细化。Cr 是碳化物形成元素，超高碳钢中添加 Cr 的目的是抑制石墨化及稳定组织[6]。

Mn 在高碳钢中是良好的脱氧剂和脱硫剂，在工业钢中一般都会有一定数量的 Mn 和 Fe 形成固溶体，从而提高钢中铁素体和奥氏体的硬度和强度。同时，Mn 又是碳化物形成元素，进入渗碳体中取代一部分铁原子。Mn 在钢中由于降低临界转变温度（Ar_1），减缓了奥氏体向珠光体的转变速度，使所形成的珠光体片层细化，间接起到提高珠光体强度的作用。而且，Mn 稳定奥氏体组织的能力仅次于 Ni，也强烈增加钢的淬透性，不过在它提高珠光体钢强度的同时使钢的延展性有所降低。但作为合金元素来说，Mn 也有其不利的一面，Mn 含量较高时，有使钢晶粒粗化的倾向，并增加了钢的回火脆性的敏感性。

2.3.2 Si 与 Al 在高碳钢中的作用

元素 Si 在高碳钢中的作用很早就引起了人们的重视。众所周知，在代位合金元素中，Si 是少有的阻碍渗碳体形成的合金元素，且 Si 能阻碍渗碳体从马氏体中析出，提高马氏体的回火抗力，促进位错马氏体板条间富碳残余奥氏体膜的形成，从而有利于准贝氏体（贝氏体铁素体板条间为富碳残余奥氏体）的形成。珠光体 Mn 系钢轨钢中加 Si 可提高强度和耐磨性，改善钢的韧性和塑性。在共析和过共析珠光体钢中，Si 的加入可抑制先共析渗碳体沿奥氏体晶界呈连续网状地析出，并产生"晶界铁素体"。在含 Si 过共析钢中，晶界相由高脆性的连续网状渗碳体改变为韧性的铁素体，这可能是 Si 改善过共析珠光体钢的韧性和塑性的重要原因[7]。

Si 可以明显提高 A_1 温度，扩大超塑性成形的温度范围，从而实现高应变速率、低应力下的超塑性成形[8]；同时 Si 还具有明显的石墨化作用，因此在添加 Si 时还应同时添加抑制石墨化元素（Cr、Mo 等）；Si 的添加还有助于提高高碳钢的阻尼性能[9]。

Al 是铁素体形成元素，超高碳钢中添加 Al 的目的是提高 A_1 温度和改善制备工艺。Al 与 Si 都能抑制网状碳化物形成，但 Al 的抑制作用更强。研究表明[10]，没有 Al、Si 添加的超高碳钢，魏氏组织严重，添加 Si 的超高碳钢也有少量的魏氏组织，而添加 Al 的超高碳钢则没有魏氏组织。由此可见，对含 Al 的超高碳钢可以采用普通热处理工艺消除网状碳化物，这无疑降低了生产成本。此外，含 Al 钢的冷加工性能也比含 Si 钢好。

含 Al 钢经过热变形工艺处理后具有高强度、高硬度及高塑性，可以直接应用。也就是说，含 Al 钢的制备工艺选择余地较大，相对于不含 Al 的超高碳钢也减少了工序，制备成本相对较低。当 Al 含量超过一定量后（10%），热加工及温加工时工件易出现边角裂纹，出现有序化现象，对室温性能有害。Al 的添加还提高了超高碳钢的抗氧化能力，由于 Al 也是石墨化元素，也需要同时添加 Cr 元素来抑制石墨化倾向。

2.3.3　V 与 Nb 在高碳钢中的作用

含 Si 微 V 共析钢中 V 含量存在一个饱和浓度。在饱和浓度以内，随着 V 含量增加，珠光体片层间距变细小；超过饱和浓度，VC 质点弥散析出，珠光体片层间距粗化。对含 Si 和 V 的共析钢珠光体转变研究表明[11]，V 因阻止珠光体的协同生长而促进了共析钢或过共析钢中晶界铁素体的形成，且细化珠光体片层间距，从而能够提高共析钢的强度；含 V 共析钢中的 VC 质点可以在珠光体的铁素体内以"相间沉淀"方式析出，在靠近渗碳体片附近存在无 VC 质点的沉淀区。在含 V 的高碳钢中，提高钢中的氮浓度可以使析出物数量增加，有利于提高钢的强度，但对塑性影响不大。

高碳钢中 Nb 的加入有效地细化了晶粒，且能在保持高强度的同时保持着良好的塑性。Nb 在钢中细化晶粒的作用过程主要体现在以下四个方面[12]：

① 在凝固期形成的先共析碳氮化物，有利于形成较细小的等轴铸造组织；

② 提高奥氏体再结晶温度；

③ 高温奥氏体区的析出，可抑制再结晶晶粒的长大，在低温奥氏体区脱溶和应变诱导析出，促进奥氏体向珠光体转变的形核；

④ 在珠光体区析出，抑制珠光体球团的长大。Nb 元素属于强碳、氮化物形

成元素，对于珠光体转变的高碳钢而言，Nb 的加入减缓了铁、碳原子的扩散，使珠光体的片间距减小，珠光体球团的尺寸减小，数量增多，同时也使先共析铁素体的数量增多。

2.3.4　稀土元素在高碳钢中的作用

稀土在高碳钢中有一定的固溶度，尤其当硫氧等杂质含量较低时，溶解的稀土将与钢中其他合金元素发生一定的交互作用。碳是钢中重要元素之一，稀土与碳的相互作用将影响碳化物的析出、相变及组织，从而影响钢的性能。有研究表明[13]，稀土与碳有交互作用，低碳钢中稀土能减少珠光体并增加铁素体数量，阻碍碳化物沿晶析出，还可显著降低铁中碳、氮的脱溶量等。

高碳钢中也能溶解一定量的稀土。晶界上的固溶稀土量多于晶内，渗碳体中多于铁素体。高碳钢中溶解的稀土与碳有相互作用，使碳化物球化、细化并均匀分布；稀土使退火组织珠光体形貌退化，碳化物粒状化。固溶于渗碳体中的稀土改变了渗碳体的组成和结构，在较高的碳和稀土含量下，能够生成稀土碳化物。

2.4　高碳钢中珠光体的组织形态及转变

高碳钢中珠光体一般为铁素体 α 和渗碳体 Fe_3C 的机械混合物，最为常见的组织形态为铁素体薄层（片）与碳化物（包括渗碳体）薄层（片）交替重叠组成，则为片层状珠光体。珠光体保持在足够高的温度，片层状组织将转变成更有利的能量状态的组织结构，减小界面/体积比率，渗碳体将以球状形式存在于铁素体基体上，形成球状珠光体。当钢从奥氏体化温度冷却到临界转变温度 A_1 以下时，根据转变温度、冷却方式和转变机理的不同，过冷奥氏体的转变可分为三种基本类型：珠光体转变（扩散型转变）、贝氏体转变（半扩散型转变）及马氏体转变（无扩散转变）。

当共析钢以奥氏体化温度缓慢冷却，或者急冷至 A_1 温度以下珠光体转变区域的某一温度再进行保温，则发生奥氏体/珠光体转变。对亚共析钢和过共析钢而言，在珠光体转变开始前，还将有先共析相（铁素体或渗碳体）的析出。珠光体转变通常以两相交替组成的层片状组织而共同析出（不连续析出），故也称为共析转变。发生珠光体转变时，将由均匀的固溶体（奥氏体 0.77% C）转变为点阵结构与母相截然不同的碳含量很低的铁素体（0.02% C）和碳含量很高的渗碳体（6.69% C），即 $\gamma \rightarrow \alpha + Fe_3C$（θ）。因此，珠光体的形成过程包含着两个同时进行的过程，一是通过碳的扩散形成低碳铁素体和高碳渗碳体，二是晶体点阵的重构，即由面心立方点阵的奥氏体转变为体心立方点阵的铁素体和正交结构的渗碳体。

2.4.1　珠光体的典型形态与晶体学

根据珠光体形成温度（Tu）与临界转变温度（A_1）之差，即过冷度（ΔT）的不同，珠光体转变所形成的组织形态也不同。Dahl[14] 将珠光体分为粗片状珠光体、细片状珠光体、极细片状珠光体和粒状珠光体四种。

典型的共析珠光体组织呈层片状，又称为片状珠光体。通常，在珠光体转变区域内较高温度形成粗片状珠光体，在较低温度形成细珠光体或极细珠光体。一般片状珠光体的片间距约为 150~450nm。若珠光体片间距小到光学显微镜难以分辨时，这种细片状珠光体称为索氏体，其片间距约为 80~150nm。在更低温度下形成的片间距为 30~80nm 的珠光体则称为屈氏体。当渗碳体以颗粒状存在于铁素体基体中时称为粒状珠光体。粒状珠光体可以通过不均匀的奥氏体缓慢冷却时分解（粒状珠光体转变）而得到[15]，也可以通过特定的热处理（如球化退火）来获得[16]。渗碳体颗粒的大小、形状与分布均与所用工艺有关，其数量则取决于钢中碳含量高低。

除上述比较典型的形态外，珠光体还有粒状、渗碳体不规则形态的类珠光体与相间沉淀组织等多种形态[15]。

珠光体转变时的晶体学关系比较复杂。通常，片状珠光体均在奥氏体晶界上形核，然后向一侧的奥氏体晶粒内长大成珠光体团。珠光体团中铁素体及渗碳体与被长入的奥氏体晶粒之间不存在位向关系，形成可动的非共格界面，但与另一侧的不易长入的奥氏体晶粒之间则形成不易移动的共格界面，并保持一定的位向关系。

在铁素体与奥氏体之间存在 K-S 关系[17,18]：即 $\{110\}\alpha//\{111\}\gamma$，$<111>\alpha//<110>\gamma$。而在渗碳体与奥氏体之间存在 Pitsch[17,18] 关系，该关系接近于：$(100)_\theta//(\overline{111})_\gamma$，$(010)_\theta//(110)_\gamma$，$(001)_\theta//(\overline{112})_\gamma$。此时珠光体团内的铁素体与渗碳体之间也存在着一定的位向关系，即 Pitsch/Petch 关系[19,20]：$(001)_\theta//(5\overline{21})_\alpha$，$[010]_\theta$ 与 $[113]_\alpha$ 差 $2°36'$，$[100]_\theta$ 与 $[\overline{131}]_\alpha$ 差 $2°36'$。

如果在奥氏体晶界上有先共析渗碳体存在，珠光体是在先共析渗碳体上形核长成的，则珠光体团中的铁素体与渗碳体之间存在 Bagayatski 位向关系[16]：即 $(001)_\theta//(2\overline{11})_\alpha$，$[100]_\theta//[0\overline{11}]_\alpha$，$[010]_\theta//[111]_\alpha$。此时珠光体团与被长入的奥氏体晶粒之间也无位向关系，但珠光体中的铁素体与奥氏体晶粒之间仍具有 Pitsch 关系，而珠光体中铁素体与该奥氏体晶粒之间则无确定的位向关系。

2.4.2　珠光体的形成机制

珠光体转变的驱动力是自由焓差。从相变的热力学条件来看，由奥氏体到珠光体转变需要有一定的过冷度，以提供相变时消耗的自由能。当奥氏体过冷到临界转变温度 A_1 以下，由于过冷奥氏体的自由能增高，即：

$$\Delta G_{\gamma \to p} = G_P(T_u) - G_\gamma(T_u) \tag{2-1}$$

而此时奥氏体更加不稳定。当奥氏体和珠光体自由能之差为一定的负值时，即可发生珠光体转变[21]。

$$\Delta G = -A |\Delta G_{\gamma \to p}| + B\gamma + Ce < 0 \tag{2-2}$$

式中，A、B、C 为常数；γ 为界面表面能；e 为应变能。珠光体的形核，通常在既存表面上（如微观缺陷较多的晶界、未溶碳化物粒子等）的形核率要比在母相晶粒内的成核率大得多。珠光体主要在奥氏体的晶界上形核或者在奥氏体晶界和先共析铁素体/奥氏体的碳浓度较高的界面上形核。

由于珠光体是由铁素体和渗碳体两相组成的机械混合组织，故珠光体的形核就涉及两相形核先后的问题，即所谓领先相的问题。Hillert 等[22] 根据亚共析钢珠光体中的铁素体和先共析铁素体的位向相同，以及过共析钢珠光体中的渗碳体和先共析渗碳体的位向相同且连成一体，认为珠光体的领先相决定于钢的化学成分，亚共析钢的领先相是铁素体，过共析钢的领先相是渗碳体。至于共析钢中的领先相，既可以是渗碳体，也可以是铁素体。尽管这种说法已经被人们广泛接受，但是也有人[15] 认为，珠光体形核不存在领先相，奥氏体中存在贫碳区与富碳区，在一定条件下共同析出铁素体与渗碳体相（珠光体晶核），而后逐渐长大。

以渗碳体为领先相，片状珠光体的形成过程如图 2-3 所示。均匀奥氏体冷却至 A_1 点以下时，由于能量、成分和结构起伏，首先在奥氏体晶界上形成一小片渗碳体晶核。渗碳体晶核刚形成时可能与奥氏体保持共格关系，为减小应变能而呈片状。这种片状晶核按非共格扩散方式长大时，共格关系即被破坏。渗碳体晶核不仅沿纵向长大，而且也向横向长大 ［图 2-3 (a)］。渗碳体横向长大时，吸收两侧奥氏体中的碳而使其碳浓度降低。当奥氏体的碳含量降低到足以形成铁素体时，就在渗碳体片两侧形成铁素体片 ［图 2-3 (b)］。新生成的铁素体片除了伴随

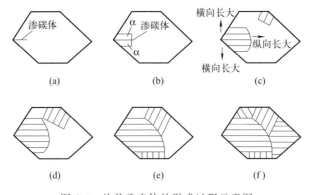

图 2-3　片状珠光体的形成过程示意图

渗碳体片纵向长大外，也横向长大。铁素体横向长大时，向侧面奥氏体中排出多余的碳而使其碳浓度增高，从而促进在铁素体侧面形成新的渗碳体片。如此循环进行下去，就形成了渗碳体片和铁素体片相间的片层状组织，即珠光体。

珠光体的横向长大是靠渗碳体片和铁素体片的不断增多来实现的。此时，在晶界以及在长大着的珠光体与奥氏体的相界上，也可能产生新的具有另一长大方向的渗碳体晶核 [图 2-3（c）]。在奥氏体中，各种不同取向的珠光体不断长大，同时在晶界上或相界上又不断产生新的晶核并不断长大 [图 2-3（d）~（e）]，直到各个珠光体团完全相互接触时，奥氏体全部分解，珠光体转变结束，得到层片状珠光体组织。图 2-3（f）为珠光体转变结束后的示意图，直到各个珠光体团完全相互接触时，奥氏体全部分解，珠光体转变结束，得到层片状珠光体组织。

随着珠光体形成温度的降低，渗碳体片和铁素体片逐渐变薄、缩短，同时两侧连续形成速度及其纵向长大速度都发生改变，珠光体团的轮廓由块状变为扇形，继而变为轮廓不光滑的团絮状，即片状珠光体逐渐变为索氏体或屈氏体。但是有人[23]认为，珠光体形成时有些渗碳体是以分枝的形式向前生长（基本上没有侧向生长），铁素体协调在渗碳体的枝间逐渐形成。由这种分枝机制可以解释珠光体转变中出现的一些反常组织，例如只在晶内接近中心处出现一个珠光体团 [图 2-4（a）]，或在渗碳体网边出现一条铁素体 [图 2-4（b）]，或只有一片渗碳体由晶界渗碳体中长出伸向晶内 [图 2-4（c）]。其中，图 2-4（b）和（c）为离异共析组织。

所谓珠光体的离异共析转变，是指过冷奥氏体在发生共析转变时，珠光体中与先共析相相同的相依附于先共析相长大，而另一相形成单独相的现象。具体说就是在亚共析钢中，珠光体中的铁素体依附于先共析铁素体长大，而渗碳体成为单一相的现象，组织中只出现铁素体加渗碳体，而正常的组织应该是铁素体加珠光体。过共析钢则反之。

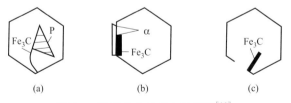

图 2-4　珠光体分枝长大示意图[16]

由此可见，珠光体的形成有两种机制[24]，一是铁素体和渗碳体交替形核长大为珠光体，此时珠光体中的铁素体与渗碳体之间具有 Pitsch-Petch 位向关系，且珠光体中的铁素体和不易长入的奥氏体晶粒之间有 K-S 关系；二是渗碳体分枝长大形成的珠光体，此时珠光体中的铁素体和渗碳体之间具有 Bagayatski 位向关系。

在特定的奥氏体化和冷却条件下，过冷奥氏体也有可能分解为粒状珠光体。

所谓特定条件，首先，是指奥氏体化温度较低、保温时间较短、加热转变未充分进行，此时奥氏体中有许多未溶的残留碳化物或许多微小的高浓度碳的富集区；其次，转变为珠光体的等温温度要高，等温时间要足够长，或冷却速度极慢。满足上述条件，就有可能使渗碳体成为颗粒（球）状，即获得粒状珠光体，工业上工具钢的球化退火就是依据这种原理和方法。

除了上述粒状珠光体转变外，获得粒状珠光体的热处理工艺还有片状珠光体的低温退火球化（略低于 A_1 温度）以及马氏体、贝氏体组织的高温回火工艺。本文将粒（球）状渗碳体＋铁素体的组织统称为粒状珠光体组织。如果球化处理前的原始组织为片状珠光体，则在加热过程中，片状渗碳体有可能自发地发生破裂和球化，这是因为片状渗碳体的表面积大于同样体积的粒状渗碳体。故从能量考虑，渗碳体的球化是一个自发的过程。这是由于第二相质点的溶解度与质点的曲率半径有关，曲率半径愈小，其溶解度愈高，片状渗碳体的尖角处的溶解度高于平面处的溶解度，使周围的铁素体与渗碳体尖角接壤处的碳浓度大于与平面处的碳浓度[24]。在渗碳体内形成碳的浓度梯度，引起了碳的扩散，从而破坏了界面上碳浓度的平衡。为了恢复平衡，渗碳体尖角处将进一步溶解，渗碳体平面将向外长大，如此不断进行，最后形成了各处曲率半径相近的渗碳体。

片状渗碳体的断裂还与渗碳体片内的晶体缺陷有关。图 2-5 表明，由于渗碳体片内存在亚晶界引起渗碳体的断裂，亚晶界的存在将在渗碳体内产生界面张力，从而使片状渗碳体在亚晶界处出现沟槽，沟槽两侧将成为曲面。与平面相比，曲面具有较小的曲率半径，故溶解度较高，曲面处的渗碳体将溶解，而使曲率半径增大，破坏了界面张力（$\sigma_{\mathrm{cem}/\alpha}$ 与 $\sigma_{\mathrm{cem}/\mathrm{cem}}$）的平衡，为恢复平衡，沟槽将进一步加深。

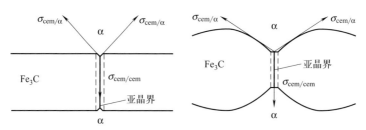

图 2-5　片状渗碳体断裂机制

如此循环进行直至渗碳体熔穿断为两截，然后再通过尖角溶解、平衡长大而逐渐球化。同理，这种片状渗碳体断裂现象，在渗碳体中位错密度高的区域也会发生。由此可见，A_1 温度以下片状渗碳体的球化是通过渗碳体片的破裂、断开逐渐成为球状的。

片状珠光体被加热到 A_1 以上时，在奥氏体形成过程中，尚未转变的片状渗碳体也会按上述机构熔断、球化。图 2-6 为片状渗碳体在 A_1 以下球化过程。如果奥氏体化温度较低，保温时间又不长，奥氏体化未能充分进行，则含有未溶渗碳体且碳分布不均匀的奥氏体冷却到 A_1 温度以下转变为珠光体时，未溶解的残余渗碳体便是现成的核，这样的核与奥氏体晶界形成的核不同，可以向四周长大，长成粒状渗碳体。而在粒状渗碳体四周则出现低碳奥氏体，通过形核长大转变为铁素体，从而获得粒状珠光体。如果奥氏体化温度较高，渗碳体已经完全溶解，但尚未充分均匀化，这时再冷到 A_1 以下，则在奥氏体中的高碳区将易于形成渗碳体核，并向四周长大成为粒状渗碳体而获得粒状珠光体。上面讨论的为珠光体的等温转变机制，连续冷却时的情况与等温时的基本相同，只是连续冷却时珠光体是在不断降温过程中形成的。

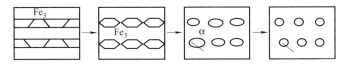

图 2-6　片状渗碳体在 A_1 以下球化过程

2.4.3　亚（过）共析钢珠光体组织转变

亚（过）共析钢珠光体转变基本上与共析钢珠光体转变相似，但需要考虑伪共析转变、先共析铁素体与先共析渗碳体析出等问题。

（1）伪共析转变

图 2-7 为 Fe-Fe$_3$C 平衡状态相图的左下部分示意图，图中 GSE 线以上为奥氏体区，GS 线以左为先共析铁素体区，ES 线以右为先共析渗碳体区。显然，亚共析钢自奥氏体区缓慢冷却时，将沿 GS 线析出先共析铁素体。随着铁素体的析出，奥氏体的碳浓度逐渐向共析成分（S 点）接近，最后具有共析成分的奥氏体在 A_1 点以下转变为珠光体。过共析钢的情况与此类似，只不过析出的先共析相为渗碳体。如果将亚共析钢或过共析钢（如合金Ⅰ或合金Ⅱ）在奥氏体区以较快速度冷却下来，先共析铁素体或先共析渗碳体来不及

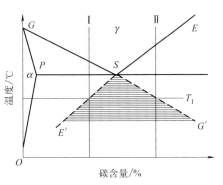

图 2-7　Fe-Fe$_3$C 平衡状态相图
的左下部分示意图

析出的情况下，奥氏体被过冷到 T_1 温度以下区域，由于 GSG' 线和 ESE' 线分别为铁素体和渗碳体在奥氏体中溶解度线，在此温度以下保温时，将在奥氏体中同时析出铁素体和渗碳体。在这种情况下，过冷奥氏体将全部转变为珠光体组织，但合金的成分并非共析成分，并且其中铁素体和渗碳体的相对量也与共析成分珠

光体不同，随奥氏体的碳含量变化而变化。这种转变称为伪共析转变，其转变产物称为伪共析组织，$E'SG'$ 线以下的阴影区域称为伪共析转变区。过冷奥氏体转变温度越低，其伪共析转变的成分范围就越大。

（2）亚（过）共析钢先共析相的析出

先共析相的析出与碳在奥氏体中的扩散密切相关。亚共析钢或过共析钢（如图 2-7 中合金 I 或合金 II）奥氏体化后冷却到先共析铁素体区（GSE' 线以左区域）或先共析渗碳体区（ESG' 线以后区域）时，将有先共析铁素体或先共析渗碳体析出。析出的先共析相的量决定于奥氏体碳含量和析出温度或冷却速度。碳含量越高（或越低），冷却速度越大、析出温度低，则析出的先共析相铁素体（或先共析渗碳体）的量就越少。

在亚共析钢中，当奥氏体晶粒较细小，等温温度较高或冷却速度较慢时，Fe 原子可以充分扩散，所形成的先共析铁素体一般呈等轴块状，如图 2-8（a）所示。当奥氏体晶粒较粗大，冷却速度较快时，先共析铁素体可能与奥氏体无共格关系。当奥氏体成分均匀、晶粒粗大、冷却速度又比较适中时，先共析铁素体有可能呈片（针）状，沿一定晶面向奥氏体晶内析出，此时铁素体与奥氏体有共格关系，如图 2-8（c）和（d）所示。

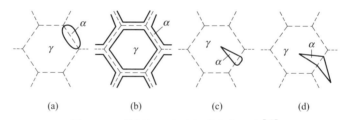

（a）　　　　　（b）　　　　　（c）　　　　　（d）

图 2-8　亚共析钢的先共析铁素体形态[15]

在过共析钢中，先共析渗碳体的形态可以是粒状、网状或针（片）状。但共析钢在奥氏体成分均匀、晶粒粗大的情况下，从奥氏体中直接析出粒状渗碳体的可能性很小，一般呈网状或针（片）状渗碳体，此时显著增大钢的脆性。先共析片（针）状渗碳体与奥氏体之间具有 Pitsch 关系，即 $(100)_\theta // (\overline{5}54)_\gamma$；$(010)_\theta // (110)_\gamma$；$(001)_\theta // (\overline{2}25)_\gamma$，这种渗碳体亦可称为魏氏组织渗碳体。

2.4.4　高碳钢中渗碳体的存在形式与作用

渗碳体是钢中重要的组成相，其相含量的多少取决于钢中碳含量，共析钢中的渗碳体体积分数约为 12%。在合金钢中渗碳体还可以与合金元素结合形成合金渗碳体，钢中渗碳体与合金渗碳体是钢中重要的强化相，其存在形式强烈影响着材料的力学性能。渗碳体在高碳钢中主要以片状、粒状与网状的形式存在，下面分别介绍渗碳体在高碳钢中的存在形式与作用。

　　层片状渗碳体是高碳钢中渗碳体主要存在形式之一，通常由共析转变而来，与片状铁素体共同构成珠光体。渗碳体片厚度与层片间距以及珠光体团的大小等因素决定着片状珠光体的力学性能。珠光体的片间距与渗碳体片厚度主要取决于珠光体的形成温度，且随着转变温度的降低而变小。同时，合金元素的加入也可以增大珠光体转变的过冷度，从而减小珠光体片间距及渗碳体片厚度。随着片间距的减小，珠光体的强度、硬度以及塑性均有所升高。

　　硬度与强度的升高是因为片间距减小，同时渗碳体与铁素体片变薄，相界面增多，铁素体中位错不易滑移，使塑变抗力升高。当外力足够大时，位于铁素体中心的位错源被开动后，滑动的位错受阻于渗碳体片。渗碳体及铁素体片愈厚，受阻而塞积的位错也愈多，塞积的位错将对渗碳体片造成正压力，达到一定程度后会使渗碳体片产生断裂。片层愈薄，塞积的位错愈少，正压力也愈小，愈不易引起开裂，必须提高外加作用力，才能使更多的位错塞积在相界面一侧，所产生的正应力足够大时便使渗碳体片发生断裂。当每一个渗碳体片发生断裂并连接在一起时便引起整体脆断（图 2-9），减小珠光体片间距可以提高钢的断裂抗力。不仅如此，当渗碳体片很薄时，塞积的位错也可能切过渗碳体薄片而不使之发生正断，引起切断，然后在正应力的作用下裂纹不断发展，最后导致整体延性断裂。

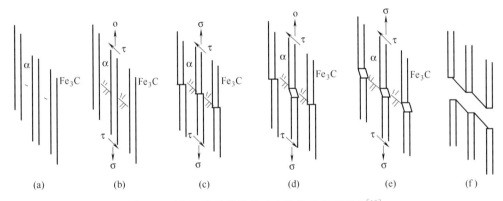

图 2-9　平行于拉伸轴的粗珠光体片的断裂模型[18]

　　减小珠光体片间距还能提高塑性，这是因为渗碳体片很薄时，在外力作用下可以滑移产生塑性变形，也可以产生弯曲[25]，致使塑性提高。在生产上也正是利用这一特点，发展了一种极有效的用于提高钢丝强度的强化处理工艺，称为派登（Patenting）处理或铅浴处理，即将高碳钢丝经等温处理得到片间距极小的索氏体组织，然后利用薄片渗碳体可以弯曲和产生塑性变形的特征进行深度冷拔以增加铁素体内的位错密度以及细化位错缠结所组成的胞块，而使强度得到显著提高[26]，冷轧变形同样可以增加基体中位错密度，减小渗碳体片厚度与珠光体片间距，从而大幅提高钢的强度[27-29]。

片间距对钢的冲击韧性的影响比较复杂，因为片间距的减小使冲击韧性变差，而渗碳体片变薄又有利于改善冲击韧性。前者是由于强度提高而使冲击韧性变差，后者则是由于薄的渗碳体片可以弯曲、形变而使断裂成为韧性断裂，从而改善冲击韧性。这两个相互矛盾的因素的共同作用，使冲击韧性的韧脆转变温度与片间距之间的关系出现一极小值，即韧脆转变温度随片间距减小先降后升。当片状珠光体是在连续冷却过程中的一定温度范围内形成时，先形成的珠光体片间距因温度较高而较大，强度较低，而后形成的珠光体片间距较小，则强度较高。因此，在外力的作用下，将引起不均匀的塑性变形，并导致应力集中，从而使钢的强度下降。为获得片层厚度均匀的强度高的珠光体，应采用等温处理。亚共析钢珠光体转变产物为先共析铁素体与珠光体的混合组织，其力学性能除了取决于铁素体及珠光体的相对量，还取决于铁素体的晶粒大小和珠光体片间距等。

粒状渗碳体也是高碳钢中渗碳体的重要存在形式之一，主要有四种获得方法：

① 球化退火，一般用于中高碳钢，包括低温球化退火与高温球化退火；

② 形变球化，在 Ac_1 温度附近变形，使片状珠光体发生球化；

③ 热变形+离异共析转变，一般用于高碳钢，材料在奥氏体区变形，同时利用离异共析转变，在一定冷却条件下直接生成球状渗碳体，得到粒状珠光体组织；

④ 马氏体与贝氏体组织的高温回火。

粒状珠光体的性能主要取决于碳化物颗粒的大小、形态、分布以及铁素体晶粒的大小。一般而言，当钢的成分一定时，碳化物颗粒愈细，硬度、强度愈高，碳化物形态球状度愈好，分布愈均匀，韧性愈好。粒状珠光体与片状珠光体相比，在成分相同的情况下，粒状珠光体的强度、硬度稍低，塑性较好。粒状珠光体的可切削性好，对刀具磨损小，冷挤压时的成形性也好，加热淬火时的变形与开裂倾向小。因此，高碳钢在机加工和热处理前常要求先经球化处理得到粒状珠光体。粒状珠光体硬度、强度稍低的原因是铁素体与渗碳体的界面较片状珠光体少。粒状珠光体塑性较好是因为铁素体呈连续分布，渗碳体呈粒状分散在铁素体基体上，对位错运动的阻碍较小。

网状渗碳体一般出现在过共析钢中，发生珠光体转变时先共析渗碳体在奥氏体晶界上呈网状析出，这种相的出现大大提高了钢的脆性，在钢中一般为有害组织，可以通过球化处理来消除。

2.5 钢中碳化物特性的理论计算与分析

钢中的碳原子一般有两种存在方式，固溶在基体（铁素体，奥氏体等）中或存在于碳化物中。在碳钢中以铁碳化物的形式存在，在合金钢中以合金碳化物的形式存在。本章用第一性原理方法计算几种常见铁碳化物（Fe_2C，Fe_3C 与

Fe_5C_2）的弹性性能和电磁性能，并通过理论计算研究应力与合金元素（Cr 与 Mn）的添加对 Fe_3C 结构与电磁性能的影响，为进一步确定钢中几种铁碳化物的特性、存在形式、存在状态以及合金元素添加的作用提供理论依据。

本节基于密度泛函理论的第一性原理方法，所有体系初始的晶格参数均取自实验值。计算过程中 Kohn-Sham 轨道用平面波展开，离子与价电子的相互作用采用超软赝势描述，分别用了局域密度近似（LDA）和广义梯度近似（GGA）来描述交换关联势。计算在倒易空间中进行，布里渊区积分采用 Monkhorst-Pack 形成的特殊 K 点方法。计算参数选取如下：对 ε-Fe_3C，LDA 取平面波截断能量 E_{cut} 为 300eV，GGA 取平面波截断能量 E_{cut} 为 330eV，K 点网格为（6，6，6）；对 θ-Fe_3C，LDA 取平面波截断能量 E_{cut} 为 300eV，GGA 取平面波截断能量 E_{cut} 为 330eV，K 点网格为（5，4，6）；对 ε-Fe_2C，LDA 取平面波截断能量 E_{cut} 为 300eV，GGA E_{cut} 为 330eV，K 点网格为（10，10，6）；对 η-Fe_2C，LDA 取平面波截断能量 E_{cut} 为 300eV，GGA 取 E_{cut} 为 330eV，K 点网格为（6，6，9）；对 Fe_5C_2，LDA 取平面波截断能量 E_{cut} 为 330eV，GGA 取 E_{cut} 为 330eV，K 点网格为（10，10，6）。本章定义的收敛条件是自洽场计算的最后两个循环总能量之差小于 1×10^{-6} eV/原子，作用在每个原子上的力之差小于 0.006 eVÅ^{-1}，最大位移之差小于 5×10^{-4} Å。所有计算考虑了铁原子的自旋，而且都是在 Material Studio 平台的 CASTEP 模块上进行的。

2.5.1　密度泛函理论简介

（1）理论基础

密度泛函理论包括以下几点：

① 多粒子体系的薛定谔方程：

$$ih\frac{\partial \psi}{\partial t} = -\sum_{i=1}^{N}\frac{h^2}{2\mu_i}\nabla_i^2\psi + U(r_1, r_2, \cdots, r_N)\psi \tag{2-3}$$

当体系的势场 U 与时间无关时，式（2-3）的解可以用分离法进行简化，同时它的解也满足定态薛定谔方程：

$$\left[-\sum_{i=1}^{N}\frac{h^2}{2\mu_i}\nabla_i^2 + U(r_1, r_2, \cdots, r_N) \right]\psi = E_i\psi \tag{2-4}$$

对于多粒子体系，上述方程从数学上仍不能求解。为了求解上述多粒子体系的定态薛定谔方程，必须在物理模型上做一系列的简化。分子轨道理论（严格意义上的从头算）在这方面作了三个近似处理，即引入非相对论近似、绝热近似和轨道近似。

a. 非相对论近似。电子在原子核附近运动但又不被原子核俘获，必须保持很高的运动速度。根据相对论，此时电子的质量 μ 不是一个常数，而由电子运动速

度 v、光速 c 和电子静止质量 μ_0 决定：

$$\mu = \frac{\mu_0}{\sqrt{1 - \dfrac{v^2}{c}}} \tag{2-5}$$

多粒子体系用原子单位表示的薛定谔方程为：

$$\left\{ -\sum_p \frac{1}{2M_P} \nabla_P^2 - \sum_i \frac{1}{2} \nabla_i^2 + \sum_{p<q} \frac{Z_p Z_q}{R_{pq}} + \sum_{i<k} \frac{1}{r_{ik}} - \sum_{p,i} \frac{Z_P}{r_{p,i}} \right\} \psi_i = E_i \psi_i$$

$$\tag{2-6}$$

上述方程把电子的质量视为其静止质量 μ_0，这仅在非相对论条件下才能成立。在上式中，p 和 q 标记原子核，R_{pq} 为核 p 与核 q 间的距离，Z_p 和 Z_q 分别为核 p 和核 q 所带的电荷，M_P 为核 p 的质量，i 和 k 标记电子，r_{ik} 为电子 i 和电子 k 间的距离，r_{ip} 为核 p 和电子 i 间的距离。

b. 绝热近似。由于体系中的原子核的质量比电子大 10^3 到 10^5 倍，故电子运动速度比原子核快得多。当核间发生任一微小运动时，迅速运动的电子都能立即调整为与变化后核力场相应的运动状态。也就是说，在任一确定的核的排布下，电子都有相应的运动状态；同时，核间的相对运动可视为电子运动的平均作用结果。据此，Born 和 Oppenheimer 处理了体系的定态薛定谔方程，使核运动与电子运动分离开来，这就是 Born-Oppenheimer 近似，亦称绝热近似。

用 V (r, R) 代表式（2-6）中的势能项：

$$V(r,R) = \sum_{p<q} \frac{Z_p Z_q}{R_{pq}} + \sum_{i<k} \frac{1}{r_{ik}} - \sum_{p,i} \frac{Z_p}{r_{p,i}} \tag{2-7}$$

分离变量后得到电子的运动方程为：

$$-\frac{1}{2} \sum_i \nabla_i^2 \psi(r,r) + V(r,R)\psi(r,R) = E_i(R)\psi(r,R) \tag{2-8}$$

原子核的运动方程为：

$$-\frac{1}{2} \sum_i \nabla_i^2 \phi(r,r) + V(r,R)\phi(r,R) = E_i(R)\phi(r,R) \tag{2-9}$$

c. 轨道近似。对于多电子体系，上述简化后的定态薛定谔方程仍然不可能严格求解，原因是多电子势函数中包含了 $1/r_{ik}$ 形式的电子间排斥作用算符，不能分离变量。近似求解多电子的薛定谔方程还要引入分子轨道法的第三个基本近似，即轨道近似，这就是把 N 个电子体系的总波函数写成 N 个单电子波函数的乘积：

$$\psi(x_1, x_2, \cdots, x_N) = \psi_1(x_1)\psi_2(x_2)\cdots\psi_N(x_N) \tag{2-10}$$

其中，每一个单电子函数 $\psi_i(x_i)$ 只与一个电子的坐标 x_i 有关。这个近似隐含的物理模型是一种独立电子模型，有时又称为单电子近似。用上式乘积波函数描述多电子体系状态时须使其反对称化，写成 Slater 行列式以满足电子的费米特性，即：

$$\psi(x_1,x_2,\cdots,x_N)=(N!)^{1/2}\begin{vmatrix} \psi_1(x_1) & \psi_2(x_1) & \cdots & \psi_N(x_1) \\ \psi_1(x_2) & \psi_2(x_2) & \cdots & \psi_N(x_2) \\ \vdots & \vdots & & \vdots \\ \psi_1(x_N) & \psi_2(x_N) & \cdots & \psi_N(x_N) \end{vmatrix} \qquad (2\text{-}11)$$

根据数学完备集理论，体系状态波函数 ψ 应该是无限个 Slater 行列式波函数的线性组合，即把式（2-11）中的单个行列式波函数记为 D_P，则：

$$\psi=\sum_P c_P D_P \qquad (2\text{-}12)$$

实际上，只要 Slater 行列式波函数个数取得足够多，则通过变分处理一定能得到 Born-Oppenheimer 近似下的任意精确的能级和波函数。这个方法的最大优点就是其计算结果的精确性，它是严格意义上的从头算（ab initio）方法。但也存在现在还难以克服的困难，就是此计算方法的计算量随着电子数的增多呈指数增加。因此，这种计算对计算机的内存大小和 CPU 的运算速度有非常苛刻的要求，使对具有较多电子数的计算成为不可能（如含有过渡元素或重元素体系的计算）。一般此方法多用于轻元素的计算，如 C、H、O、N 等，且多用于化学计算，这在很大程度上也是导致密度泛函理论产生的原因。

② Thomas-Fermi 模型：从波函数到电子密度，以电荷密度代替波函数作为基本变量来描述体系的想法由来已久。在薛定谔方程发表的第二年，即 1927 年，Thomas 和 Fermi[30,31] 提出了建立在均匀电子气模型上的 Thomas-Fermi 模型。均匀电子气模型中，电子不受外力，彼此之间也无相互作用。这时，电子运动的薛定谔方程就成为最简单的波动方程：

$$-\frac{h^2}{2m}\nabla^2\psi(r)=E\psi(r) \qquad (2\text{-}13)$$

方程的解为：

$$\psi_k(r)=\frac{1}{\sqrt{V}}\exp(ik\cdot r) \qquad (2\text{-}14)$$

其中，h 为物理常量，普朗克常数；r 为半径；ρ 为能量密度。

考虑绝对温度下电子在能级上的排布情况，经过简单的推导[32]，可以得到电子密度：

$$\rho=\frac{1}{3\pi^2}\left(\frac{2m}{h^2}\right)^{3/2}E_F^{3/2} \qquad (2\text{-}15)$$

和单电子的动能同时也是其总能量：

$$T_e=\frac{3E_F}{5} \qquad (2\text{-}16)$$

其中，E_F 是体系的费米能。根据式（2-15）和式（2-16），体系的动能密度为：

$$t[\rho] = \rho T_e = \frac{3}{5} \frac{h^2}{2m} (3\pi^2)^{2/3} \rho^{5/3} = C_k \rho^{5/3} \tag{2-17}$$

考虑到原子核等因素产生的外场 $v(r)$ 和电子间的经典库仑相互作用，可以得到电子体系的总能量：

$$E_{TF}[\rho] = C_k \int \rho^{5/3} dr + \int \rho(r) v(r) dr + \frac{1}{2} \int \frac{\rho(r)\rho(r')}{|r-r'|} dr dr' \tag{2-18}$$

这样，能量被表示为仅决定于电子密度波函数 $\rho(r)$ 的函数，称为电子密度的泛函（density functional）。值得注意的是，Thomas-Fermi 模型是一个比较粗糙的模型，它以均匀电子气的密度得到动能的表达式，又忽略了电子间的交换相关作用，故很少直接使用。为了考虑电子的交换相关效应，一个最简单的方法就是在上面的能量公式里直接加入一项或几项修正项。例如，所谓 Thomas-Fermi-Dirac 理论，就是在上面的公式（2-18）加上一个电子交换项：

$$E_x[\rho] = -C_x \int \rho^{4/3}(r) dr \tag{2-19}$$

其中，$C_x = 3(3\pi)^{1/3}/4$。此外，电子相关项也可以很容易地加入，例如 Wigner 提出的相关项：

$$E_c[\rho] = -0.056 \int \frac{\rho^{4/3}}{0.079 + \rho^{1/3}} dr \tag{2-20}$$

甚至非局域项等更高阶的修正，也被不断地加入到这个简单的泛函中，修正后的模型可以用来解决某些实际问题[33-36]。但是，Thomas-Fermi 模型漏洞过多，修修补补总不是解决问题的最好办法。1964 年，Hohenbergh 和 Kohn 在这个模型的基础上，同时又打破了其能量泛函形式的束缚，创立了严格的密度泛函方法。

③ Hohenberg-Kohn 定理：多体理论、密度泛函理论是 1964 年 Hohenbergh 和 Kohn（HK）在巴黎研究均匀电子气 Thomas-Fermi（TF）模型的理论基础时提出来的[37]，和所有的从头算方法一样，密度泛函理论也引入了三个近似：Born-Oppenheimer 近似、非相对论近似和单电子近似。密度泛函理论的严格理论基础是 Hohenberg-Kohn 第一定理和第二定理。第一定理指出，处于外势 $V(r)$ 中的不计自旋的电子体系，其外势由电子密度唯一确定（可相差一个常数）。所谓外势，是指除了电子相互作用以外的势，如一般体系中原子核的库仑势等。系统的 Hamiltonian 量：

$$\hat{H} = \hat{T} + \hat{V} + \hat{U} \tag{2-21}$$

其中，$\hat{T}$、$\hat{V}$、$\hat{U}$ 分别是电子动能、外势能、电子相互作用能。不同体系的 $\hat{H}$ 中的 $\hat{T}$ 和 $\hat{U}$ 表达式是一样的，只有外势 $\hat{V}$ 是不同的。确定了外势也就唯一确定了体系的 $\hat{H}$，因此该定理也可以表示成不计自旋的全同费米子系统非简并基态的所有性质都是粒子密度函数的唯一泛函。第二定理给出了密度泛函理论的变分法：对于一个给定的外势，真实电子密度使能量泛函取最小值。

④ Kohn-Sham 方程：有效单体理论。有了上述两个定理，剩下的问题就是能量泛函的具体表述形式。在公式（2-21）中，$\hat{T}$ 和 $\hat{U}$ 的具体形式是未知的，Kohn 与 Sham 共同解决了这个问题[38]。通过提取 $\hat{T}$ 和 $\hat{U}$ 的主要部分，把其余次要部分合并为一个交换相关项，在理论上解决了这个问题。他们引进了一个与相互作用多电子体系有相同电子密度的假想的非相互作用多电子体系作为参照体系 R。因为无相互作用，故体系的 Hamiltonian 量、基态波函数和动能算符可以写成以下形式（采用原子单位，$e = m = \dfrac{h}{2\pi} = 4\pi\varepsilon_0 = 1$ 且不考虑电子自旋）：

$$\hat{H}_R = -\frac{1}{2}\nabla^2 + V_R(r) = \sum_{i=1}^{N}\left(-\frac{1}{2}\nabla_i^2 + V_{Ri}(r_i)\right) \tag{2-22}$$

$$\psi_R(r) = \frac{1}{\sqrt{N!}}\left|\phi_1(r_1)\phi_2(r_2)\cdots\phi_N(r_N)\right| \tag{2-23}$$

$$T_R = -\frac{1}{2}\sum_{i=1}^{N}\int d^3r\phi_i^*(r)\nabla^2\phi_i(r) \tag{2-24}$$

真实体系的电子总能量 $E = T + V + U$，取电子相关能为：

$$E_{XC} = (T - T_R) + \left(U - \frac{1}{2}\int\frac{\rho(r)\rho(r')}{|r-r'|}drdr'\right) \tag{2-25}$$

则电子的总能量为：

$$E[\rho] = T_R + V + \frac{1}{2}\int\frac{\rho(r)\rho(r')}{|r-r'|}drdr' + E_{XC} \tag{2-26}$$

$$= T_R + \int\rho(r)v(r)dr + \frac{1}{2}\int\frac{\rho(r)\rho(r')}{|r-r'|}drdr' + \int\rho(r)\varepsilon_{XC}[\rho]dr \tag{2-27}$$

由约束条件 $\int\rho(r)dr = N$，考虑：

$$\frac{\delta\left(E - \varepsilon_i\int\rho(r)dr\right)}{\delta\phi_i} = \frac{\delta\left(E - \varepsilon_i\int\rho(r)dr\right)}{\delta\rho}\frac{\delta\rho}{\delta\phi_i} \tag{2-28}$$

将式（2-27）代入式（2-28），计算时除了式（2-29）

$$\frac{\delta(T_R)}{\delta\phi_i} = -\frac{1}{2}\nabla^2\phi_i(r) \tag{2-29}$$

其他均使用变分的链式法则，另外由

$$\rho(r) = \sum_{i=1}^{N}\left|\phi_i(r)\right|^2 \tag{2-30}$$

$$\Rightarrow \frac{\delta\rho}{\delta\phi_i} = \phi_i \tag{2-31}$$

即可得到：

$$\left[-\frac{1}{2}\nabla^2 + v(r) + \underbrace{\int \frac{\rho(r')}{|r-r'|}dr' + v_{XC}[\rho]}_{\text{有效势}v_{\text{eff}}}\right]\phi_i = \varepsilon_i\phi_i \qquad (2\text{-}32)$$

其中，$v_{XC}[\rho] = \delta\int\varepsilon_{XC}[\rho]\rho(r)dr/\delta\rho$ 是交换相关势函数。

式（2-32）就是著名的 KS 方程。在 KS 方程中，有效势 v_{eff} 由电子密度决定，而电子密度又由 KS 方程的本征函数（即 KS 轨道）公式（2-30）求得，所以需要自洽计算来求解 KS 方程[39]。首先由初始的试探密度 ρ^0 出发，构造 KS 方程中的有效势 $V(r)$，再由单电子 KS 方程解出得到新的密度值 ρ^{out}。在每个循环中，新旧密度值将被混合使用，循环直到相邻两次的密度值差满足预定的收敛精度标准。当得到一个自洽收敛的电荷密度 ρ_0 后，就可以得到系统的总能：

$$E_0 = \sum_{i=1}^{N}\varepsilon_i - \frac{1}{2}\int\frac{\rho_0(r)\rho_0(r')}{|r-r'|}drdr' - \int\rho_0(r)\varepsilon_{XC}(r)dr + E_{XC}[\rho_0] \quad (2\text{-}33)$$

从 KS 方程的推导过程可以明显看出，KS 本征值和 KS 轨道都只是一个辅助量，本身没有直接的物理意义。关于 KS 轨道及其本征值的意义，Stowasser 和 Hoffmann[40] 给出了很好的讨论。从实用角度来说，KS 本征值和 KS 轨道已经是体系真实单粒子能级和波函数很好地相近[40,41]。与 HF 轨道和扩展的 Huckel 轨道相比，形状和对称性都非常相近，占据轨道的能量顺序也基本一致[42]。对某些合适的交换相关近似（如杂化密度泛函），基于 KS 本征值的能隙可以和实验符合得很好[43]。

⑤ 交换相关泛函：Kohn-Sham 方程是密度泛函理论计算的基础。KS 方程式（2-32）中，能量泛函的所有未知量均被归并到交换相关项 EXC 中。由于交换相关项包含许多非经典项，至今仍没有准确的函数描述。一般把交换相关项分为两部分，即交换部分 EX 和相关部分 EC。粗略地划分，交换是考虑到 Fermi 子的特性，即由 Pauli 不相容原理，相同自旋的电子之间的排斥作用引起的能量，而相关则是不同自旋电子之间的相关作用。此外，对于动能的近似，也被归并到交换相关项中。一般来说，相关项是交换项的 1/10，即交换项起着更重要的作用。虽然交换相关泛函的准确形式还没有得到，但人们通过各种近似方法，得到了许多实用的泛函形式，其中最流行的是局域密度近似（LDA）泛函和广义梯度近似（GGA）泛函。

a. 局域密度近似（LDA）。在局域密度下[44-49] 的交换关联能的表达式为：

$$E_{XC}^{\text{LSD}}[\rho] = \int\rho(r)[e_x(\rho(r)) + e_c(\rho(r))]d^3r \qquad (2\text{-}34)$$

式中，假定体系是无极化的电子气系统，式中 e_x 和 e_c 分别代表每个电子的交换能和相关能，它们都有明确的表达式。

考虑到自旋极化的情况，此时交换关联能的表达为：

$$E_{XC}^{LSD}[\rho_\uparrow,\rho_\downarrow]=\int\rho(r)[e_x(\rho(r)f(\zeta(r))+e_c(r_s(r),\zeta(r))]\mathrm{d}^3r \qquad (2\text{-}35)$$

其中，

$$\rho_\uparrow(r)=\sum_k^{occ}|\varphi_{k,\uparrow}|^2 \qquad (2\text{-}36)$$

$$\rho_\downarrow(r)=\sum_k^{occ}|\varphi_{k,\downarrow}|^2 \qquad (2\text{-}37)$$

$$\rho(r)=\rho_\uparrow(r)+\rho_\downarrow(r) \qquad (2\text{-}38)$$

$$\zeta=\frac{\rho_\uparrow-\rho_\downarrow}{\rho_\uparrow+\rho_\downarrow} \qquad (2\text{-}39)$$

$$f(\zeta)=\frac{1}{2}[(1+\zeta)^{3/4}+(1-\zeta)^{1/4}] \qquad (2\text{-}40)$$

其中，e_x 和 e_c 分别代表每个电子的交换能和相关能。

b. 广义梯度密度近似（GGA）。在 GGA 近似中[50-58]，相关积分函数采用的表达式为：

$$E_C^{GGA}[\rho_\uparrow,\rho_\downarrow]=\int[e_c(r_s,\zeta)+H(r_s,\zeta,t)]\mathrm{d}^3r \qquad (2\text{-}41)$$

其中，

$$t=\left(\frac{\pi}{4}\right)^{1/2}\left(\frac{9\pi}{4}\right)^{1/6}\frac{S}{\phi\cdot r_s^{1/2}} \qquad (2\text{-}42)$$

$$S=\frac{|\nabla\rho|}{2(3\pi^2)^{1/3}\rho^{4/3}}=\frac{3}{2}\left(\frac{4}{9\pi}\right)^{1/3}\alpha_B|\nabla r_s| \qquad (2\text{-}43)$$

$$\phi(\zeta)=\frac{1}{2}[(1+\zeta)^{2/3}+(1-\zeta)^{2/3}] \qquad (2\text{-}44)$$

$$H=\gamma\phi^3\ln\left\{1+\frac{\beta}{\gamma}t^2\left[\frac{1+At^2}{1+At^2+A^2t^4}\right]\right\} \qquad (2\text{-}45)$$

$$A=\left(\frac{\beta}{\gamma}\right)\frac{1}{\exp[-e_c(r_s,\zeta)/\gamma\phi^3]-1} \qquad (2\text{-}46)$$

其中，β 和 γ 均为常数，$\beta=0.066725$，$\gamma=0.03191$。

交换函数采用的表达为：

$$E_x[\rho]=\int\mathrm{d}^3r\rho e_x(\rho)F_x(S) \qquad (2\text{-}47)$$

其中，

$$F_x=1+k-\frac{k}{1+\mu S^2/k} \qquad (2\text{-}48)$$

其中，k 和 μ 是常数，$k=0.804$，$\mu=0.21951$。

（2）密度泛函 CASTEP 程序

以密度泛函理论为基础的第一性原理计算方法和工具很多，但是根据对势函数及内层电子的处理方法不同主要分为两大类，一种是势函数为原子核和内层电子联合产生的势，称为离子赝势，波函数只是高能态电子的函数，称为赝势（pseudo potential）法；另一种处理方法是波函数中包含了高能态和内层电子，而势函数只是原子核的贡献，称为全电子（all electron calculation）法。

本书的第一性原理计算工作主要要用到 CASTEP（cmbridge sequential total energy package）程序，该程序采用的是赝势平面波方法。下面简单介绍该程序的原理和使用方法。

① 赝势平面波方法。因为平面波的正交完整性以极其简单的动能表示形式，将平面波作为基函数是一种常见的选择。如前所述，赝势的引入可以大大减少计算所需平面波基矢的数量，缓解计算量。本质上，赝势方法即在离子实的内部势用假想的势能（赝势）取代真实的势能。具体地，是把原子核的库仑吸引势加上一个短程的、非厄密的排斥势，两项之和（赝势）使总的势减弱，在原子核附近变得比较平坦。对于这样的赝系统，用平面波展开赝波函数可以很快收敛，从而减小计算量。所以对于一些芯态与价电子间的相互作用不是十分重要或者不关心由芯态电子引发的性质的体系时，我们就可以用赝势方法做很好的近似。值得指出的是，虽然使用的是赝波函数，但由此得到的能量并非"赝能量"，而是相应于真实晶体波函数真实价态的本征能量。赝势的导出不是唯一的，这里仅给出其中的一种。

② CASTEP 程序。CASTEP 是一个基于密度泛函方法的从头算量子力学程序，可以模拟固体、界面和表面的性质，适用于多种材料体系，包括陶瓷、半导体和金属等。第一性原理计算可以研究系统的电子、光学和结构性质的本质和根源，除了系统组成，物质的原子序数以外，并不需要任何实验数据。因此，CASTEP 非常适用于解决固体物理、材料科学、化学以及化工领域中的问题，在这些领域的研究中，研究人员可以应用计算机进行虚拟实验，从而能大大缩短研发周期。CASTEP 是由剑桥大学凝聚态理论研究组开发的一套先进的量子力学程序，可以进行化学和材料科学方面的研究。

基于总能量赝势方法，CASTEP 根据系统中原子的类型和数目，即可预测出包括晶格常数、几何密度、弹性常数、能带、态密度、电荷密度、波函数以及光学性质在内的各种性质。总能量包含动能、静电能和交换关联能三部分，各部分能量都可以表示成密度的函数。电子与电子相互作用的交换和相关效应采用局域密度近似（LDA）和广义密度近似（GGA），静电势只考虑作用在系统价电子的有效势（即赝势：Ultrasoft 或 norm-conserving），电子波函数用平面波基组扩展（基组数由 Ecut-off 确定），电子状态方程采用数值求解（积分点数由 FFT mesh确定），电子气的密度由分子轨道波函数构造，分子轨道波函数采用原子轨道的线性组合（LCAO）构成，计算总能量采用 SCF 迭代。根据系统中原子的类型和数目，预测晶格常数、几何结构弛豫、弹性常数、体模量、热焓、能带、态密度、电荷密度以及光学性质在内的各种性质，但不足的是只准许数十个原子的系统进行计算。

2.5.2　铁碳化物晶体结构与电磁性能的理论计算

（1）铁碳化物的晶体结构

两种不同结构 Fe_3C 的晶体结构如图 2-10 所示。其中，图 2-10（a）为六方结构的 ε-Fe_3C 的晶胞，每个晶胞里有 6 个铁原子和 2 个碳原子（$Z=$ 2）；图 2-10（b）是具有正交结构的 θ-Fe_3C 的晶胞，每个晶胞里有 12 个铁原子和 4 个碳原子（$Z=$ 4），铁原子存在两种不同的位置，其中Ⅰ位置铁原子有 8 个，Ⅱ位置铁原子有 4 个。采用 GGA 与 LDA 两种方法对 Fe_3C 晶体结构进行了

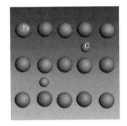 

(a) 六方结构的 ε-Fe_3C晶胞　　　(b) 正交结构的 θ-Fe_3C晶胞

图 2-10　两种 Fe_3C 晶体结构示意图

优化，同时优化了晶胞内的原子位置。表 2-3 列出了 Fe_3C 晶胞的晶格常数与原子位置，显然，通过 GGA 方法优化后的晶格常数比 LDA 方法优化的数据更接近于实验测量值，而且误差在 2% 之内。

表 2-3　两种结构 Fe_3C 晶格常数（a，b，c）及铁原子与碳原子位置

ε-Fe_3C					
项目	a/Å	b/Å	c/Å	Fe 原子位置	C 原子位置
LDA	4.4965	4.4965	4.2036	0.31849,0,0	1/3,2/3,0.25/0.75
GGA	4.6397	4.6397	4.3104	0.32202,0,0	1/3,2/3,0.25/0.75
文献[59][60]	4.767	4.767	4.354	1/3,0,0	1/3,2/3,0.25/0.75

θ-Fe_3C					
项目	a/Å	b/Å	c/Å	Fe 原子位置	C 原子位置
LDA	4.8190	6.4774	4.2805	0.03602,1/4,0.84956; 0.18606,0.06623,0.33712	0.88086, 1/4,0.44170
GGA	5.0080	6.7254	4.4650	0.03741,1/4,0.83664; 0.17737,0.068358,0.33277	0.87714, 1/4,0.43767
文献[61]	5.092	6.741	4.527	0.18347,0.06897, 0.33448;0.03881,1/4,0.84222	0.87642, 1/4,0.44262

两种不同结构 Fe_2C 的晶体结构如图 2-11 所示。其中，图 2-11（a）为六方结构的 ϵ-Fe_2C 的晶胞，每个原胞里有 4 个铁原子和 2 个碳原子（$Z=2$）；图 2-11（b）是具有正交结构的 η-Fe_2C 的晶胞，每个原胞里有 4 个铁原子和 2 个碳原子（$Z=2$）。采用两种方法（GGA 与 LDA）对 Fe_2C 晶体结构进行优化，同时优化晶胞内的原子位置。表 2-4 列出了 Fe_2C 晶胞的晶格常数与原子位置，可见，通过 GGA 方法优化后的晶格常数比 LDA 方法优化的数据更接近于实验测量值，而且误差也在 2% 之内。

 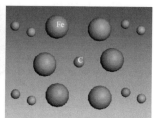

(a) 六方结构的 ϵ-Fe_2C晶胞　　　(b) 正交结构的 η-Fe_2C晶胞

图 2-11　两种 Fe_2C 晶体结构示意图

表 2-4　两种结构 Fe_2C 晶格常数（a，b，c）及铁原子与碳原子位置

ε-Fe₂C					
项目	$a/\text{Å}$	$b/\text{Å}$	$c/\text{Å}$	Fe 原子位置	C 原子位置
LDA	2.9930	2.9930	4.6244	2/3,1/3,0；2/3,1/3,1/2	0,0,0；0,0,1/2
GGA	2.8884	2.8884	4.6500	2/3,1/3,0；2/3,1/3,1/2	0,0,0；0,0,1/2
文献[62]	2.754	2.754	4.349	2/3,1/3,0；2/3,1/3,1/2	0,0,0；0,0,1/2

η-Fe₂C					
项目	$a/\text{Å}$	$b/\text{Å}$	$c/\text{Å}$	Fe 原子位置	C 原子位置
LDA	4.4109	4.2643	2.7777	0.64506,0.24634,0	0,0,0
GGA	4.6777	4.2927	2.8145	0.65757,0.25370,0	0,0,0
文献[63]	4.7042	4.3185	2.8306	2/3,1/4,0	0,0,0

图 2-12 为 Fe_5C_2 的晶体结构。由图 2-12 可以看出，具有单斜结构的 Fe_5C_2 的每个晶胞中有 20 个铁原子和 8 个碳原子（$Z=4$），铁原子有 3 种不同的位置，其中位置 I 处有 4 个铁原子，位置 II 处有 8 个铁原子，位置 III 处有 8 个铁原子。采用两种方法（GGA 与 LDA）对 Fe_5C_2 晶体结构进行优化，同时优化晶胞内的原子位置。表 2-5 列出了 Fe_5C_2 晶胞的晶格常

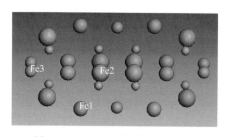

图 2-12　Fe_5C_2 晶体结构示意图

数与原子位置，从表中可以看出，通过 GGA 方法优化后的晶格常数比 LDA 方法优化的数据更接近于实验测量值，而且误差在 1‰ 之内。

表 2-5 Fe_5C_2 晶格常数（a，b，c）及铁原子与碳原子位置

Fe_5C_2	$a/Å$	$b/Å$	$c/Å$	$β(°)$	Fe 原子位置	C 原子位置
LDA	11.1023	4.3371	4.8197	97.628	0.09799,0.09618, 0.41864;0.28437, 0.08319,0.19682; 0,0.57358,0.25000	0.37529, 0.18964, 0.08068
GGA	11.5696	4.4872	4.9727	97.593	0.09816,0.08354, 0.41626;0.21419, 0.58233,0.31086; 0,0.56970,0.25	0.37283, 0.18641, 0.096178
文献[64]	11.563	4.573	5.058	97.773	0.0958,0.0952, 0.4213;0.2127, 0.5726,0.3138; 0,0.5727,0.25	0.106, 0.311, 0.077

（2）铁碳化物的电磁学特征

采用优化后的晶体结构及 GGA 近似计算了两种结构的 Fe_3C 的态密度，计算过程中同时考虑了 Fe 原子外层电子的自旋，并且计算了晶体的自旋极化态密度与各原子的分波态密度。图 2-13 为两种不同结构的 Fe_3C 整个原胞的态密度，可以看出，这两种 Fe_3C 态密度均可分成 3 个区域，最低的共价键带从 $-14 \sim$ $-11.5eV$，较高的共价键带从 $-7.5eV$ 至费米能面，第 3 个区域为非占有导电态，这两种结构的 Fe_3C 的态密度曲线基本相似。最低的共价键带与较高共价键带之间存在一个大约 4eV 的空带，说明碳化物除了存在共价性之外还存在离子性。同时还可以看到，两种结构的 Fe_3C 在费米能级处的态密度分别为 4.39（$θ-Fe_3C$）与

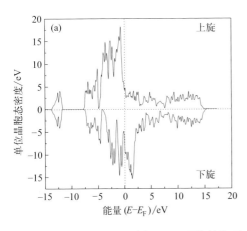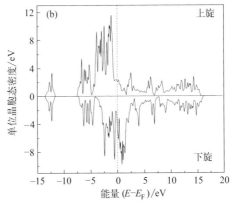

图 2-13 两种结构 Fe_3C 的自旋极化态密度

2.14（ε-Fe$_3$C），表明这两种碳化物皆具有一定的金属性[65]。对比图中上旋与下旋态密度发现，θ-Fe$_3$C 与 ε-Fe$_3$C 的态密度都是不对称的，说明两种结构的 Fe$_3$C 又皆具有一定的磁性能。通过计算可以得到单胞的自旋磁矩分别为 22.367μ_B（θ-Fe$_3$C）与 20.842μ_B（ε-Fe$_3$C），每个原子的平均值分别为 1.398μ_B/原子与 1.737μ_B/原子。

图 2-14 为两种结构 Fe$_3$C 中不同原子的分波态密度，图中给出了每个原子的自旋态密度。从图中可以看出，两种态密度图比较相似，最低的共价键在 $-14 \sim -11.5$eV 之间，主要是由 C 2s 电子与少量的 Fe 2s 电子贡献的；较高的共价键带可以分成两部分，第一个区域从 $-7.5 \sim -5$eV，主要是由 C 2p 与 Fe 3d 电子的杂化产生的，而从 -5eV 到费米能面的第二个区域主要是由 Fe 3d 电子产生的，该计算结果与文献［66］报道的相似。对于大于费米能面的反键区域，主要是由 Fe 3d（t2g）与 C 2p 构成，而 Fe 的 s p 电子对其贡献可以忽略。通过计算得出 θ-Fe$_3$C 的 Fe$_I$ 与 Fe$_{II}$ 的自旋磁矩分别为 1.915μ_B/原子与 1.990μ_B/原子，而碳原子的磁矩为 $-0.236\mu_B$/原子，可见在正交结构 Fe$_3$C 中，不同位置的铁原子的自旋磁矩存在差异，说明铁的磁矩对原子在晶体中的短程次序很敏感，文献［67］中在计算相同结构的 Fe$_3$B 时也同样出现了这一问题。C 原子的磁矩是负值，表明 C 原子对晶体的磁性产生负面的影响。对 ε-Fe$_3$C 而言，Fe 原子的自旋磁矩为 2.078μ_B，C 原子的磁矩为 $-0.244\mu_B$，C 原子对 ε-Fe$_3$C 的磁性同样产生负影响。

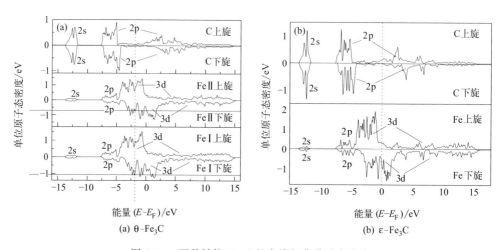

(a) θ-Fe$_3$C　　　　　　　　　(b) ε-Fe$_3$C

图 2-14　两种结构 Fe$_3$C 的自旋极化分波态密度

采用优化后的晶体结构及 GGA 近似计算了两种结构的 Fe$_2$C 的态密度，计算过程中同时考虑了 Fe 原子外层电子的自旋，并且计算了晶体的自旋极化态密度与各原子的分波态密度。

图 2-15 为两种不同结构的 Fe$_2$C 单胞的态密度，从图中可以看出，这两种

Fe_2C 态密度均可分成 3 个区域，最低的共价键带范围从 $-14 \sim -11.5eV$，较高的共价键带从 $-7.5eV$ 至费米能面，第 3 个区域为非占有导电态，这两种结构的 Fe_2C 的态密度曲线基本相似。最低的共价键带与较高共价键带之间存在一个大约 4eV 的空带，说明碳化物除了存在共价性还存在离子性。同时，两种结构的 Fe_2C 在费米能级处的态密度分别为 4.08（ε-Fe_2C）与 1.06（η-Fe_2C），可见这两种碳化物皆具有一定的金属性。对比图中上旋与下旋态密度发现，ε-Fe_2C 态密度是对称的，这表明 ε-Fe_2C 不具有磁性；η-Fe_2C 态密度是对称的，这表明 η-Fe_2C 具有一定磁性。通过计算 η-Fe_2C 单胞的自旋磁矩为 $6.54\mu_B$，每个原子的单胞磁矩为 $1.09\mu_B/atom$。

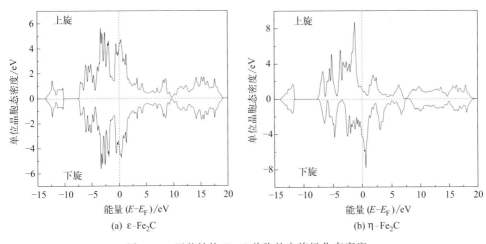

图 2-15　两种结构 Fe_2C 单胞的自旋极化态密度

图 2-16 与图 2-17 分别给出了 ε-Fe_2C 与 η-Fe_2C 每个原子及 s，p，d 分波态密度。其中，最低的共价键带从 $-14 \sim -11.5eV$，主要是由 C 2s 电子贡献的，Fe 的 sp 电子也有少量的贡献。较高的共价键带可以分成两部分，第一部分从

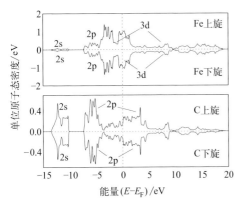

图 2-16　ε-Fe_2C 的自旋极化分波态密度

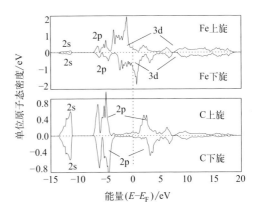

图 2-17　η-Fe_2C 的自旋极化分波态密度

−7.5～−4.5eV 左右，主要是由 C 2p 与 Fe 3d 电子的杂化产生的，而从−4.5eV 到费米能面的第二个区域主要是由 Fe 3d 电子产生的。对于大于费米能面的反键区域，主要是由 Fe 3d（t 2g）与 C 2p 构成，而 Fe 的 s p 电子对其贡献可以忽略。通过计算得出，η-Fe_2C 的 Fe 与 C 原子的磁矩分别为 $1.76\mu_B$/原子与−$0.15\mu_B$/原

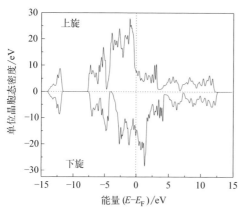

图 2-18　Fe_5C_2 自旋极化态密度

子，C 原子的磁矩是负值，表明 C 原子对晶体的磁性产生负面的影响。采用优化后的晶体结构及 GGA 近似计算了 Fe_5C_2 的态密度，计算过程中同时考虑了 Fe 原子外层电子的自旋，并且计算了晶体的自旋极化态密度与各原子的分波态密度。

图 2-18 为 Fe_5C_2 整个原胞的态密度，从图中可以看出其态密度同样分成 3 个区域，最低的共价键带从−14～−11.5eV，较高的共价键带从−7.5eV 至费米能面（虚线位置处），第

3 个区域为非占有导电态。最低的共价键带与较高共价键带之间存在一个大约 4eV 的空带，说明碳化物除了存在共性还存在离子性；同时，Fe_5C_2 在费米能级处的态密度为 8.28，可见这种碳化物同样具有一定的金属性[66]。对比图中上旋与下旋态密度发现，其态密度是不对称的，说明 Fe_5C_2 具有一定的磁性，通过计算可以得到单胞的自旋磁矩分别为 $33.90\mu_B$/细胞，晶胞内每个原子的平均磁矩为 $1.211\mu_B$/原子。

图 2-19 为 Fe_5C_2 中不同原子的分波态密度，图中给出了每个原子的自旋态密度。从图中可以看出，最低的共价键带在−14eV 到−11.5eV 之间，主要是由 C 2s 电子与少量的 Fe 2s 电子贡献；较高的共价键带可以分成两部分，第一个区域从−7.5eV 到大约−5eV，主要是由 C 2p 与 Fe 3d 电子的杂化产生的，而从−5eV 到费米能面的第二个区域主要是由 Fe 3d 电子产生的，该计算结果与文献［66］的研究相似。对于大于费米能面的反键区域，主要是由 Fe 3d（t2g）与 C 2p 构

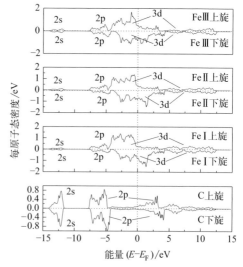

图 2-19　Fe_5C_2 的自旋极化分波态密度

成，而 Fe 的 s p 电子对其贡献可以忽略。通过计算得出 Fe_5C_2 的 FeⅠ、FeⅡ 与 FeⅢ 的自旋磁矩分别为 $2.159\mu_B/$原子、$1.699\mu_B/$原子和 $1.437\mu_B/$原子，而碳原子的磁矩为 $-0.203\mu_B/$原子。显然，与正交结构的 Fe_3C 相似，在正交结构的 Fe_5C_2 中，不同位置的铁原子的自旋磁矩存在差异，说明铁的磁矩对原子在晶体中的短程次序是很敏感的。C 原子的磁矩是负值，表明 C 原子对晶体的磁性产生负面的影响。

2.5.3　铁碳化物的相稳定性

（1）铁碳化物的力学稳定性

对于六方晶体，存在 5 个不同的几何元素 C_{11}、C_{33}、C_{44}、C_{12}、C_{13}；而对于正交结构的晶体，存在 9 个独立的弹性常数 C_{11}、C_{22}、C_{33}、C_{44}、C_{55}、C_{66}、C_{12}、C_{13}、C_{23}；对于单斜结构的晶体，存在 13 个独立的弹性常数 C_{11}、C_{22}、C_{33}、C_{44}、C_{55}、C_{66}、C_{12}、C_{13}、C_{15}、C_{23}、C_{25}、C_{35}、C_{46}。通过计算应力-应变关系得出的不同晶体的弹性常数，见表 2-6～表 2-8。

表 2-6　两种结构 Fe_3C 的弹性常数（C_{ij}）与体弹性模量（B）

项目	C_{11}	C_{12}	C_{13}	C_{22}	C_{23}	C_{33}	C_{44}	C_{55}	C_{66}	B/GPa
ε-Fe_3C	321.5	138.1	139.7	—	—	331.5	128.5	—	—	200.9
θ-Fe_3C	392.6	143.8	141.4	340.1	148.8	318.7	−60.35	145.4	118.0	212.6

表 2-7　两种结构 Fe_2C 的弹性常数（C_{ij}）与体弹性模量（B）

项目	C_{11}	C_{12}	C_{13}	C_{22}	C_{23}	C_{33}	C_{44}	C_{55}	C_{66}	B/GPa
ε-Fe_2C	805.1	777.5	72.9	—	—	380.8	−84.3	—	—	174.7
η-Fe_2C	309.7	170.2	170.0	346.3	215.8	295.9	63.9	147.95	156.8	226

表 2-8　Fe_5C_2 的弹性常数（C_{ij}）与体弹性模量（B）

C_{11}	C_{12}	C_{13}	C_{15}	C_{22}	C_{23}	C_{25}	C_{33}	C_{35}	C_{44}
354.5	777.3	133.1	3.4	346.4	139.2	21.9	404.9	−3.0	159.3
C_{46}	C_{55}	C_{66}	B/GPa						
8.6	143.0	8.6	22.3						

对于晶体，其若具有较高的力学稳定性，那么它的应变能必须为正值。对于采用应力-应变计算的六方结构晶体的弹性常数 C_{ij} 来讲，必须符合式（2-3）[68-70]

$$C_{11}>0, C_{11}-C_{12}>0, C_{44}>0, (C_{11}+C_{12})C_{33}-2C_{13}^2>0 \qquad (2-49)$$

对于正交结构的晶体，若具有力学稳定性，则必须符合式（2-50）[71,72]

$$C_{11}+C_{12}+C_{33}+2C_{12}+2C_{13}+2C_{23}>0, C_{22}+C_{33}-2C_{23}>0, C_{11}>0, C_{22}>$$
$$0, C_{33}>0, C_{44}>0, C_{55}>0, C_{66}>0 \qquad (2-50)$$

表 2-6 给出了两种结构 Fe_3C 的弹性常数，可见六方结构的 Fe_3C 的弹性常数符合式（2-49），说明其弹性能为正值；而正交结构的 Fe_3C 的弹性常数 $C_{44}<0$，表明其应变能为负值，表明其 ε-Fe_3C 的力学稳定性较 θ-Fe_3C 高。由表 2-7 给出的 ε-Fe_2C 与 η-Fe_2C 的弹性常数 C_{ij} 可知，ε-Fe_2C 的弹性常数不符合式（2-49），而 η-Fe_2C 的弹性常数则与式（2-50）很符合，表明 η-Fe_2C 具有较高的机械稳定性，而 ε-Fe_2C 力学稳定性相对较低。表 2-8 给出了单斜结构 Fe_5C_2 的 13 个弹性常数 C_{ij}，关于单斜结构的晶体力学稳定性的判据，虽然还不是很充分，但是计算结果中 $C_{35}<0$，说明该晶体的应变能为负值，即力学稳定性较差。

（2）铁碳化物能量的相对稳定性

碳化物（Fe_nC_m）的形成能可以采用式（2-51）[73] 表述出来，其中 $E(Fe_nC_m)$、E_{Fe} 与 E_C 分别为 Fe_nC_m、Fe 与 C 系统的总能量，ΔE 可以被认为由 Fe 与 C 单质晶体生成碳化物的 Fe_nC_m 的形成能。

$$\Delta E = E(Fe_nC_m) - nE(Fe) - mE(C) \tag{2-51}$$

用式（2-51）计算相同条件下几种碳化物的形成能，其中两种不同结构的 Fe_3C 的晶体形成能计算结果如表 2-9 所示。

表 2-9　两种结构 Fe_3C 的形成能计算结果（ΔE，eV/原子）

ΔE	θ-Fe_3C	ε-Fe_3C
LDA	-0.49	-0.42
GGA	-0.46	-0.38

从表 2-9 可以看出，无论是采用 LDA 方法计算的结果，还是采用 GGA 方法计算的结果，θ-Fe_3C 的形成能均低于 θ-Fe_3C 的形成能。从能量角度而言，θ-Fe_3C 的较 ε-Fe_3C 略稳定。

表 2-10 列出了不同结构的 Fe_2C 的形成能，从表中可以看出 ε-Fe_2C 的形成能为正值，明显高于 η-Fe_2C，说明正交结构的 Fe_2C 能量稳定性较高。表 2-11 为单斜结构的 Fe_5C_2 形成能，可见这两种碳化物的形成能皆为负值，说明它们的能量稳定性较高。从表 2-9 到表 2-11 中数据可以得出，采用 LDA 与 GGA 方法计算的几种碳化物的形成能，其能量稳定性的关系为：θ-$Fe_3C > \varepsilon$-$Fe_3C > \eta$-$Fe_2C > Fe_5C_2 > \varepsilon$-$Fe_2C$。

表 2-10　两种结构 Fe_2C 的形成能
（ΔE，eV/原子）

ΔE	ε-Fe_2C	η-Fe_2C
LDA	1.80	-0.37
GGA	0.46	-0.34

表 2-11　Fe_5C_2 的形成能
（ΔE，eV/原子）

ΔE	Fe_5C_2
LDA	-0.33
GA	-0.23

2.5.4 合金元素对渗碳体结构与电磁性能的影响

（1）Cr添加对渗碳体基本性能的影响

钢中碳化物主要以正交结构的 θ-Fe_3C（渗碳体）形式存在。当钢中加入合金元素 Cr 后，渗碳体中的部分 Fe 原子将被 Cr 原子置换形成合金渗碳体，而具体置换 Fe 原子的位置迄今还不清楚。图 2-20 为 Cr 原子置换不同位置的 Fe 原子后形成合金渗碳体的晶体结构示意图。图 2-20（a）为渗碳体中 Fe I 位置原子被置换后形成的 Cr_2Fe_1C 合金渗碳体结构，图 2-20（b）为渗碳体中 Fe II 位置原子被置换后形成的 Fe_2Cr_1C 合金渗碳体，而且这两种合金渗碳体皆保持渗碳体原有的正交对称结构。

(a) Cr_2Fe_1C (b) Fe_2Cr_1C

图 2-20 两种 Cr 原子置换 Fe 原子后合金渗碳体晶体结构示意图

采用 GGA 近似对 Fe_2Cr_1C 与 Cr_2Fe_1C 的晶体结构进行优化，得到的这两种合金渗碳体的晶格常数与晶内每个原子的位置计算结果见表 2-12。

表 2-12 Fe_2Cr_1C 与 Fe_1Cr_2C 晶格常数 (a, b, c) 及各原子位置

$a/\text{Å}$	$b/\text{Å}$	$c/\text{Å}$	Fe 原子位置	Cr 原子位置	C 原子位置
			Fe_2Cr_1C		
5.0201	6.8606	4.3907	0.18095, 0.42900, 0.34091	0.03490, 1/4, 0.84182	0.88203, 1/4, 0.41764
			Fe_1Cr_2C		
5.0997	6.6042	4.5239	0.03165, 1/4, 0.84303	0.18319, 0.06528, 0.34655	0.86681, 1/4, 0.45291

采用优化后的晶格结构计算 Fe_2Cr_1C 与 Cr_2Fe_1C 的自旋态密度，其结果见图 2-21。由图 2-21 中可以看出，添加 Cr 后的合金渗碳体的态密度比较相似，但与 Fe_3C 渗碳体的态密度存在明显差异，其态密度分成 5 个区域，在 $-72eV$ 与 $-44eV$ 左右区域分别是由 Cr 的 s 电子与 p 电子贡献的，从 $-14eV$ 到 $-11.5eV$，主要是由 Fe 的 s 电子贡献的，较高的共价键带从 $-7.5eV$ 至费米能面，主要由 Fe 与 Cr 的 d 电子贡献的，第 5 个区域为非占有导电态。计算所得 Fe_2Cr_1C 与 Cr_2Fe_1C 单胞的自旋磁矩分别为 $7.55\mu_B$ 和 $3.41\mu_B$，显然 Cr 的加入后明显降低了渗碳体的磁性，并且 Cr 原子含量越多，合金渗碳体磁矩降低幅度越大。

应用应力-应变的方法计算了晶体结构优化后的 Fe_2Cr_1C 与 Cr_2Fe_1C 弹性常数，其结果见表 2-13。从表 2-13 可知，Fe_2Cr_1C 与 Cr_2Fe_1C 弹性常数均符合式（2-4），表明其应变能为正值，与渗碳体 Fe_3C 相比具有较高的力学稳定性。

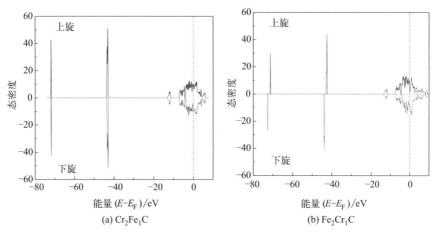

图 2-21　Cr 合金化后渗碳体的自旋态密度

表 2-13　Cr_2Fe_1C 与 Fe_2Cr_1C 的弹性常数与体弹性模量

项目	C_{11}	C_{12}	C_{13}	C_{22}	C_{23}	C_{33}	C_{44}	C_{55}	C_{66}	B/GPa
Fe_2Cr_1C	471.7	111.2	130.1	314.5	116.9	351.9	12.8	175.9	166.2	200.3
Cr_2Fe_1C	452.3	178.9	219.7	443.2	161.64	449.5	122.8	127.6	185.7	273.0

采用 GGA 方法计算的两种合金碳化物 Fe_2Cr_1C 与 Cr_2Fe_1C 的形成能 ΔE 分别为 $-0.41eV$/原子和 $-0.17eV$/原子，可见 Cr_2Fe_1C 的形成能较 Fe_2Cr_1C 的形成能更低，相对渗碳体（$\theta\text{-}Fe_3C$，$-0.46eV$/atom）而言，其能量稳定性次序为 $Cr_2Fe_1C < Fe_2Cr_1C < Fe_3C$。

（2）Mn 添加对渗碳体基本性能的影响

当钢中加入合金元素 Mn 后，渗碳体中的部分 Fe 原子被 Mn 原子置换后形成合金渗碳体，而具体 Fe 原子被置换的位置迄今还不清楚。图 2-22 为 Mn 原子置换不同位置的 Fe 原子后形成的合金渗碳体的晶体结构示意图。

图 2-22（a）为渗碳体中 Fe I 位置原子被置换后形成的 Mn_2Fe_1C 合金渗碳体，图 2-22（b）为渗碳体中 Fe II 位置原子被置换后形成的 Fe_2Mn_1C 合金渗碳体。这两种合金渗碳体皆保持渗碳体原有的正交对称结构。对 Fe_2Mn_1C 与

(a) Mn_2Fe_1C　　　　　(b) Fe_2Mn_1C

图 2-22　两种 Mn 原子置换 Fe 原子后合金渗碳体晶体结构示意图

Mn_2Fe_1C 的晶体结构进行优化，得到了它们的晶格常数与晶内每个原子的位置的计算结果（表 2-14）。

表 2-14　Fe_2Mn_1C 与 Mn_2Fe_1C 晶格常数 (a，b，c) 及各原子位置

$a/\text{Å}$	$b/\text{Å}$	$c/\text{Å}$	Fe 原子位置	Mn 原子位置	C 原子位置
			Fe_2Mn_1C		
5.1354	6.6455	4.4723	0.17630，0.43549，0.33746	0.03238，1/4，0.85031	0.88165，1/4，0.42698
			Mn_2Fe_1C		
5.0047	6.7040	4.4485	0.03343，1/4，0.84461	0.18513，0.06584，0.34251	0.87639，1/4，0.44792

采用优化后的晶格结构计算 Fe_2Mn_1C 与 Mn_2Fe_1C 的自旋态密度，其结果见图 2-23。从图中可以看出，添加 Mn 后的合金渗碳体的态密度与 Fe_3C 渗碳体的比较相似，其态密度分成 3 个区域，从 $-14eV$ 到 $-11.5eV$，主要是由 Fe 与 Mn 的 s 电子贡献的；较高的共价键带从 $-7.5eV$ 至费米能面，主要由 Fe 与 Mn 的 d 电子贡献的，少量 sp 电子贡献，第 3 个区域为非占有导电态。计算可得，Fe_2Mn_1C 与 Mn_2Fe_1C 单胞的自旋磁矩分别为 $21.05\mu_B$ 与 $0\mu_B$，可见 Mn 加入后置换渗碳体 Fe_3C 中 Fe 原子的位置不同，对其磁性的影响强烈程度也不同。Mn 原子置换 II 号位置的 Fe 形成 Fe_2Mn_1C 后，对磁性能影响较小，而置换 I 号位的 Fe 形成 Mn_2Fe_1C 后晶体则不具有磁性。

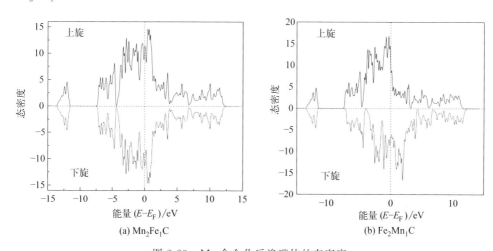

(a) Mn_2Fe_1C　　　　　　　　　(b) Fe_2Mn_1C

图 2-23　Mn 合金化后渗碳体的态密度

应用应力-应变的方法计算晶体结构优化后 Fe_2Mn_1C 与 Mn_2Fe_1C 的弹性常数，结果见表 2-15。显然，Fe_2Mn_1C 与 Mn_2Fe_1C 弹性常数也均符合式（2-4），表明这两种应变能为正值，与渗碳体 Fe_3C 相比具有较高的力学稳定性。

表 2-15 Mn$_2$Fe$_1$C 和 Fe$_2$Mn$_1$C 的弹性常数与体弹性模量（B）

项目	C_{11}	C_{12}	C_{13}	C_{22}	C_{23}	C_{33}	C_{44}	C_{55}	C_{66}	B/GPa
Fe$_2$Mn$_1$C	266.0	105.2	58.0	286.9	114.5	263.4	44.3	135.2	143.9	149.6
Mn$_2$Fe$_1$C	480.4	218.5	209.9	407.1	176.3	486.0	15.6	169.5	174.0	284.1

采用 GGA 方法计算的两种合金碳化物 Fe$_2$Mn$_1$C 与 Mn$_2$Fe$_1$C 的形成能 ΔE 分别为 -0.30eV/原子与 -0.01eV/原子，表明 Mn$_2$Fe$_1$C 的形成能较 Fe$_2$Mn$_1$C 的形成能更低。相对渗碳体（θ-Fe$_3$C，-0.46eV/原子）而言，其能量稳定性次序为：Mn$_2$Fe$_1$C＜Fe$_2$Mn$_1$C＜Fe$_3$C。

2.5.5　应力对渗碳体结构与电磁性能的影响

珠光体钢发生冷变形时渗碳体与铁素体相均承受着很大的应力。Acker[74] 等测定了拉拔过程中渗碳体所受的宏观应力与微观应力，给出了当变形量 $\varepsilon = 1.96$ 时，渗碳体受到的总应力为 2250MPa。V. A. Shabashov[75] 与 Yu. Ivanisenko[76] 分别在 7GPa 与 12GPa 的压力下对高碳珠光体钢进行了高压扭转试验。为了弄清应力状态下渗碳体结构、电磁性质以及能量状态的变化，对渗碳体晶胞在不同压力下渗碳体的晶体结构变化进行了计算。表 2-16 给出了采用 GGA 方法优化后渗碳体分别在 2GPa、3GPa、5GPa、8GPa、10GPa、12GPa 压力下渗碳体的晶格参数及铁碳原子位置的计算结果。从表中可以看出，渗碳体的晶格常数（a，b，c）均随着压力的增加而逐渐减小，晶胞内原子的位置也产生了略微的变化。

表 2-16　不同压力下 Fe$_3$C 晶格常数（a，b，c）及 Fe 原子与碳原子位置

压力	a/Å	b/Å	c/Å	Fe 原子位置	C 原子位置
2GPa	4.9960	6.7061	4.4501	0.03724,1/4,0.83612; 0.17763,0.06874,0.33243	0.87577,1/4,0.43819
3GPa	4.9873	6.6943	4.4403	0.03704,1/4,0.83791; 0.17811,0.06807,0.33341	0.87758,1/4,0.43738
5GPa	4.9783	6.6796	4.4295	0.03633,1/4,0.83852; 0.17813,0.06783,0.33377	0.87773,1/4,0.43719
8GPa	4.9588	6.6574	4.4075	0.03629,1/4,0.83956; 0.17891,0.06766,0.33407	0.87854,1/4,0.43665
10GPa	4.9474	6.6442	4.3918	0.03623,1/4,0.84012; 0.17929,0.06741,0.33422	0.87904,1/4,0.43604
12GPa	4.9346	6.6314	4.3782	0.03601,1/4,0.84067; 0.17971,0.06731,0.33428	0.87957,1/4,0.43557

采用优化后的渗碳体晶胞计算得到不同压力下渗碳体（θ-Fe$_3$C）的态密度，计算过程中考虑了 Fe 原子的自旋，结果如图 2-24 所示。从图中可以看出，不同

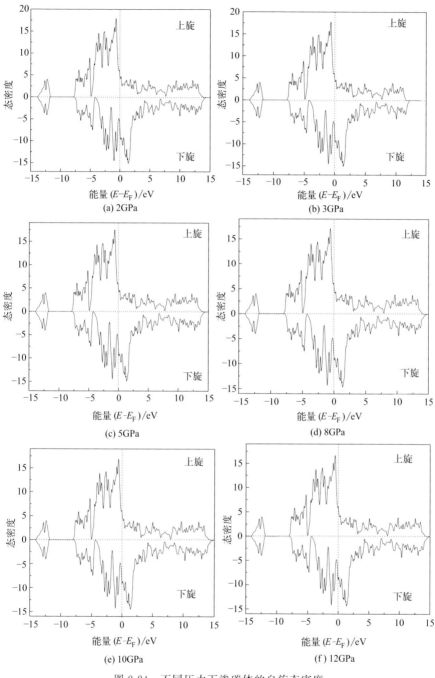

(a) 2GPa　　　　　　　　　　(b) 3GPa

(c) 5GPa　　　　　　　　　　(d) 8GPa

(e) 10GPa　　　　　　　　　　(f) 12GPa

图 2-24　不同压力下渗碳体的自旋态密度

压力下渗碳体的态密度基本相似，所有状态密度也同样分成 3 个区域，最低的共价键带从 −14eV 到 −11.5eV，较高的共价键带从 −7.5eV 至费米能面，第 3 个区域为非占有导电态，这两种结构的 Fe_3C 的态密度曲线基本相似。最低的共价键带与较高共价键带之间存在一个大约 4eV 的空带，说明不同压力状态下碳化物同样为共价性与离子性共存。另外，它们费米能级处的态密度也不为零，说明皆具有一定的金属性。对比图中上旋与下旋态密度发现，所有态密度皆不对称，说明皆具有一定的磁性能。

对不同压力下渗碳体原胞的磁矩进行计算，图 2-25 为渗碳体原胞的磁矩随压力的变化曲线。从图 2-25 可以看出，渗碳体的磁性随着压力的增加逐渐减小。不同压力状态下渗碳体的单胞磁矩分别为 $22.126\mu_B$（2GPa）、$21982\mu_B$（3GPa）、$21.818\mu_B$（5GPa）、$21.299\mu_B$（8GPa）、$20.973\mu_B$（10GPa）、$20.518\mu_B$（12GPa），可见单胞的磁矩随着压力的增加而逐渐变小。Lidunka 等[77] 人指出，当压力达到 60GPa 时，渗碳体磁性完全消失。采用 GGA 方法计算不同压力状态下渗碳体单胞的总能量，其结果见图 2-26。从图 2-26 可以看出，随着压力的增加渗碳体单胞的总能量也在逐渐增大，说明在压力状态下渗碳体的能量稳定性越来越差。也就是说，从能量角度来讲，渗碳体在一定的压力下更容易分解。

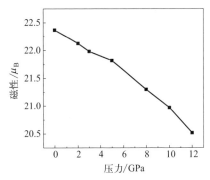 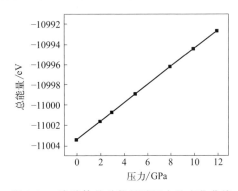

图 2-25　渗碳体的磁性随着压力的变化曲线　　图 2-26　渗碳体的总能量随压力的变化曲线

参 考 文 献

[1]　石德珂. 材料科学基础 [M]. 北京：机械工业出版社，2003.

[2]　彭德春，杨赵宇，陈年升，等. 铁碳合金相图分类分析 [J]. 科技创新与应用，2021，(2)：55-58.

[3]　刘丽霞. 解析铁碳相图 [J]. 新课程：中学版，2009，(7)：121-122.

[4]　胡庚祥，蔡珣. 材料科学基础 [M]. 上海：上海交通大学出版社，2010.

[5]　文九巴. 金属材料学 [M]. 北京：机械工业出版社，2011.

[6]　石淑琴，张振忠，陈光. 超细晶超高碳钢的化学成分设计 [J]. 兵器材料科学与工程，2002，25（6）：57-60.

[7]　朱晓东，李承基，章守华. Si 对过共析锰钢力学性能及晶界组织的影响 [J]. 金属学报，1996，32（11）：1130-1138.

[8]　Sherby O D，Oyama T，Wadsworth J. Divorced Eutectoid Transformation Process and Product of Ultrahigh Carbon Steels [P]. U. S. Pat，4448613，1984.

[9]　Jun J H，Lee S H，Lee Y K，et al. Effect of Si Addition on the Damping Capacity of a High Carbon Steel [J]. Materials Science and Engineering：A，1999，267：145-150.

[10]　Sherby O D，Kum D W，Oyama T，et al. Ultrahigh Carbon Steels Containing Aluminum [P]. U. S. Part，4769214，1988.

[11]　周守则，赵敏，左汝林. 钒对共析钢珠光体组织的影响 [J]. 特钢技术，1997，（2）：23-26.

[12]　东涛，孟繁茂，王祖滨，等. 神奇的 Nb 在钢铁中的应用（迄今经验与未来发展）[M]. 北京，1996.

[13]　林勤，付廷灵，余宗森. 高碳钢中稀土元素与碳相互作用的研究 [J]. 中国稀土学报，1994，12（2）：145-149.

[14]　Dahl W，Baumel A. 钢铁材料工学 [M]. 小林均郎，梶野利彦，译. 东京：新日本铸造协会出版社，1982：45-50.

[15]　刘宗昌. 珠光体转变理论研究的新进展 [J]. 金属热处理，2008，33（4）：1-8.

[16]　戚正风. 金属热处理原理 [M]. 北京：机械工业出版社，1986：48.

[17]　Porter D A，Easterling K E. Phase Transformations in Metals and Alloys [J]. Van Nostrand Reinhold：Wokingham，1984：328-381.

[18]　陈景榕，李承基. 金属与合金中的固态相变 [M]. 北京：冶金工业出版社，1997：141

[19]　Samuel F H. A Crystallographic Study of Pearlite Growth in Steels [J]. Transactions of the Iron and Steel Institute of Japan，1983，23（5）：403-409.

[20]　吕旭东，刘宗昌，王贵. T8Mn 钢珠光体连续冷却转变动力学 [J]. 特殊钢，2000：21（3）：18-19.

[21]　林慧国，傅代直. 钢的奥氏体转变曲线 [M]. 北京：机械工业出版社，1988：163.

[22]　Hillert M. Diffusion Controlled Growth of Lamellar Eutectics and Eutectoids in Binary and Ternary Systems [J]. 1971，19（8）：769-778.

[23]　Darken L S，Fisher R M. Decomposition of Austenite by Diffusional Processes [J]. Interscience，1962：263.

[24]　徐洲，赵连城. 金属固态相变原理 [M]. 北京：科学出版社，2004：65.

[25]　徐永波. 珠光体组织的形变、裂纹形核与扩展微观过程的动态研究 [J]. 金属学报，1982，18（1）：59.

[26]　石德珂，刘军海，浩宏奇. 冷拉钢丝的变形与强化 [J]. 金属学报，1991，27（4）：278-281.

[27]　翁宇庆. 超细晶钢-钢的组织细化理论与控制技术 [M]. 北京：冶金工业出版社，2003.

[28]　Hodgson P D，Hurley P J，Kelly G L. The formation of ultrafine ferrite in low C steels through thermomechanical processing [C]//Proc Int Symp on Ultrafine Grained Steels (ISU GS 2001). Tokyo：The ISIJ of Japan，2001：42.

[29]　Maki T. Formation of ultrafine-grained structures by various thermomechanical processing

in steel [C]//Proc Workshop on New Generation Steel (N G STEEL'2001). Beijing: The Chinese Society for Metals, 2001: 27.

[30] Thomas L S. The calculated of atomic fields [J]. Proc. Cambridge Philos. Soc., 1927, 23: 542.

[31] Fermi E. A statistical method for the determination of some atomic properties and application of this method to the theory of the periodic system of elements [J]. Z. Phys., 1928, 48: 73-79.

[32] 李震宇. 新材料物性的第一性原理研究 [D]. 合肥: 中国科技大学, 2004: 16.

[33] Von Weiszcäker C F. Zur theorie dier kernmassen [J]. Z. Phys., 1935, 96: 431.

[34] Perrot F. Hydrogen-hydrogen interaction in an electron gas [J]. J. Phys. Condens. Matter., 1994, 6: 431-446.

[35] Wang L W, Teter M P. Kinetic-energy functional of the electron density [J]. Phys. Rev. B, 1992, 45: 013196.

[36] Smargiassi E, Madden P A. Orbital-free kinetic-energy functionals for first-principles molecular dynamics [J]. Phys. Rev. B, 1994, 49: 005220.

[37] Hohenberg P, Kohn W. Inhomogeneous electron gas [J]. Phys. Rev.: B, 1964, 136: 864-871.

[38] Kohn W, Sham L J. Self-consistent equations including exchange and correlation effects [J]. Phys. Rev.: A, 1965, 140: 1133-1138.

[39] Payne M C, Teter M P, Allan D C, et al. Iterative minimization technique for ab Initio total-energy calculation: molecular dynamics and conjugate gradients [J]. Rev. Mod. Phys., 1992, 64: 1045.

[40] Stowasser R, Hoffmann R. What do the kohn-sham orbitals and eigenvalues mean [J]. J. Am. Chem. Soc., 1999, 121: 3414.

[41] Luders M, Ernst A, Temmerman W M, et al. Ab initio angle-resolved photoemission in multiple scattering formulation [J]. J. Phys.: Cond. Mat., 2001, 13: 8587-8606.

[42] Hoffmann R. An extended hückel theory [J]. I. Hydrocarbons. J. Chem. Phys., 1963, 39: 1397-1412.

[43] Muskat J, Wander A, Harrison N M. On the prediction of band gaps from hybrid functional Theory [J]. Chem. Phys. Lett., 2001, 342: 397-401.

[44] Hendin L, Lundqust B l. Explicit local exchange-correlation potentials [J]. J. Phys. C: Solid State Phys., 1971, 4 (14): 2064-2083.

[45] Barth U, Hendin L. A local exchange-correlation potentials for the spin polarizied [J]. J. Phys. C: Solid State Phys., 1972, 5 (13): 1629-1642.

[46] Ceperley D M, Alder B J. Ground state of the electron gas by a stochastic method [J]. Phys. Rev. Let. 1990, 45 (7): 566-569.

[47] Vosko S H, Wilk L, Nusair M. Accurate spin-dependent electron liquid correlation energies for local spin density calculations: a critical analysis [J]. Can. J. Phy., 1980, 58:

1200-1211.

[48] Janak J F. Itinerant ferromagnetism in FCC cobalt [J]. Solid State Commun., 1978, 25: 53-55.

[49] Perdew J P, Wang Y. Accurate and simple analytic representation of the electron-gas correlation energy [J]. Phys. Rev.: B, 1992, 45 (23): 13244-13249.

[50] Langreth D C, Mehl M J. Beyond the local-density approximation in calculations of ground-state electronic properties [J]. Phys. Rev.: B, 1983, 28 (4): 1809-1834.

[51] Perdew J P. Accurate density functional for the energy: real-space cutoff of the gradient expansion for the exchange hole [J]. Phys. Rev. Let., 1985, 55 (16): 1665-1668.

[52] Perdew J P, Wang Y. Accurate and simple density functional for the electronic exchange energy: generalized gradient approximation [J]. Phys. Rev.: B, 1986, 33 (12): 8800-8802.

[53] Perdew J P. Density functional approximation for correlation energy of the inhomogeneous electron gas [J]. Phys. Rev.: B, 1986, 33 (12): 8822-8828.

[54] Becke A D. Density functional calculations of molecular bond energies [J]. J. Chem. Phys., 1986, 84 (8): 4524-4529.

[55] Becke A D. Density functional exchange energy approximation with correct asymptotic behavior [J]. Phys. Rev.: A, 1988, 38 (6): 3098-3100.

[56] Lee C, Yang W, Parr R G. Development of the colle-salveti correlation energy and correlation [J]. Phys. Rev.: B, 1988, 37 (2): 785-789.

[57] Perdew J P, Chevary J A, Vosko S H, et al. Atoms, Molecules, solids, and surfaces: application of the GGA for exchange and correlation [J]. Phys. Rev.: B, 1992, 46 (11): 6671-6687.

[58] Perdew J P, Burke K, Emzerhof M. Generalized gradient approximation made simple [J]. Phys. Rev. Let., 1996, 77 (18): 3865-3868.

[59] Yakel, jr H L. Crystal structures of stable and metastable iron-containing carbides [J]. Inter. Met. Rev., 1985, 30: 17-40.

[60] Nagakura S. Study of metallic carbides by electron diffraction. part Ⅲ. Iron carbides [J]. J. Phys. Soc. Japan, 1959, 14: 186-195.

[61] Fruchart D, Chaudouet P, Fruchart R, et al. Etudes structurales de composes de type cementite: effect de l' hydrogenne sur Fe3C suivi par diffraction neutronique spectrometrie moessbauer sur $FeCo_2B$ et Co_3B dopes au ^{57}Fe [J]. J. Solid State Chem., 1984, 51: 246-252.

[62] Dirand M, Afqir. Identification structurale precise des carbures precipites dans les aciers faiblement allies aux divers stades du revenu, mecanismes de precipitation [J]. Acta Metal, 1983, 31: 1089.

[63] Hirotsu Y, Nagakura S. Crystal structure and morphology of the carbide precipitated from martensitic high carbon steel during the first stage of tempering [J]. Acta Metall. 1972,

20: 645.

[64] Senateur J P. Contribution a l'etude magnetique et atructureale du carbure de haegg [J]. Ann. Chim. Paris, 196, 7 (2): 103-122.

[65] Haglund J, Grimvall G, Jarlborg T. Electronic structure, x-ray photoemission spectra, and transport properties of Fe_3C (cementite) [J]. Phys. Rev.: B, 1991, 44: 2914.

[66] Faraoun H I, Zhang Y D, Esling C, et al. Electronic, and magnetic structures of θ-Fe_3C, χ-Fe_5C_2, and η-Fe_2C from principle calculation [J]. J. A. P, 2006, 99: 093508.

[67] Ching W Y, Xu Y N, Harmon B N, et al. Electronic structures of FeB, Fe_2B, Fe_3B compounds studied using first-principles spin-polarized calculations [J]. Phys. Rev.: B, 1990, 42: 4460.

[68] Liu A Y, Wentzcovitch R M. Stability of carbon nitride solids [J]. Phys. Rev.: B, 1994, 50: 10362-10365.

[69] Karki B B, Ackland G J, Crain J. Ab initio studies of high-pressure structural transformations in Silica [J]. J. Phys.: Condens. Matter., 1997, 9: 8579-8589.

[70] Aguayo A, Murrieta G, Coss R D. Itinerant ferromagnetism and quantum criticality in Sc_3In [J]. Phys. Rev.: B, 2002, 65: 92106.

[71] Patil S K R, Khare S V, Tuttle B R, et al. Mechanical stability of possible structures of PtN investigated using first-principles calculations [J]. Phys. Rev.: B, 2006, 73: 104118.

[72] Beckstein O, Klepeis J E, Hart G L W, et al. First-principles elastic constants and electronic structure of α-Pt_2Si and PtSi [J]. Phys. Rev.: B, 2001, 63: 134112.

[73] Kellou A, Feraoun H I, Grosdidier T, et al. Energetics and electronic properties of vacancies, anti-sites, and atomic defects (B, C, and N) in B_2-FeAl alloys [J]. Acta. Mater., 2004, 52: 3263-3271.

[74] Acker K V, Root J, Houtte P V, et al. Neutron diffraction measurement of the residual stress in the cementite and ferrite phases of cold-drawn steel wires [J]. Acta Mater., 1996, 44 (10): 4039-4049.

[75] Shabashov V A, Korshunov L G, Mukoseev A G, et al. Deformation-induced phase transition in a high-carbon steel [J]. Mater. Sci. Eng.: A, 2003, 346: 196-207.

[76] Ivanisenko Yu, Lojkowshi W, Valiev R Z, et al. The mechanism of formation of nanostructure and dissolution of cementite in a pearliitic steel during high pressure torsion [J]. Acta Mater., 2003, 51: 5555-5570.

[77] Vocadlo L, Brodholt J, Dobson D P, et al. The elect of ferromagnetism on the equation of state of Fe_3C studied by first-principles calculations [J]. Earth and Planetary Science Letters: A Letter Journal Devoted to the Development in Time of the Earth and Planetary System, 2002, 203 (1): 567-575.

第3章 大冷变形及退火后超细晶粒高碳钢的组织与性能

以往有关珠光体变形问题的研究大多见于共析或过共析钢丝的拉拔过程[1-3]。由于冷轧变形后珠光体组织的特性将直接影响到随后退火过程中超微细（α＋θ）两相组织的形成，故研究珠光体在冷轧变形条件下的组织变化具有重要意义。本章着重研究珠光体钢在不同冷轧变形条件下的显微组织特征，以期为具有超微细晶粒组织高碳钢钢板的开发提供技术依据。

3.1 大冷变形过程中珠光体钢的组织演变与力学性能

本节首先介绍共析钢等温转变后的显微组织，再介绍珠光体钢在大冷变形过程中的组织演变和力学性能，以及合金元素添加对冷轧过程中显微组织演变的影响规律。

3.1.1 预备组织

（1）共析钢等温转变后的显微组织

0.8C 钢经 1123K 奥氏体化并在 873K 等温处理 0.6ks 后，所得到的显微组织全部为珠光体，且测得的珠光体层片间距（ISP）约为 260nm，渗碳体片层厚度（t_0）约为 43nm ［图 3-1（a）］。

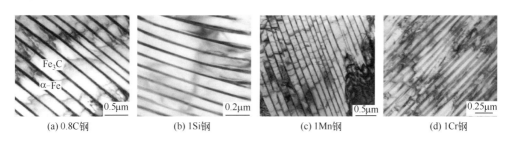

(a) 0.8C钢　　(b) 1Si钢　　(c) 1Mn钢　　(d) 1Cr钢

图 3-1　共析钢等温转变组织

（2）加入合金元素后共析钢的等温转变组织

图 3-1（b）～（d）分别为经 1123K 奥氏体化并在 873K 等温处理 0.6ks 后得到的 1Si、1Mn 及 1Cr 钢显微组织的 TEM 照片。可以看出，在 0.8C 钢中分别添加 1%的 Si，1%的 Mn 及 1%的 Cr 后，共析钢等温转变后的组织仍然为层片状珠光体，而且 1Si、1Mn 及 1Cr 钢的珠光体层片间距明显小于 0.8C 钢珠光体的层片间距，大约为 0.8C 钢的 1/2～1/3 左右，同时渗碳体片层的厚度也变得更薄。

图 3-2 为 873K 等温转变后 0.8C、1Mn、1Si、1Cr 及 2Mn1Si 钢珠光体的片间距及渗碳体片层厚度测定结果，它

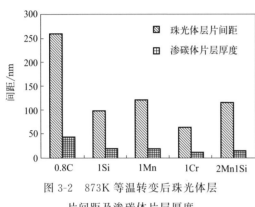

图 3-2　873K 等温转变后珠光体层片间距及渗碳体片层厚度

们的珠光体层片间距分别为 260nm、121nm、97nm、64nm 和 116nm，渗碳体片层厚度分别为 43nm、19nm、17nm、11nm 和 15nm，渗碳体片层厚度也大约为 0.8C 钢的 1/2～1/3 左右。由此可见，在 0.8C 钢中分别加入 1%（质量分数）的 Mn、Si、Cr 以及 2%（质量分数）的 Mn 和 1%（质量分数）的 Si 后，不但珠光体层片间距得到明显细化，而且渗碳体片的厚度也得到有效减薄。就合金元素添加细化珠光体组织的效果而言，由弱到强的顺序依次为 Mn、Si 和 Cr。显然，这种组织状态对重度冷轧变形及退火后超微细（铁素体＋渗碳体）双相组织即（α＋θ）微复相组织的形成十分有利。

另外，珠光体的性能主要取决于片间距，片间距和珠光体团直径越小，则其强度和硬度越高，塑性和韧性也变得更好。这是由于铁素体与渗碳体的相界面增加了位错运动的阻力，因而提高了钢的强度和硬度。渗碳体片越薄，片间距越小，相界面越多，强化效果越大。渗碳体片越厚，越不容易变形，且易脆裂，形成大量微裂纹，从而降低钢的塑性和韧性。珠光体团直径减小，表明单位体积内珠光体片层排列方向增多，有利于塑性变形引起应力集中的可能性减小，从而更有利于珠光体钢塑性和韧性的提高。因此，由于 Mn、Si 和 Cr 的添加，使珠光体钢的组织细化，从而使其力学性能比 0.8C 钢更好。

3.1.2　冷轧过程中珠光体的组织演化

（1）冷轧珠光体的组织特征

图 3-3 为试验用 0.8C 钢分别经 40%～90%冷轧变形后的显微组织形貌。从图中可以看出，经过 40%的冷轧变形后，珠光体片层发生变形和不规则弯曲

[图 3-3（a）]。变形后的渗碳体层片与轧制方向相倾斜，而且随着冷轧变形量的加大，渗碳体层片与轧制方向之间倾角减小，并趋于与轧制方向平行排列。

冷轧变形后，珠光体组织是不均匀的。根据渗碳体形态特征，冷轧变形后的珠光体组织大致可分为以下三类：

① 不规则弯曲片层型（IBL），即变形后的渗碳体与轧制方向呈大角度偏离且不规则弯曲的珠光体 [图 3-3（a）]；

② 带有剪切带的粗大片层型（CLS），即被渗碳体剪切带分开且变形轻微的珠光体片层 [图 3-3（b）和（c）]；

③ 精细片层型（FL），即与轧制方向平行排列、片间距细小（约为 20～30nm）、渗碳体严重变形的珠光体片层 [图 3-3（c）和（d）]。

随着轧制压下率的提高，FL 区域的比例增大。从图 3-3（a）～（c）还可以看出，许多渗碳体层片在很窄的区域内发生强烈弯曲，说明它们与铁素体一样，具有很好的塑性变形能力，这也意味着渗碳体在改善珠光体钢力学性能方面可能具有很大的潜力。

此外，从图 3-3（b）和（c）还可以看出，在带有剪切带的粗大片层珠光体（即 CLS）区域，剪切带与轧制方向（RD）大致成 30°夹角，粗大珠光体的片间距大约是 160～230nm。显然，即使经过压下率为 90% 的冷轧变形后，此间距与 260nm 的原始间距相比，并未减小太多。另一方面，经过重度冷轧变形，铁素体与渗碳体均被拉长，渗碳体不但变得比粗大片层区的更薄，而且没有明显碎化；在 CLS 区域的剪切带内，珠光体的片间距在 30nm 左右 [图 3-3（d）]，约为原始片间距的 1/10。在 FL 区域，连续的珠光体片层沿着 RD 方向已被强烈地拉伸，且片间距大约达到 20～30nm 程度，这与前述 CLS 区域之中剪切带内珠光体的层片间距大体相当。

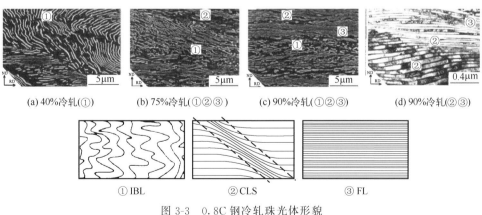

(a) 40%冷轧（①）　　(b) 75%冷轧（①②③）　　(c) 90%冷轧（①②③）　　(d) 90%冷轧（②③）

① IBL　　　　② CLS　　　　③ FL

图 3-3　0.8C 钢冷轧珠光体形貌

Langford[4] 在比较了拔丝与带钢轧制产生的组织变化后指出，拔丝过程中形成的显微组织由平行于拉拔方向且被拉长的层片状组织组成，而在带钢轧制过程中则产生了含有剪切带的更不均匀的组织。本研究中观察到的冷轧珠光体的组织与带钢轧制状态下的相似，其中平行于轧制拉伸轴（即轧制方向 RD）的与重度拉拔后丝材的显微组织变化相似。另一方面，在拔丝过程中，IBL 和 CLS 型组织没被清楚观察到。因此，可以认为这两种类型的珠光体是珠光体钢冷轧（也可能是带钢拉拔）过程中的典型组织形态。

根据 Takahashi 等[5] 对珠光体组织的研究，在铁素体/渗碳体层片状组织（即珠光体）中，具有与铁素体晶体相同位向或取向的珠光体块又可再细分为几个晶团，而且每个晶团内的渗碳体层都具有相同的取向。珠光体的塑性变形行为主要依赖于晶团中铁素体与渗碳体层的晶体取向和几何排布。虽然具有较低变形应力的晶团会被明显拉长并且更均匀，但由于轧制引入了高应力晶团，可推定它们更易于在局部区域形成剪切带。如果说非均匀变形显微组织起因与珠光体晶团特性（晶体取向和几何排布）的不同，那么对于轧制过程中显微组织的演变过程，可以认为，IBL 区域组织是通过珠光体片层与轧制面近于垂直的那些珠光体团压缩形成的，CLS 区域组织是通过在轧制过程中因高形变应力晶团中剪切带的引入而形成的，而 FL 区域组织是在由轧制引入低应力的晶团中形成的。并且，通过进一步地轧制，CLS 区域中剪切带的片层方向越发变得与轧制方向平行，直到最终变为 FL 组织。

珠光体钢经 90％冷轧变形后，FL 区域的层片间距大约为原来的 1/10。由于粗大片层区域的变形主要集中在剪切带，由此可推断出，在 IBL 和 FL 区域的变形比在带有剪切带的 CLS 区域更容易，而且更均匀。因此，冷轧珠光体钢薄板的强度变化因变形不均匀而变得比重度拔丝情况下的更加复杂。

（2）珠光体冷轧过程中的组织变化

① 重度冷轧变形后渗碳体的溶解　图 3-4 为试验用 0.8C 钢经压下率为 40％～90％冷轧变形前后的 XRD 谱。可以看出，与变形前（即等温转变处理态）

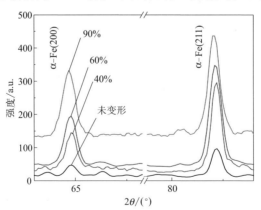

图 3-4　0.8C 钢冷轧变形珠光体铁素体 XRD 峰

试样相比，冷轧变形态试样的铁素体峰位皆明显左移。这也意味着，由于冷轧变形，珠光体中铁素体的点阵常数增大。当冷轧压下率达到 90％时，珠光体铁素体的点阵常数达到 0.28718nm，该值大体上与用 Fasiska 和 Wagenblast 给出的关系[6] 计算的铁素体中含有 0.14％的碳含量相当。这一结果表明，与珠光体钢丝的重度冷拔过程相似，珠光体组织在冷轧变形过程中也会发生渗碳体的部分溶解，从而使变形后铁素体中的碳含量达到过饱和。而且，随着冷轧变形量的增加，变形珠光体中渗碳体的溶解量也逐渐增多。由此可见，重度冷轧变形不但能引起渗碳体的溶解，且其溶解程度也将必然直接影响到随后热处理过程中这类钢的力学性能。

Nam 等[7] 用 Mössbauer 谱方法测定了 0.81C-0.4Mn-0.2Si 钢中珠光体渗碳体的体积分数随拔制应变的变化关系。根据他们的试验结果，拉拔真应变为 0.91 和 2.32 时，所对应的渗碳体体积分数分别约为 9.6％和 8.5％。假定在拉拔变形引起渗碳体溶解之后，这些碳原子都随机地分布到铁素体中，那么可以计算出，经上述冷拔变形后铁素体中的平均碳含量将分别达到 0.18％和 0.28％。显然，冷拔变形后珠光体铁素体中的碳含量已经过饱和。由于在本研究中，0.91 和 2.32 的冷轧变形量真应变分别对应于 60％和 90％的冷轧压下率，这从另一个角度进一步证实了冷轧变形能够引起渗碳体的溶解，而且由此所导致的铁素体碳含量过饱和将对珠光体钢产生强烈的固溶强化效应，特别是在轧制压下率很大的情况下。

② 冷轧变形后渗碳体的非晶化 由于珠光体组织是由层片状铁素体和渗碳体组成的两相机械混合物，通常情况下其 XRD 谱也应由分别对应于铁素体和渗碳体的两套衍射峰组成。对于铁素体，其 2θ 最小的衍射峰（110）应在 44.7°（用 CuK$_\alpha$ 辐射）。也就是说，对应于珠光体组织的衍射谱，2θ 值小于 44°的衍射峰，理论上讲都应该属于渗碳体的衍射峰。

图 3-5 为 0.8C 钢冷轧变形前和 90％冷轧变形后的 XRD 谱。显然，冷轧变形

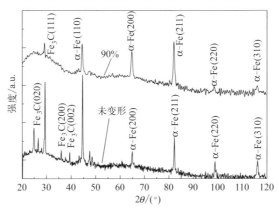

图 3-5 0.8C 钢冷轧变形前后 XRD 谱

前低角区内出现了几个明显的渗碳体衍射峰，它们分别是渗碳体的（020）、（200）、（002）峰等。经过90％冷轧变形，那些原来只在特定角度产生的衍射峰，被在这一角度范围内所有角度都产生相干散射的衍射峰群即漫散峰所取代。由此可以认为，重度冷轧变形又使部分渗碳体发生非晶化，这意味着珠光体的加工硬化机制已经不能仅由片间距的变化来解释，同时也预示重度冷轧珠光体钢的力学性能可能会有很大程度的变化。

（3）第三元素添加对冷轧过程中显微组织演变的影响

① 1Mn、1Si 和 1Cr 钢冷轧变形后的组织形貌　图 3-6（a）～（c）分别给出了 1Si、1Mn 和 1Cr 珠光体钢经 90％冷轧变形后的组织形貌。显然，添加合金元素的各试验用钢冷轧后组织形貌特征与 0.8C 钢相似，存在 FL 区、CLS 区、IBL 区，添加合金元素后相应区域内组织较 0.8C 钢更细，且添加 Mn 与 Cr 的较添加 Si 的更细。

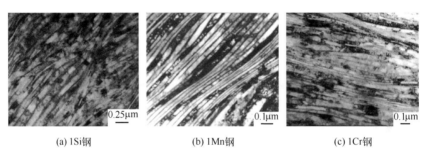

(a) 1Si钢　　　　　　(b) 1Mn钢　　　　　　(c) 1Cr钢

图 3-6　珠光体经 90％冷轧后的组织形貌

② 合金元素对冷轧珠光体铁素体点阵常数与固溶碳含量的影响　冷轧前各钢的原始组织均为共析珠光体。图 3-7 为所有试验用钢在剧烈冷轧变形（压下率为 90％）前后珠光体铁素体晶格常数的测定结果。从图 3-7 可以看出，冷轧变形前 0.8C 钢珠光体铁素体的点阵常数为 0.28686nm，1Si 钢铁素体的点阵常数为 0.28688nm，1Mn 和 2Mn1Si 钢珠光体铁素体的点阵常数分别为 0.28711nm 和 0.28716nm。显然，Si 的添加对等温转变态珠光体铁素体点阵常数的影响不大，但是

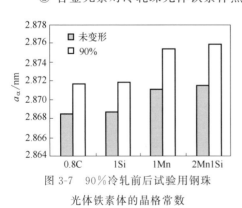

图 3-7　90％冷轧前后试验用钢珠光体铁素体的晶格常数

Mn 及 Si 和 Mn 的复合添加则会增大珠光体铁素体的点阵常数，而且加 Mn 最有效。

然而，经过压下率为 90％的冷轧变形，各钢珠光体铁素体的晶格常数均明显增大，而且与冷轧前（即等温转变态）相比，铁素体点阵常数的增量（Δa_α）也

不一样，这在一定程度上反映出合金元素添加对冷轧过程中渗碳体溶解量影响的不同。经 90% 冷轧后，0.8C 钢与 1Si 钢铁素体晶格常数差别较小，分别为 0.28717nm 与 0.28719nm，而且 Δa_α 值差别也不大，分别为 3.14×10^{-4}nm 与 3.16×10^{-4}nm。尽管 1Mn 钢与 2Mn1Si 钢冷轧后铁素体晶格常数差别也不大，但是 Δa_α 差异明显，分别为 4.29×10^{-4}nm 与 4.34×10^{-4}nm，表明 2Mn1Si 钢珠光体铁素体晶格畸变程度较 1Mn 与 1Si 钢更大。

根据 Fasiska 和 Wagenblast[6] 提出的铁素体晶格常数与其固溶碳含量的关系见式（3-1），可以进一步估算冷轧后珠光体铁素体的碳含量。

$$a_\alpha(\text{nm}) = (0.28664 \pm 0.0001) + (0.84 \pm 0.08) \times 10^{-3} \cdot [\text{C}]_\alpha \qquad (3\text{-}1)$$

式中，a_α 为铁素体晶格常数；$[\text{C}]_\alpha$ 为铁素体碳含量，单位为 at.%（原子百分含量）。由于 0.28664nm 可以视为纯铁素体的晶格常数（a_0），故式（3-1）又可变成铁素体晶格常数变化（Δa_α）随其碳含量变化（$\Delta[\text{C}]_\alpha$）的关系式。这样，冷轧前后铁素体碳含量的变化就可以通过冷轧前后铁素体晶格常数的变化表示出来，见式（3-2）。

$$\Delta a_\alpha(\text{nm}) = a_\alpha - a_0 = (0.84 \pm 0.08) \times 10^{-3} \cdot (\Delta[\text{C}]_\alpha) \qquad (3\text{-}2)$$

根据珠光体铁素体晶格常数测定结果及式（3-2），本文所用各试验用钢 90% 冷轧前后铁素体晶格常数及碳含量的变化如表 3-1 所示。从表 3-1 可以看出，与 0.8C 钢相比，1Si 钢的 Δa 及 $\Delta[\text{C}]_\alpha$ 几乎没有变化，这说明添加 Si 对重度冷轧过程中共析珠光体渗碳体溶解的影响不大，但是 Mn 的添加 Δa 及 $\Delta[\text{C}]_\alpha$ 则显著增大。由此可见，Mn 的添加会明显促进冷轧过程中共析珠光体渗碳体的溶解。

Gavriljuk[8] 等采用 Mössbauer 方法分析 0.91C（%，质量分数）钢及添加 2Mn（%，质量分数）后冷轧变形渗碳体的分解分数，发现元素 Mn 的添加能够促进冷轧渗碳体的分解，本文通过 XRD 分析也进一步证明了这一点。

另外，从表 3-1 还可以看出，90% 冷轧变形使珠光体铁素体碳含量严重过饱和，尤其是碳化物形成元素 Mn 的加入，进一步增大了冷轧铁素体中碳的过饱和度。与 Mn、Si 相比，Mn 与 Si 复合添加后铁素体过饱和度最大。这些结果对于新型高性能高碳钢板轧后处理工艺的制定（时效与退火等）具有重要参考意义。

表 3-1　试验用钢 90% 冷轧前后铁素体晶格常数及碳含量的变化

试验钢	成分/(at.%)	$\Delta a_\alpha/10^{-4}$nm	$\Delta[\text{C}]_\alpha/(\text{at.}\%)$	$\Delta[\text{C}]_\alpha/(\text{mass}\%)$
0.8C	3.54C	3.14	0.37381	0.08034
1Si	3.61C+1.89Si	3.16	0.37619	0.08085
1Mn	3.70C+0.97Mn	4.29	0.51071	0.10988
2Mn1Si	3.70C+1.98Mn+1.90Si	4.34	0.51667	0.11120

注：1. at% 表示原子百分含量；

2. mass% 表示质量分数。

3.1.3 冷轧过程中珠光体钢力学性能的变化及合金元素的影响

（1）等温转变后珠光体钢的拉伸性能

合金元素 Mn、Si 及 Cr 的添加对 873K 等温转变后珠光体钢 ISP 及拉伸性能的影响如图 3-8 所示。从图 3-8 可以看出，0.8C 钢的 ISP 大约为 260nm，分别加入 1％的 Mn、Si 及 Cr 后，其 ISP 减至 100nm 左右，即在 0.8C 钢 ISP 一半以下 [图 3-8（a）]。图 3-8（b）和（c）表明，由于 Mn、Si 及 Cr 的加入，抗拉强度（TS）和屈服强度（YS）显著提高，而且钢中的 Si 或 Mn 含量越高，相应的强度（TS 和 YS）也越高。Mn 或 Si 的加入，可使 YS 的增量达到 240～420MPa，但 YS 的增量仅约为 TS 增量的一半，且 YS 均在 670MPa 左右。Mn 与 Cr 的加入引起了总延伸率（Et）和均匀延伸率（Eu）的轻微下降，而加入 Si 后的均匀延伸率 Eu 比 0.8C 钢略有提高。由此可见，添加 Si 有利于改善共析钢等温转变后珠光体的强度-延性平衡。

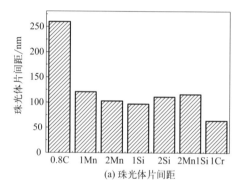

(a) 珠光体片间距

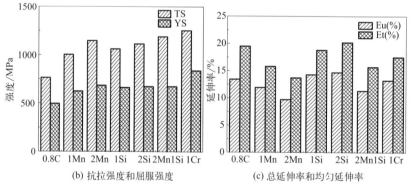

(b) 抗拉强度和屈服强度   (c) 总延伸率和均匀延伸率

图 3-8　冷轧变形前珠光体的片间距及拉伸性能

（2）冷轧过程中珠光体钢的力学性能

图 3-9 为 0.8C 钢、1Mn 钢、1Cr 钢及 1Si 钢经 40％～90％冷轧变形后拉伸性能与冷轧变形量的关系，2Mn、2Si 以及 2Mn1Si 钢冷轧变形前（即等温转变后）

和 90％冷轧变形后的拉伸试验结果也示于图 3-9。由图 3-9 可以看出，不论 TS 还是 YS 都随着轧制压下率的增大而提高，但在冷轧变形量小于 60％时，延性（Eu 和 Et）急剧下降，而且随着压下率的继续增加，延性变化不再明显，基本保持在 3％～6％的水平。由于试样在拉断前几乎不出现颈缩，故所有冷轧态试样的 Eu 和 Et 在数值上非常接近。当轧制压下率小于 75％时，Si 的加入引起 YS 和 TS 的增大，特别是 YS。当轧制压下率小于 60％时，Mn 的加入对 YS 和 TS 的影响较小。然而，进一步增大轧制压下量，强度（YS 和 TS）急剧升高至几乎与含 Si 钢相同的程度［图 3-9（a）和（b）］。

此外，从图 3-9（c）和（d）还可以看出，当轧制压下率大于 60％时，加入 Mn 和 Si 对延性的影响很小甚至可以忽略。可见冷轧变形使珠光体强度增加，但延性下降。合金元素的加入使重度冷轧后珠光体钢的强度较 0.8C 钢有大幅提高，而且改善了材料的 Et。尤其当变形量大于 60％时，合金元素添加对 Eu 值影响不大。

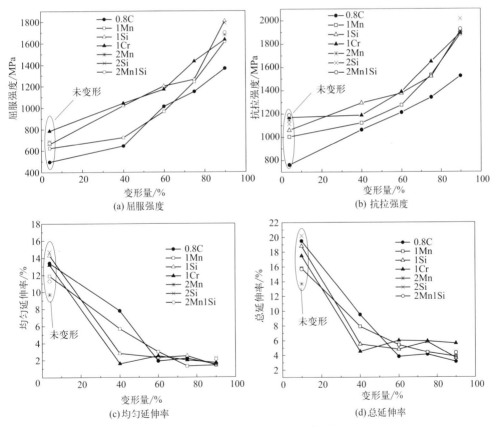

图 3-9　珠光体钢冷轧后的拉伸性能

（3）珠光体钢的拉伸曲线特征

图 3-10 为经不同压下率冷轧变形后 0.8C 钢的真应力-真应变曲线。从图中可

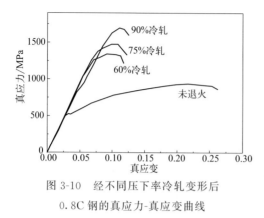

图 3-10 经不同压下率冷轧变形后
0.8C 钢的真应力-真应变曲线

以看出，应力-应变曲线基本上可分为三个部分，第一部分为弹性区；第二部分为均匀塑性变形区（即从开始发生屈服点到应力最大点）；第三部分为集中变形区，即从出现颈缩到断裂这一阶段。在均匀塑性变形区，应力随着应变的增加而增大，反映了材料抵抗进一步变形的能力随着变形量的增加而增大，即属于通常的应变硬化阶段。根据真应力和真应变定义，应变硬化现象可用 Hollomom 经验公式表达[9]：

$$\sigma = K\varepsilon^n \tag{3-3}$$

式中，σ 为真应力；ε 为真应变；n 为应变硬化指数；K 为硬化系数（强度系数），它是与材料有关的常数。应变硬化指数 n 可以表征出材料抵抗继续塑性变形的能力。也就是说，n 值越大，变形时的应变强化效果越显著，即材料继续变形所需增加的应力越高。大多数金属的 n 值是在 0.10～0.50 之间。

对式（3-3）两侧取对数，则有：

$$\lg\sigma = \lg K + n\lg\varepsilon \tag{3-4}$$

将 $\lg\sigma$ 对应于 $\lg\varepsilon$ 作图，便得到一条直线，该直线的斜率即为 n。因此，根据应力-应变曲线可以计算得到，经不同压下率冷轧变形后，0.8C 钢的 n 值分别为 0.33（等温转变态）、0.60（60％冷轧）、0.82（75％冷轧）和 0.87（90％冷轧）。由此可见，随着轧制压下率的提高，珠光体钢的加工硬化指数不断增加。由于不同条件下的屈强比分别为 0.65（等温转变态）、0.84（60％冷轧）、0.86（75％冷轧）和 0.90（90％冷轧），显然，冷轧变形使试验用钢的屈强比明显增加。

3.1.4 合金元素对冷轧过程中珠光体钢力学性能的影响

（1）合金元素添加对冷轧珠光体钢强度与硬度的影响

图 3-11 为试验用钢 0.8C、1Si、1Mn 及 1Cr 钢在 90％冷轧前后硬度与强度的对比图。从图中可以看出，重度冷轧变形使珠光体钢的硬度显著增加。其中，0.8C 钢 90％冷轧后硬度从等温转变态的 231HV 增加到 423HV；1Cr 钢 90％冷轧后硬度从等温转变态的 309HV 增加到 492HV；1Mn 钢 90％冷轧后硬度从等温转变态的 295HV 增加到 481HV；1Si 钢 90％冷轧后硬度从等温转变态的 309HV 增加到 478HV。由此可见，合金元素的添加使等温转变态及冷轧后材料的硬度较 0.8C 钢的硬度有较大幅度的提高。其中，1Cr 钢冷轧后硬度最高，达到 492HV，1Mn 与 1Si 钢的硬度也在 480HV 左右。但是，对于重度冷轧变形所造成的硬度增

幅，0.8C 钢的最大，增幅为 192HV。图 3-11 （b）给出了各试验用钢在 90％冷轧变形前后强度的增量。从图中可见，屈服强度增加幅度较抗拉强度的增加幅度更大，同时合金元素 Mn 的添加使珠光体钢冷轧后强度增幅最大。

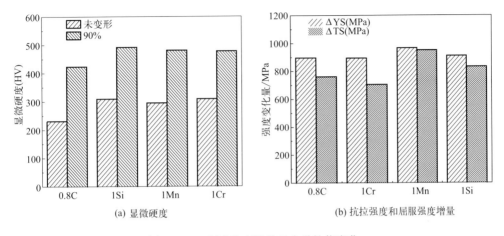

(a) 显微硬度　　　　　　　　　　　(b) 抗拉强度和屈服强度增量

图 3-11　90％冷轧变形前后力学性能变化

（2）合金元素添加对冷轧珠光体钢塑性的影响

图 3-12 给出了几种试验用钢经 90％冷轧变形后延伸率（Et 与 Eu）及 90％冷轧变形前后的延伸率的减小量（ΔEt 与 ΔEu）对比情况。从图中可以看出，与等温转变态相比，重度冷轧使珠光体钢的延伸率有较大幅度的下降，Et 与 Eu 下降幅度都在 10％以上，其中 1Cr 钢下降幅度最小，其次为 1Mn 钢，1Si 钢与 0.8C 钢下降幅度大体相当。这些结果表明，在改善珠光体钢重度冷轧后的延性方面，Cr 的添加最为有效，其次为 Mn 的添加，而添加 Si 后的这一效果不太明显。

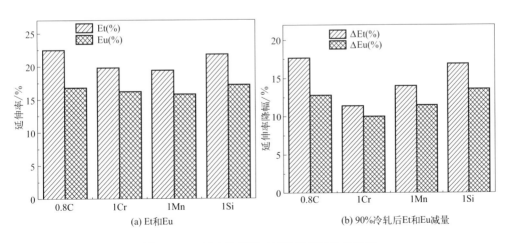

(a) Et和Eu　　　　　　　　　　　(b) 90％冷轧后Et和Eu减量

图 3-12　90％冷轧变形对试验用钢塑性的影响

（3）合金元素添加对冷轧珠光体钢拉伸曲线特征的影响

图 3-13 为等温转变态及 90％冷轧后 1Si、1Mn 和 1Cr 钢的真应力-真应变曲线。根据式（3-4）并结合图 3-13，计算得到各钢 90％冷轧变形前后的加工硬化指数 n 分别为：0.8C 钢，0.33（等温转变态），0.87（90％冷轧）；1Si 钢，0.34（等温转变态），0.54（90％冷轧）；1Mn 钢，0.35（等温转变态），0.78（90％冷轧）；1Cr 钢，0.29（等温转变态），0.83（90％冷轧）。显然，就等温转变态珠光体钢的加工硬化指数而言，除 Cr 的添加后具有一定的降低作用，Mn 和 Si 的添加则略微提高材料等温转变态的加工硬化指数。90％冷轧后 1Si 钢的加工硬化指数为 0.54，比其他钢均小。1Si、1Mn 和 1Cr 钢 90％冷轧后屈强比分别为 0.95、0.86 及 0.86。显然，在提高珠光体钢 90％冷轧后屈强比方面，Si 的加入效果最为显著。

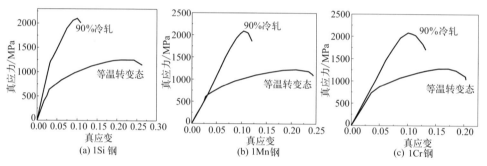

图 3-13　90％冷轧变形前后试验各钢的真应力-真应变曲线

3.2　珠光体钢大冷变形及退火后（α+θ）微复相组织的形成

近年来，关于由多种热机械处理方法获得的超细晶粒钢的组织与性能方面的研究异常活跃，这是因为晶粒细化钢在表现出高强度的同时韧性却很少损失[10,11]。由铁素体（α）及层片状渗碳体组成的珠光体是钢中最重要的组织之一。对于珠光体钢，重度冷轧变形后会使珠光体片间距（ISP）减小以及渗碳体片变薄[12]，从而在随后的退火过程中，加速渗碳体（θ）片的球化并导致（α+θ）微细复相组织的形成[13,14]。由于 θ 颗粒对晶界的钉扎效应又可大大细化 α 晶粒，所以，θ 颗粒的进一步细化对于具有超微细（α+θ）复相组织钢的强化是非常重要的。目前，将渗碳体适用于钢铁组织的超微细化已经成为高碳钢晶粒超细化领域的研究热点[15-18]。在 Fe-C 合金中，θ 的球化与粗大化进行得很迅速，而第三元素添加可抑制 θ 的球化与粗大化[19]。一般来说，合金元素的加入能够有效减小

ISP[20]，但其对轧制及退火后共析钢中珠光体组织和力学性能的影响尚不十分清楚。

3.2.1　大冷变形及退火后珠光体钢（α + θ）微复相组织的形成

（1）大冷变形并经不同时间退火后的显微组织特性

图 3-14 为等温转变后的 0.8C 钢经 90% 冷轧并在 923K 退火不同时间后的显微组织。从图 3-14 可见，随着退火时间的延长，冷轧变形珠光体的组织特征逐渐消失，晶内位错不多，铁素体晶粒尺寸逐渐增大并趋于等轴化，表明 0.8C 钢在 923K 退火过程中铁素体发生再结晶，并且随着退火保温时间的延长，铁素体晶粒逐渐长大。退火 30s 后，珠光体的层片状结构已经完全消失，组织形貌为球状渗碳体与等轴状铁素体，即（α+θ）复相结构。同时还可以看出，片状渗碳体在短时间内已迅速球化，并且随着退火时间的延长，渗碳体颗粒主要分布在铁素体晶界并发生粗化。

(a) 30s　　　　　　(b) 120s

图 3-14　0.8C 钢冷轧及退火不同时间后的显微组织

一般而言，未变形层片状珠光体在静态退火过程中的 Ostwald 熟化过程往往需要很长时间[21,22]。而在本实验条件下，变形珠光体渗碳体的球化发生迅速，表明冷变形可以明显促进冷轧后退火过程中渗碳体的球化。由图 3-14 还可以看出，大冷变形后的 0.8C 钢经 923K 短时间退火，一方面，铁素体内位错密度很小且铁素体晶粒发生等轴化，铁素体晶粒尺寸大约在 $0.5\sim1.5\mu m$，说明铁素体已经发生再结晶；另一方面，变形后的渗碳体片全部球化，渗碳体颗粒尺寸约为 $0.2\sim0.5\mu m$，而且渗碳体主要分布在铁素体晶界上，从而形成了（α+θ）微复相组织。同时，由于晶界上微细渗碳体的钉扎作用，铁素体晶粒的长大得到有效抑制，因而为材料获得良好的力学性能提供了组织基础。

图 3-15 为 0.8C 钢珠光体经 90% 冷轧及在 723K 退火不同时间后铁素体的 XRD 图谱。由图 3-15 可以看出，重度冷轧后的珠光体在 723K 退火过程中，随着退火保温时间的延长，铁素体（211）峰位逐渐右移（向高角度方向），即冷轧后铁素体晶格常数随着保温时间的延长逐渐变小，表明退火保温过程中碳从过饱和的铁素体中不断析出，从而导致铁素体峰位右移。同时，这也从另外一个角度证

实了冷轧变形确实能够使珠光体中的渗碳体发生溶解。

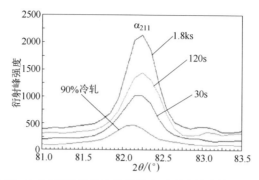

图 3-15　0.8C 钢珠光体冷轧及退火过程中铁素体 XRD 峰位

（2）大冷变形并经不同温度退火后的显微组织特性

图 3-16 为 1Mn 钢经 90％冷轧后再在 723K 及 923K 退火 30s 后的显微组织。从中可以看出，在 723K 退火 30s 时，组织形貌具有明显的层片状特征，部分渗碳体开始发生熔断，具有高位错密度的铁素体片变化不明显。而在 923K 退火 30s 时，珠光体的层片特征已基本消失，渗碳体发生球化，部分铁素体发生再结晶，但组织仍然保持些许方向性。可见退火温度越高，在退火过程中，变形渗碳体球化越迅速，铁素体再结晶越容易进行。

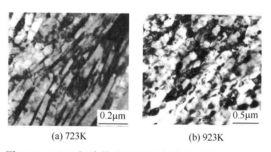

(a) 723K　　　　　　　　　(b) 923K

图 3-16　1Mn 钢冷轧及不同温度退火后的显微组织

3.2.2　合金元素对大冷变形及退火后珠光体钢（α + θ）微复相组织的影响

（1）添加 Si 的影响

图 3-17 为 1Si 钢经 90％冷轧再在 923K 退火不同时间后显微组织的 TEM 照片。从图中可以看出，大冷变形后的 1Si 钢在 923K 退火 30s 时，组织形貌与 0.8C 钢的基本相似，渗碳体发生球化，铁素体发生再结晶。随着退火保温时间的延长，铁素体晶粒不断长大，渗碳体颗粒粗化且主要分布在铁素体晶界上。同时，还有少量渗碳体分布在铁素体晶内。

(a) 120s   (b) 1.8ks   (c) 30s

图 3-17   1Si 钢冷轧及退火不同时间后的显微组织

从图 3-14（b）与图 3-17（a）对比以及图 3-14（a）与图 3-17（c）对比可以看出，在 923K 退火 120s 和 30s 时，无论是铁素体晶粒还是渗碳体颗粒，1Si 钢的组织都较 0.8C 钢更细小，而且即使经较长时间保温，仍能获得细小的（α＋θ）复相组织。因此，Si 的添加能使珠光体钢冷轧退火后所得的（α＋θ）复相组织进一步细化，从而为这类材料性能改善提供了更为有利的组织保证。

（2）添加 Mn 的影响

图 3-18 为 1Mn 钢经 90% 冷轧及 923K 退火不同时间后显微组织的 TEM 照片。从图 3-18 可以看出，重度冷轧及退火 120s 和 1.8ks 时，1Mn 钢的组织形貌与 0.8C 钢及 1Si 钢的基本相似，也是由球状渗碳体与再结晶铁素体组成。退火保温时间越长，铁素体晶粒与渗碳体颗粒尺寸越大。与 0.8C 钢相比，当保温时间也为 120s 时，组织更加细小。比较图 3-18 与图 3-17 不难看出，保温时间相同时，1Mn 钢的组织较 1Si 钢的更加细小。可见 Mn 的添加对大冷变形后退火组织的细化作用较 Si 的添加更明显。当退火保温时间达到 1.8ks 时，1Mn 钢的铁素体晶粒尺寸仍在 1μm 左右，而渗碳体颗粒尺寸则在 0.2～0.4μm 左右，这与 0.8C 钢退火 30s 后的晶粒尺寸相仿。因此，Mn 添加对细化高碳珠光体钢（α＋θ）微复相组织的效果较 0.8C 钢和 1Si 钢更为显著。

(a) 120s   (b) 1.8ks

图 3-18   1Mn 钢冷轧及退火不同时间后的显微组织

（3）添加 Cr 的影响

图 3-19 为 1Cr 钢经 90% 冷轧及在 923K 退火不同时间后显微组织的 TEM 照片。可以看出，在 923K 退火 120s 时，组织形貌具有较明显的层片状特征，渗碳

体球化完全，仍然保持被拉长状态的铁素体中看到有很多亚晶界，球状渗碳体大部分分布在晶界或亚晶界处。1Cr 钢冷轧后的退火 1.8ks 的组织形貌与 0.8C 钢、1Mn 钢及 1Si 钢在相图条件下的组织形貌基本相似，即渗碳体球化且铁素体已经发生一定程度的再结晶。保温时间越长，铁素体晶粒及渗碳体颗粒尺寸越大。比较图 3-19 与图 3-17 可以看出，退火时间相同时 1Cr 钢渗碳体颗粒尺寸和铁素体晶粒尺寸均较 1Mn 钢的更小。由此可见，Cr 的添加对重度冷轧及退火后组织的细化作用较 Mn 的添加更明显。合金元素 Si、Mn、Cr 添加，细化了大冷变形及退火后的（α+θ）复相组织，其中 Cr 的细化作用最明显，Mn 的作用次之，Si 的作用相对最小，但是也有较好的细化效果。

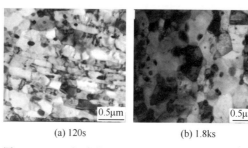

(a) 120s   (b) 1.8ks

图 3-19　1Cr 钢冷轧及退火不同时间后的显微组织

（4）合金元素对珠光体钢大冷变形及退火后组织的影响机制

图 3-20 给出了 1Mn 钢珠光体经 90％冷轧及在 923K 退火 5s 后的 TEM 明场像和暗场像。从图 3-20（a）可以看出，当 1Mn 钢在 923K 退火 5s 时，其退火组织具有明显的层片状特征，但是从其暗场像图 3-20（b）却看出，此时渗碳体片已经

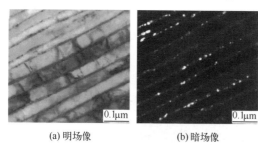

(a) 明场像   (b) 暗场像

图 3-20　1Mn 钢冷轧及退火 5s 后的显微组织

不是层片状，而是由发生了熔断的渗碳体球连接而成，说明经过重度冷变形的渗碳体片球化非常容易发生，等轴铁素体的形成亦即铁素体的再结晶可能要滞后于渗碳体球化。随着退火保温时间的延长，渗碳体颗粒有充分的时间进行长大，进而削弱渗碳体颗粒对铁素体晶粒长大的抑制作用。因此，渗碳体的粗化行为如何，以及如何控制渗碳体颗粒的长大也就成为获得（α+θ）微复相组织的一个关键问题。

1Mn 钢在 923K 退火 30s 时，珠光体层片特征基本消失，渗碳体发生球化，部分铁素体发生再结晶，但组织仍然保持些许方向性。1Si 钢在 923K 退火 30s 和 1Mn 钢在 923K 退火 120s 时铁素体再结晶完全，且退火温度和退火时间相同时，1Mn 钢渗碳体颗粒尺寸和铁素体晶粒尺寸较 1Si 钢的渗碳体颗粒尺寸要小。根据这些结果，Si 和 Mn 对退火组织的细化作用相差不大，其中 Mn 要稍好于 Si。而 1Cr 钢在 923K 退火 120s 时的组织与 1Mn 钢在 923K 退火 30s 时的相似，所以，Cr 对退火组织的细化作用又要明显好于 Mn，也就是说合金元素 Si、Mn 和 Cr 的添加对珠光体钢重度冷轧及退火后组织的细化作用依次增强。

由于合金元素对回复和再结晶的影响归根结底或者说本质上是合金元素对扩散的影响，所以合金元素在对扩散的阻碍作用方面，碳化物形成元素 Cr 明显大于弱碳化物形成元素 Mn，而 Mn 又大于非碳化物形成元素 Si，由此导致合金元素的添加不但显著抑制了渗碳体颗粒的长大，而且使铁素体晶粒尺寸也能达到亚微米尺度，从而形成了铁素体与渗碳体颗粒尺度均在亚微米级的超细微复相组织。

3.2.3　大冷变形后等温退火过程中渗碳体的粗化行为

（1）第三元素添加对大冷变形及退火后珠光体渗碳体粗化行为的影响

0.8C 钢、1Si 钢、1Mn 钢冷轧及退火后珠光体的形貌如图 3-21 所示。从图 3-21 可以看出，经 90%冷轧及在 923K 等温退火 1.8ks 后，三种钢中变形 θ 片全部球化并长大，且渗碳体颗粒尺寸依次减小。

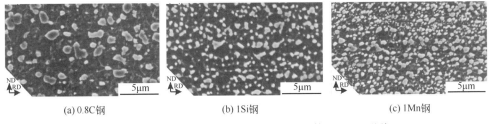

(a) 0.8C 钢　　　　　　(b) 1Si 钢　　　　　　(c) 1Mn 钢

图 3-21　不同钢冷轧及退火 1.8ks 后珠光体的 SEM 形貌

由图像分析软件测得的渗碳体颗粒尺寸（等效圆周直径，ECD）分布结果如图 3-22 所示。显然，就渗碳体颗粒平均直径而言，0.8C 钢的最大，主要分布在 400～1100nm 之间，而且各尺寸颗粒出现的频率相差不大，此时渗碳体颗粒大小很不均匀；1Si 钢的次之，其渗碳体颗粒尺寸大部分分布在 200～600nm 左右，超过 800nm 的颗粒很少，此时渗碳体颗粒均匀性明显好于 0.8C；1Mn 钢的最小，颗粒平均直径大都分布在 100～300nm 附近，400nm 左右的渗碳体颗粒也很少，

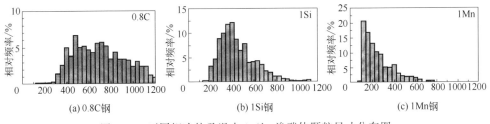

(a) 0.8C 钢　　　　　　(b) 1Si 钢　　　　　　(c) 1Mn 钢

图 3-22　不同钢冷轧及退火 1.8ks 渗碳体颗粒尺寸分布图

而大于 600nm 以上的颗粒几乎没有。与 0.8C 和 1Si 钢相比，重度冷轧及退火后，1Mn 钢渗碳体颗粒更细，分布更趋均匀。

三种钢中的 θ 颗粒的平均 ECD 分别是 $0.77\mu m$、$0.44\mu m$ 和 $0.30\mu m$。很明显，1Si 钢和 1Mn 钢的 θ 颗粒比 0.8C 钢要细得多。也就是说，Mn 和 Si 的加入明显地抑制了珠光体钢大冷变形后退火过程中 θ 颗粒的长大。这也进一步说明，就对 θ 颗粒长大的抑制效果而言，加入 Mn 要比加入 Si 更有效。

θ 颗粒平均 ECD 与退火保温时间关系曲线如图 3-23 所示。可以看出，随着保温时间的延长，θ 颗粒尺寸不断增大，在退火保温时间相同情况下，0.8C 钢中 θ 颗粒尺寸最大，说明添加合金元素 Si、Mn 或 Cr 细化了 θ 颗粒，抑制了 θ 颗粒的粗化。特别是当退火保温时间越长，相同条件下渗碳体颗粒尺寸差异越大，合金元素抑制渗碳体颗粒长大的作用越明显。另外，在 923K 退火时，Mn 和 Si 同时加入对于抑制 θ 颗粒的长大较单独添加 Si 和 Mn 更有效。

由此可见，Cr 对大冷变形及退火后 θ 初始颗粒尺寸的影响最大，且复合添加 Mn 与 Si 的细化效果也非常明显。Cr、Mn、Si 等合金元素的添加有效地抑制了大冷变形后退火过程中 θ 颗粒的长大，相对 0.8C 钢而言，更容易获得（α+θ）微复相组织，且（α+θ）微复相组织更细小。

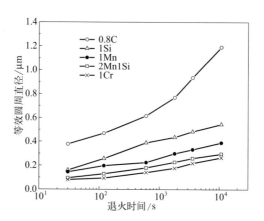

图 3-23 不同钢冷轧及退火后渗碳体颗粒尺寸的变化

（2）大冷变形及退火后珠光体渗碳体颗粒的粗化动力学

Lifshitz-Slyozov-Wagner（LSW）理论[23,24] 认为，碳化物颗粒粗化动力学可以用下式描述：

$$d^q - d_0^q = k_0(t - t_0) \tag{3-5}$$

为了研究碳化物颗粒的粗化机制，式（3-5）可以简化为：

$$d = kt^n \tag{3-6}$$

式中，$n = 1/q$，d_0 为初始碳化物颗粒尺寸；d 为终态碳化物颗粒尺寸；k 和 n 是与溶解度、界面能及原子扩散相关的常数。

根据控制碳化物颗粒粗化机制的不同，参数 n 可以等于 0.2、0.25、0.33 和 0.5。当 n 为 0.2 时，溶质原子的扩散方式主要以沿位错管道扩散为主[25]，n 为 0.25 时主要是沿晶界扩散[26]，n 为 0.33 时以晶格扩散为主，n 为 0.5 时扩散方式以颗粒界面扩散为主[27]。在试验中得到的 n 值范围一般介于 0.1～0.5 之间[28]。

图 3-24 为 90%冷轧后的珠光体钢在 923K 退火过程中渗碳体颗粒粗化动力学曲线。从图 3-24 可以看出，$\lg d$ 与 $\lg t$ 成直线关系，对其进行线性回归处理，得到的 n 值列于表 3-2。图 3-24 中直线的斜率 n 即为粗化方程 $d = kt^n$（d 为碳化物颗粒平均直径，t 为退火时间）中的指数 n，而 k 值则可认为是 θ 球化后长大过程中的初始颗粒尺寸。

表 3-2 列出了各线的斜率 n 值和当横轴 $t = 1$（即保温时间为 1s）时，纵轴 d 的值（即 $\lg k$），由 $\lg k$ 的值得到 k 值。由表 3-2 可知，在 90%冷轧变形及 923K 退火条件下，各试验用钢

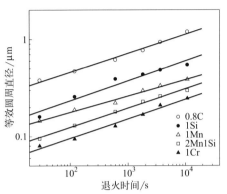

图 3-24　不同钢冷轧及退火过程中渗碳体颗粒粗化动力学曲线

的 n 值由小到大的次序依次为 1Mn、0.8C、2Mn1Si、1Cr 和 1Si，1Mn 钢的 n 值最小（0.168），其他试验用钢的 n 值相差不大，而 1Si 钢的 n 值最大（0.205）。也就是说，除了 1Mn 钢外，其他各试验用钢的时间指数 n 相差不多，且与 0.2 十分接近，说明退火初期溶质原子的扩散方式主要以沿位错管道扩散为主，这与各试验用钢均经 90%的重度冷变形后的组织中引入了大量的位错有关。

表 3-2　试验用钢 90%冷轧及在 923K 条件下的 n 与 k 值

合金钢类型	n	$\lg k$	$k/\mu m$
0.8C	0.194	-0.729	0.187
1Si	0.205	-1.043	0.091
1Mn	0.168	-1.087	0.082
1Cr	0.201	-1.422	0.038
2Mn1Si	0.198	-1.301	0.050

经拟合处理，得到五种钢珠光体经 90%冷轧及在 923K 退火过程中渗碳体颗粒的长大动力学方程（相关系数均在 0.95 以上，t 的单位为 s）如下：

对于 0.8C 钢，$d = 0.190t^{0.194}$（μm）；对于 1Si 钢，$d = 0.091t^{0.205}$（μm）；对于 1Mn 钢，$d = 0.082t^{0.168}$（μm）；对于 1Cr 钢，$d = 0.038t^{0.201}$（μm）；对于

2Mn1Si 钢，$d = 0.050t^{0.198}$（μm）。

（3）合金元素对大冷变形及退火后渗碳体颗粒粗化动力学的影响机制

经重度冷轧，层片状珠光体渗碳体除了可部分地被轧裂或轧碎外，渗碳体内的位错密度大量增加，即缺陷密度增大，体系所贮存的机械能增多，因而可以大大加速退火过程中层片状珠光体的球化。在所添加的合金元素中，Si 是非碳化物形成元素，而 Mn 则是碳化物形成元素，Si 主要分布在珠光体铁素体内或铁素体与渗碳体相界面附近，而 Mn 则既可以存在于铁素体内，又可以在渗碳体中。

在重度冷轧后的高温退火过程中，合金元素在铁素体与渗碳体之间必然要重新分布，也就是说它们将要进行扩散以达到平衡。Si 和 Mn 的添加不但会改变铁素体中碳的扩散系数，同时也改变了碳化物的稳定性。Mn 在与 Fe 形成置换式固溶体的同时，还要进入渗碳体中取代一部分铁原子以形成锰碳化合物，从而增加了碳化物的稳定性，这样不但抑制了大尺寸碳化物颗粒的长大和小颗粒的溶解，而且因为与碳原子结合力的提高减小了碳、铁的扩散系数，进而又阻止了碳化物的汇集长大。因此，1Mn 钢退火后的渗碳体颗粒尺寸远小于 0.8C 钢。

Si 属内表面活性元素，可降低晶界自由能，易吸附到渗碳体颗粒边界附近，对碳的扩散起到抑制的作用，从而减弱渗碳体颗粒的长大倾向，因此 1Si 钢退火后的渗碳体颗粒粒径也明显小于 0.8C 钢。

在 90%冷轧变形及 923K 退火条件下，0.8C、1Si、1Mn、2Mn1Si 及 1Cr 的 k 值依次减小，其中，1Cr 钢 k 值（0.038）最小，0.8C 钢 k 值（0.187）最大。值得注意的是，k 值的排序与渗碳体颗粒平均直径的排序相对应，即 k 值愈小，渗碳体颗粒的直径也愈小，但是渗碳体颗粒平均直径的排序与 n 值排序的关系似乎不十分紧密。为此，式（3-6）分别对 k 及 n 求偏导，得：

$$\frac{\partial d}{\partial k} = t^n = t \cdot t^{n-1} \tag{3-7}$$

$$\frac{\partial d}{\partial n} = nk \cdot t^{n-1} \tag{3-8}$$

$$\frac{\partial d}{\partial k} - \frac{\partial d}{\partial n} = (t - nk) \cdot t^{n-1} \tag{3-9}$$

由表 3-2 可知，在本试验条件下，$nk < 1$，而且由于一般情况下退火时间都应大于 1s，所以，$t \gg nk$，故

$$\frac{\partial d}{\partial k} \gg \frac{\partial d}{\partial n} \tag{3-10}$$

由式（3-10）可以看出，k 对 d 的影响远远大于 n 对 d 的影响，也就是说渗碳体颗粒的大小主要由 k 值决定，相比之下 n 对渗碳体颗粒大小 d 的影响几乎可以忽略。由式（3-6）可知，d 与 k 成正比例，即 d 值随着 k 值的减小而减小。这就是渗碳体颗粒平均直径的排序与 k 值排序相对应，却与 n 值排序关系不大的本质原因。

由于在一定的试验条件下，k 和 n 的值为一确定的常数，因此根据式（3-9）可以看出，t 值越大，$\partial d/\partial k$ 与 $\partial d/\partial n$ 的差值就越大，也就是说，随着退火保温时间的延长，k 对渗碳体颗粒长大抑制作用的影响越强，或者说退火保温时间越长，合金元素添加的影响越大。由此很好地解释了图 3-23 中随着退火保温时间增加，添加 Si、Mn、Cr 的试验用钢中渗碳体颗粒的平均 ECD 与 0.8C 钢中渗碳体颗粒的平均 ECD 相差越大的原因。

3.2.4　大冷变形及退火后 Mn 在铁素体与渗碳体之间的分配

图 3-25 为 90％冷轧后的 1Mn 钢珠光体在 923K 退火不同时间后元素 Mn 在渗碳体与铁素体中的质量分数与原子分数。从中可以看出，Mn 在渗碳体中的质量（原子）分数明显大于其在铁素体中的质量（原子）分数。并且随着退火时间的延长，Mn 在铁素体中的质量（原子）分数逐渐下降，而在渗碳体中的质量（原子）分数逐渐上升。文献 [29] 指出，在 923K 保温时，Mn 主要存在于渗碳体中。可见在 923K 退火过程中，Mn 发生自扩散，逐渐从铁素体中扩散到渗碳体中。

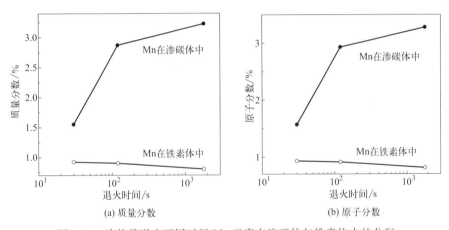

(a) 质量分数　　　　　　　　　　(b) 原子分数

图 3-25　冷轧及退火不同时间 Mn 元素在渗碳体与铁素体中的分配

3.3　合金元素对冷轧后退火过程中渗碳体颗粒粗化行为的影响

3.3.1　碳化物形成元素的影响

（1）Cr 与 Mn 的添加对渗碳体平均颗粒尺寸的影响

试验所用的 1Mn 钢和 1Cr 钢，在冷轧 90％及 650℃退火过程中，由于合金元素 Cr 与 Mn 的添加抑制了渗碳体颗粒的长大，故在相同退火时间内 1Mn 钢与 1Cr

钢中渗碳体颗粒明显小于0.8C钢中的渗碳体颗粒。

图 3-26 给出了试验用钢经 90％冷轧及在 650℃退火 30min 后珠光体渗碳体的 SEM 形貌及平均尺寸。从图 3-32 可以看出，与 0.8C 钢相比，添加合金元素 Mn 和 Cr 后，渗碳体颗粒的长大过程被显著抑制，而且加 Cr 抑制渗碳体粗化的效果最强，加 Mn 次之。测得 650℃退火 1.8ks 后渗碳体颗粒的平均尺寸分别为 $0.77\mu m$（0.8C 钢）、$0.29\mu m$（1Mn 钢）、$0.17\mu m$（1Cr 钢），可见 Mn 和 Cr 添加后渗碳体颗粒尺寸明显减小。

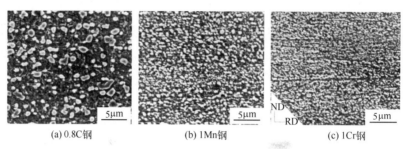

(a) 0.8C钢   (b) 1Mn钢   (c) 1Cr钢

图 3-26 试验用钢冷轧及退火 30min 后珠光体的 SEM 形貌及平均尺寸

图 3-27 给出了试验用 1Mn 及 1Cr 钢经 90％冷轧及在 650℃退火不同时间后的渗碳体晶粒平均尺寸的变化。其中，所统计的渗碳体颗粒尺寸数据是整个试样中的渗碳体颗粒，没有区分粗晶区（CGR）与细晶区（FGR）。从图中可以看出，各

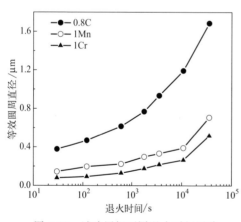

图 3-27 试验用钢不同退火时间后渗碳体颗粒平均尺寸的变化

试验用钢渗碳体颗粒尺寸均随着退火时间的延长而逐渐增大，并且在整个退火过程中（30s～36ks）Cr 和 Mn 添加后渗碳颗粒尺寸均小于 0.8C 钢的渗碳体颗粒尺寸。在相同退火条件下，1Cr 钢中的渗碳体颗粒小于 1Mn 钢中的渗碳体颗粒。1Cr 钢与 1Mn 钢渗碳体颗粒在退火 10.8ks 内尺寸增加比较缓慢，而退火时间超过 10.8ks 后渗碳体颗粒粗化明显。显然，退火时间较长时（>36ks），合金元素 Cr 与 Mn 抑制渗碳体粗化的作用减小。为了进一步研究合金元素添加对渗碳体颗粒粗化机制的影响，绘制 $\lg d$（ECD 的对数）与 $\lg t$（时间对数）之间关系的曲线。

图 3-28 为 1Cr 与 1Mn 钢 90％冷轧及在 650℃退火过程中渗碳体颗粒的粗化动力学曲线（双对数坐标）。从图 3-34 中可以看出，1Cr 钢与 1Mn 钢渗碳体颗粒的

粗化动力曲线与 0.8C 钢的相似，均存在阶段性变化，但是当退火时间超过 10.8ks 时，1Cr 钢与 1Mn 钢存在第三阶段。对图中曲线拟计算，可以得到对应不同阶段的 n 值。

在第一阶段（退火初期），1Mn 钢和 1Cr 钢的 n 值分别为 0.14 与 0.16（均小于 0.2），表明溶质原子的扩散方式属于一维的，主要沿着位错管道扩散；在第二阶段，它们的 n 值分别为 0.19 与 0.23，相对第一阶段来讲均有所增大，这与退火过程中由铁素体再结晶引起溶质原子扩散途径的发生变化有

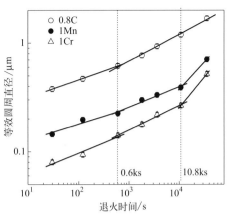

图 3-28　冷轧及退火过程中渗碳体
颗粒的粗化动力学曲线

关。显然，钢中加入 Cr、Mn 后在一定程度上降低了第一阶段与第二阶段的 n 值，这主要由于 Cr、Mn 与 C 的亲和力比 Fe 与 C 之间的大，其加入后增加了退火阶段碳原子的扩散激活能。1Mn 钢与 1Cr 钢第三阶段（10.8～36ks）的 n 值分别为 0.495 与 0.550，增大效果明显，可见该阶段合金元素抑制渗碳体颗粒粗化的作用减弱。由于该阶段的 n 值拟合数据点只有两个，对于这两种钢而言，第三阶段的 n 值的大小只具有参考意义。

（2）Cr 与 Mn 的添加对不同区域渗碳体颗粒粗化行为的影响

研究表明，1Mn 钢与 1Cr 钢冷轧退火后组织与 0.8C 钢相似，均存在粗晶区（CGR）与细晶区（FGR）的组织特征。为了进一步研究这两种试验用钢中不同区域内渗碳体颗粒的粗化行为，同时分析添加合金元素 Mn 与 Cr 的影响，对上述两区域内两种钢退火不同时间试样渗碳体颗粒尺寸的变化进行了统计，其结果见图 3-29。

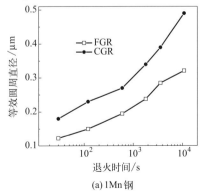

(a) 1Mn 钢

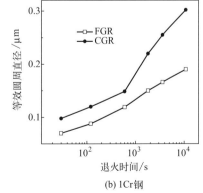

(b) 1Cr 钢

图 3-29　90％冷轧及 650℃退火不同区域渗碳体颗粒尺寸的变化

从图 3-29 可以看出，无论对于 1Mn 钢还是 1Cr 钢，粗晶区（CGR）的渗碳体颗粒尺寸均大于细晶区（FGR）的渗碳体颗粒尺寸，而且随着退火时间的延长，渗碳体颗粒逐渐长大。另外，1Mn 钢与 1Cr 钢粗晶区渗碳体颗粒粗化也存在阶段性变化，而在细晶区，这种阶段性变化不明显，两者皆与 0.8C 钢相似，但由于 Cr、Mn 的加入，各区域渗碳体颗粒的尺寸均大幅度减小。为了进一步研究合金元素添加对不同区域渗碳体颗粒粗化机制的影响，针对不同区域的渗碳体分别绘制 $\lg d$（ECD 的对数）与 $\lg t$（时间对数）之间关系的曲线，如图 3-30 所示。

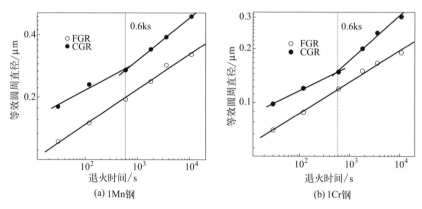

(a) 1Mn 钢　　　　　　　　　(b) 1Cr 钢

图 3-30　90％冷轧及 650℃退火不同区域渗碳体粗化动力学曲线

从图 3-30 可以看出，两种试验用钢粗晶区（CGR）渗碳体颗粒粗化机制存在明显的阶段性变化，而细晶区（FGR）的粗化机制则不存在阶段性变化，这些特征均与 0.8C 钢的非常相似。对图中数据进行拟合得出的各 n 值列于表 3-3。

表 3-3　1Mn 钢与 1Cr 钢不同区域内退火各阶段对应的 n 值

类型	(30s～0.6ks)n_1		(0.6～10.8ks)n_2	
	CGR	FGR	CGR	FGR
0.8C	0.147	0.224	0.247	0.224
1Mn	0.134	0.170	0.206	0.170
1Cr	0.137	0.176	0.242	0.176

从表 3-3 可以看出，0.8C 钢在冷轧后退火过程中，不同区域的珠光体渗碳体粗化机制存在明显差异。粗晶区渗碳体颗粒粗化规律存在阶段性变化，即 n_1 值和 n_2 值分别为 0.147 和 0.247，显然，当退火时间少于 0.6ks 时，碳原子以沿位错管道扩散为主，而当退火时间介于 0.6ks 与 36ks 之间时，碳原子主要沿晶界扩散；细晶区渗碳体颗粒粗化速率在退火 10.8ks 以内基本没有变化，n 值均为 0.224，即碳原子以晶界扩散为主。粗晶区 n_1 均小于 n_2，这是由于在退火初期阶段（0.6ks 以内）碳原子的扩散途径主要是冷变形引入的缺陷（位错、空位等）。

随着退火时间的延长，铁素体发生再结晶，冷变形引入的缺陷数量逐渐减少，从而使溶质原子的扩散方式由沿位错管道等缺陷扩散逐渐向沿晶界扩散转化，故 n 值变大；细晶区在退火 10.8ks 时间内 n 值没有出现阶段性变化，也就是说，在整个退火过程中碳原子的扩散途径基本上没有发生明显变化，表明细晶区渗碳体粗化动力学受冷变形引入的缺陷影响不大。相对于粗晶区而言，细晶区内无论铁素体晶粒还是渗碳体颗粒的尺寸都要小很多，且存在大量的亚晶界[30]，故其渗碳体颗粒长大动力学更多地受控于晶界或亚晶界扩散，从而使 n 值（0.8C 钢）为 0.224，介于 0.2～0.25 之间。碳化物形成元素 Cr、Mn 的添加，降低了碳原子的扩散系数，有效地抑制了退火过程中粗晶区与细晶区渗碳体颗粒的粗化，降低了 n 值，但是对溶质原子的扩散方式影响不大。

3.3.2　非碳化物形成元素的影响

（1）Si 的添加对渗碳体平均颗粒尺寸的影响

对于 1Si 钢，在 90% 冷轧及 650℃ 退火过程中，由于合金元素 Si 的加入，抑制了渗碳体颗粒的粗化，在相同退火时间时，1Si 钢中渗碳体颗粒平均尺寸小于 0.8C 钢中的渗碳体颗粒的平均尺寸。图 3-31 给出了试验用钢经 90% 冷轧及在 650℃ 退火 30min 后珠光体渗碳体的 SEM 形貌及平均尺寸。从图中可以看出，与 0.8C 钢相比，添加 Si 后渗碳体颗粒的长大过程被抑制。测得 650℃ 退火 1.8ks 后的渗碳体颗粒平均尺寸分别为 0.77μm（0.8C 钢）和 0.44μm（1Si 钢）。由此可见，Si 添加后渗碳体的颗粒尺寸有所减小，但是与 Mn、Cr 添加相比，其抑制作用相对较弱。

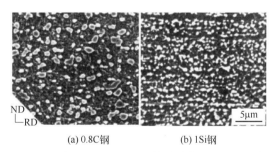

(a) 0.8C钢　　　　　　　(b) 1Si钢

图 3-31　冷轧及退火后珠光体渗碳体的 SEM 形貌

图 3-32 为 1Si 钢经 90% 冷轧及 650℃ 退火后的渗碳体颗粒尺寸的变化曲线，同时给出了相同实验条件下 0.8C 钢的对比结果。这里需要指出的是，图 3-32 中渗碳体颗粒尺寸的数据是对整个照片上所有渗碳体颗粒尺寸的统计结果，当然既包括了粗晶区又包括了细晶区的渗碳体颗粒。从图中可以看出，1Si 钢渗碳体颗粒尺寸随着退火时间的延长而逐渐增大，并且在整个退火过程中（30s～36ks）Si 添加后渗碳颗粒尺寸均小于 0.8C 钢的渗碳体颗粒。此外，1Si 钢渗碳体颗粒在退火

10.8ks 内尺寸增加比较缓慢，而当退火时间超过 10.8ks 后则迅速粗化。由此可见，当退火时间较长时（>36ks），Si 抑制渗碳体颗粒粗化的作用减弱。为了进一步研究 Si 添加对冷轧及退火后珠光体渗碳体颗粒粗化机制的影响，将图 3-32 曲线转换成 lg$d$（ECD 的对数）与 lg$t$（时间对数）之间的关系曲线（图 3-33）。

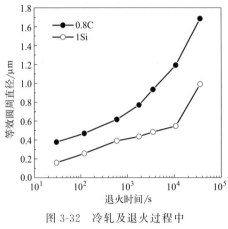

图 3-32　冷轧及退火过程中
渗碳体颗粒尺寸的变化

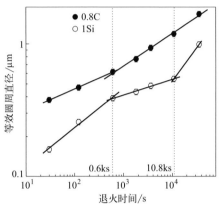

图 3-33　冷轧后退火过程中
渗碳体颗粒的粗化动力学曲线

对图 3-33 中数据点进行拟合，得到 1Si 钢在冷轧后退火的不同阶段所对应的 n 值。显然，1Si 钢在退火第一阶段（约 0.6ks）的 n_1 值为 0.296，第二阶段（0.6~10.8ks）的 n_2 值为 0.118，即相对于第一阶段明显减小，第三阶段（10.8~36ks）的 n_3 值则为 0.495。由于第三阶段的 n 值拟合数据点只有两个，故该 n 值参考意义不大。对于加入非碳化物形成元素 Si 的 1Si 钢而言，在退火初期（约 0.6ks）n_1 约为 0.296，远大于其他合金（0.8C、1Mn 与 1Cr）的 n_1 值，表明在退火初期 Si 的加入加速了渗碳体颗粒的长大，这应该与 Si 在合金中的存在形式有关。Si 为非碳化物形成元素，Hultgren 和 Kuo 指出[31]，在 700℃ 保温时 Si 在渗碳体与铁素体中的分配系数分别为 3 和 103，可见 Si 主要存在于铁素体中。由于重度冷变形使部分渗碳体溶解，即增加了 α-Fe 的碳含量，使退火初期（约 0.6ks）α-Fe 中的 Si 加速了 α-Fe 内的排碳过程，从而加大了渗碳体颗粒的粗化速度。继续保温即在第二阶段（0.6~10.8ks），元素 Si 抑制渗碳体粗化的作用表现明显。在第二阶段 1Si 钢的 n 值最小，这是因为在继续保温过程中 Si 元素自扩散，在渗碳体与铁素体界面发生偏聚，从而强烈抑制了渗碳体的溶解与长大。

（2）Si 的添加对不同区域渗碳体粗化行为的影响

对于 1Si 钢，重度冷轧及退火后的组织与 0.8C 钢的相似，均存在粗晶区与细晶区的组织特征。为了进一步研究 Si 添加对不同区域（粗晶和细晶区）渗碳体颗粒粗化行为的影响，分别对退火不同时间试样中这两个区域的渗碳体颗粒尺寸进行统计，其结果如图 3-34 所示。

从图 3-34 可以看出，对于 1Si 钢，粗晶区（CGR）的渗碳体颗粒尺寸均大于细晶区（FGR）的渗碳体颗粒尺寸，而且随着退火时间的延长，渗碳体颗粒逐渐长大。另外，1Si 钢粗晶区与细晶区渗碳体颗粒粗化动力学曲线均存在阶段性变化，退火初期渗碳体粗化速度较快，继续退火，渗碳体粗化速度减缓。为了进一步研究添加 Si 对不同区域渗碳体颗粒粗化机制的影响，针对不同退火时间试样中不同区域的渗碳体颗粒尺寸，分别绘制 lg$d$（ECD 的对数）与 lg$t$（时间对数）之间关系的曲线，如图 3-35 所示。

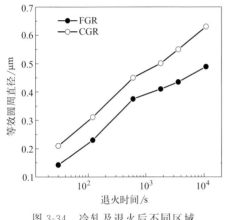

图 3-34　冷轧及退火后不同区域
渗碳体颗粒尺寸变化

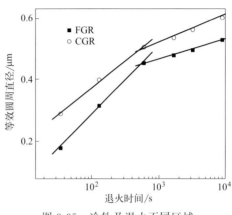

图 3-35　冷轧及退火不同区域
渗碳体粗化动力学曲线

从图 3-35 可以看出，1Si 钢粗细晶区渗碳体粗化机制均存在明显的阶段性变化，这些特征与 0.8C 钢明显不同，对图中数据进行拟合得出相对应的各 n 值列于表 3-4。从表 3-4 可以看出，对于 1Si 钢，无论是粗晶区（CGR）还是细晶区（FGR）而言，其第一阶段的 n 值均明显大于第二阶段 n 值。粗晶区与细晶区的 n_1 值分别为 0.253 和 0.324，可见 Si 的添加增加了冷轧铁素体的排碳倾向，改变了碳原子的扩散途径，且退火初期冷变形缺陷也强烈影响了碳原子的扩散方式，两者共同作用的结果决定了第一阶段 n 值的大小。另外，粗晶区与细晶区 n 值的不同，也说明了冷变形对不同区域影响的效果是存在差别的。1Si 钢在退火第二阶段 n 值的明显减小，可能与随着退火时间的延长 Si 在渗碳体与铁素体界面处偏聚程度加重相关。

表 3-4　1Si 钢在不同区域各阶段对应的 n 值

类型	(30s～0.6ks)n_1		(0.6～10.8ks)n_2	
	CGR	FGR	CGR	FGR
0.8C	0.147	0.224	0.247	0.224
1Si	0.253	0.324	0.120	0.10

3.4 大冷变形及退火后珠光体钢的力学性能

珠光体钢经大冷变形后退火过程中可形成具有（α+θ）微复相结构的组织，具有这种组织特征的高碳钢力学性能的优劣，将直接影响超细晶粒高碳钢板材加工工艺的应用前景。为了进一步了解其力学性能，对大冷变形后的试样进行了不同条件下的退火处理，得到了具有（α+θ）微复相的结构组织，其组织形貌在3.3节已经进行了详细说明，本节主要研究退火时间与温度对其力学性能的影响，并讨论合金元素添加后力学性能的变化规律。

3.4.1 大冷变形后不同退火条件下珠光体钢的力学性能

试验所用0.8C钢经90％冷轧及在923K退火不同时间后的拉伸性能如图3-36所示。从图可以看出，与冷轧态相比，对于923K退火，随着退火时间的延长，0.8C钢的强度下降，延伸率提高。923K退火30s时，0.8C钢的抗拉强度（TS）与屈服强度（YS）迅速下降，TS从冷轧后的1366MPa下降到875MPa，YS则从冷轧后的1524MPa下降到815MPa，而延伸率Eu与Et变化不大。继续保温过程中，尽管强度下降已不十分剧烈，但塑性增加却很明显。退火1.8ks时总延伸率（Et）与均匀延伸率（Eu）分别为24.0％和18.9％，明显高于冷轧后及等温转变后（层片状珠光体）的塑性，且562MPa的YS相对于等温转变后496MPa也提高66MPa，但是TS较等温转变后的要小。从图3-36还可以看出，随着退火时间的延长，0.8C钢的屈强比（YS与TS的比值）逐渐增加，经90％冷轧后的屈强比为0.90，923K退火30s为0.93，退火120s及1.8ks后则为0.98，而等温转变态（层片状珠光体）的屈强比仅为0.65。由此可见，经90％冷轧后再在923K退

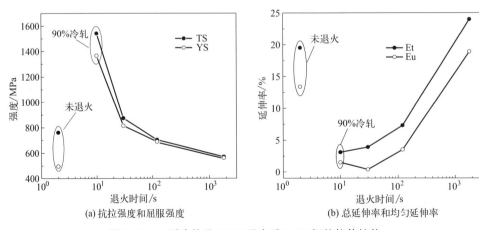

(a) 抗拉强度和屈服强度　　　　(b) 总延伸率和均匀延伸率

图 3-36　90％冷轧及923K退火后0.8C钢的拉伸性能

火，珠光体钢在获得超微细（α＋θ）复相组织的同时，钢的塑性得到明显改善，屈强比也进一步提高。

试验所用 0.8C 钢经 90％冷轧及在 723K 退火不同时间后的拉伸性能如图 3-37 所示。从图 3-37 可以看出，0.8C 钢经 90％冷轧后再在 723K 退火过程中，随着退火时间的延长，TS 与 YS 逐渐下降，退火 30s 后 TS 与 YS 分别从 90％冷轧态的 1524MPa 与 1366MPa，下降到 1357MPa 与 1242MPa。显然，与 923K 相同时间退火相比，强度下降幅度较小，延伸率却明显改善，从冷轧后的 1.5％（Eu）与 3.1％（Et）增加到 5.1％（Eu）与 6.6％（Et）。继续退火过程中，延伸率与抗拉强度又均有所减小。从图 3-37 还可以看出，随着退火时间的延长，屈强比逐渐增加。不同条件下屈强比分别为 0.92（30s）、0.94（120s）和 0.99（1.8ks），均大于等温转变态（层片状珠光体）的屈强比。

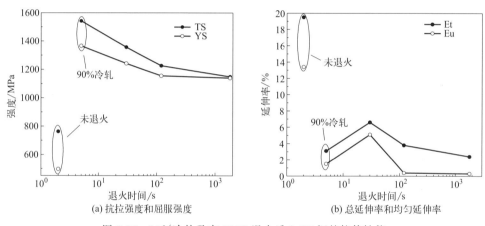

图 3-37　90％冷轧及在 723K 退火后 0.8C 钢的拉伸性能

当退火时间相同时，退火温度越高，试样的抗拉强度越低。在 723K 退火时试样的强度明显高于在 923K 退火时的强度，且在 923K 退火时强度下降更迅速（图 3-36 与图 3-37）。在 723K 与 923K 退火均能改善 0.8C 钢的屈强比，且退火时间愈长，屈强比愈接近 1。在 923K 较长时间退火能明显改善材料的塑性，而经 723K 较长时间退火并不能显著改善材料的塑性。在 723K 退火 30s 时的塑性也较好（Eu 与 Et 分别为 5.1％和 6.6％），且强度较高（TS 与 YS 分别为 1357MPa 和 1242MPa），具有良好的强度与塑性平衡。

3.4.2　合金元素对大冷变形及退火后珠光体钢力学性能的影响

（1）添加 Mn 的影响

图 3-38 为 1Mn 钢与 2Mn 钢经 90％冷轧再在 723K 退火不同时间条件下的拉伸性能。从图 3-38 可以看出，90％冷轧后 2Mn 钢的抗拉强度（YS 与 TS）比

1Mn 钢大，且这两种钢的抗拉强度明显高于 0.8C 钢的抗拉强度。在相同保温时间条件下，2Mn 钢的 YS 与 TS 均分别高于 1Mn 钢的 YS 与 TS，而且也均明显高于 0.8C 钢相应的强度。另外，退火后加 Mn 钢的塑性较 0.8C 钢也有明显改善，1Mn 与 2Mn 钢退火 30s 后塑性最好，分别达到 6.4％（Eu）、7.7％（Et）与6.6％（Eu）、7.7％（Et）。退火保温时间继续延长，1Mn 钢与 2Mn 钢的塑性较0.8C 钢明显改善，且有较高的强度，但是屈强比有所降低。1Mn 钢退火 30s、120s 和 1.8ks 条件下的屈强比分别为 0.89、0.85 和 0.86；2Mn 钢退火 30s、120s 和 1.8ks 条件下的屈强比分别为 0.85、0.86 和 0.90，但是仍大于等温处理态（层片状珠光体）的屈强比。可见 1Mn 钢与 2Mn 钢不仅在 723K 退火 30s 时均具有良好的强度与塑性平衡，而且退火 120s 与 1.8ks 时仍然有较好的强度与塑性平衡，即 Mn 的加入明显提高了 723K 退火后共析钢的强度与塑性，而且 Mn 含量越高，改善作用越明显。

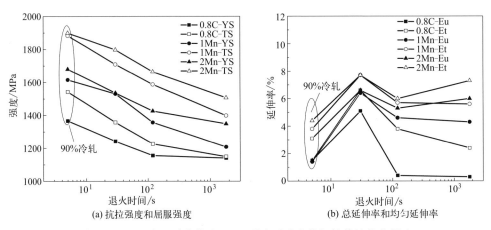

(a) 抗拉强度和屈服强度　　　　　(b) 总延伸率和均匀延伸率

图 3-38　Mn 对 90％冷轧及 723K 退火后珠光体钢拉伸性能的影响

图 3-39 为 1Mn 钢与 2Mn 钢经 90％冷轧再在 923K 退火不同时间条件下的拉伸性能。从图 3-39 可以看出，在相同的退火条件下，1Mn 钢与 2Mn 钢的强度均大于 0.8C 钢，而在 1Mn 钢与 2Mn 钢之间，后者的强度略大，表明 Mn 的添加不但可以提高具有（α+θ）微复相组织共析钢的强度，而且 Mn 含量越高，强度提高越多。就同一种钢而言，随着轧后退火时间的延长，钢的屈服强度更加接近抗拉强度，即屈强比越接近于 1。

另一方面，随着退火保温时间的延长，1Mn 钢与 2Mn 钢的延伸率均有所增加。在 923K 退火 30s 后，1Mn 钢与 2Mn 钢的 Eu 及 Et 均明显增加，且均大于0.8C 钢。对于加锰钢（2Mn 钢与 1Mn 钢），其 Eu、Et 在 30s 与 120s 之间出现了一个较明显的平台，这与 Chen 等人所报告的 0.5C-0.6Mn-0.3Si 钢中[32] 的结果相似。923K 退火 30s 时的强度也明显高于相同条件下 0.8C 钢的强度。可见 Mn

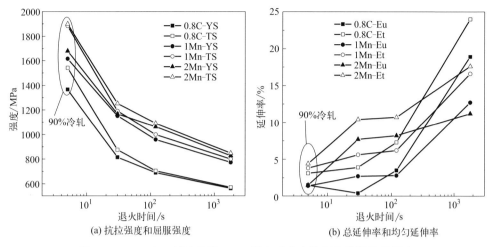

(a) 抗拉强度和屈服强度   (b) 总延伸率和均匀延伸率

图 3-39   Mn 对 90％冷轧及 923K 退火后珠光体钢拉伸性能的影响

的添加确实对改善具有（α＋θ）微复相组织共析钢的塑性及强度平衡具有重要作用。

（2）添加 Si 的影响

图 3-40 为经 90％冷轧及在 723K 退火不同时间后 1Si 与 2Si 钢的拉伸性能。从图 3-40 可以看出，当在 723K 退火时间相同时，对于 1Si 钢和 2Si 钢，不论 TS 还是 YS，前者均小于后者，但是它们又均大于 0.8C 钢的强度。随着退火保温时间的延长，各钢的 TS 与 YS 均逐渐降低。1Si 钢退火 30s、120s 和 1.8ks 条件下的屈强比分别为 0.89、0.88 及 0.87，而 2Si 钢退火 30s、120s 和 1.8ks 条件下的屈强比则分别为 0.86、0.85 和 0.85。显然，这与加 Mn 的效果有所不同（见 5.3.1 节）。由此可见，与 0.8C 钢相比，在 723K 退火时 Si 的加入对提高屈强比

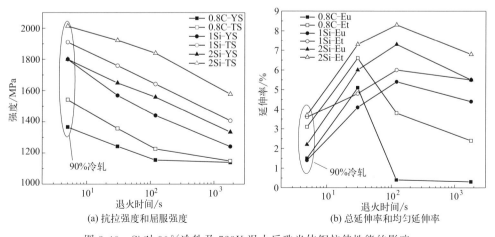

(a) 抗拉强度和屈服强度   (b) 总延伸率和均匀延伸率

图 3-40   Si 对 90％冷轧及 723K 退火后珠光体钢拉伸性能的影响

作用不大。Si 的加入改善了较长时间退火（120s，1.8ks）后材料的塑性，且随着 Si 含量的增加，作用愈明显。在 723K 退火 120s 时 1Si 钢与 2Si 钢的塑性最好，分别为 5.4%（Eu）、6.0%（Et）与 7.3%（Eu）、8.3%（Et），同时具有较高的强度，分别为 1440MPa（YS），1642MPa（TS）与 1558（YS）1839（TS）。

图 3-41 为 90% 冷轧及在 923K 退火不同时间后的 1Si 与 2Si 钢的拉伸性能，从图 3-41 中可以看出 923K 退火时间相同时，1Si 钢的强度 YS 与 TS 均小于 2Si 钢的相应强度，但是相差不大，且均大于 0.8C 钢相应的强度。不管是 YS 还是 TS 均随着保温时间的延长逐渐降低，在短时间退火 30s 时，这两种钢的强度明显下降，在继续保温过程中下降趋势减弱。材料的塑性随着保温时间的增加，明显得到改善，且退火时间越长材料塑性越好。退火 30s 与 120s 时 2Si 的塑性好于 1Si 钢，但在 1.8ks 退火后，1Si 的塑性要优于 2Si 钢的塑性。与 0.8C 钢相比 30s 及 120s 退火后这两种材料的塑性均优于 0.8C 钢相应的塑性，且长时间（如 1.8ks）退火并加入 Si 后材料的塑性与 0.8C 钢也比较接近。

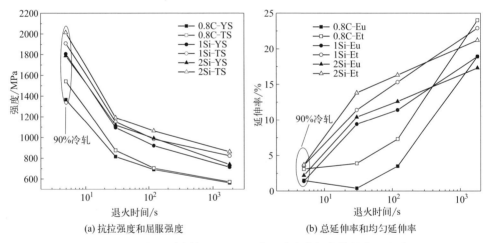

(a) 抗拉强度和屈服强度　　　　(b) 总延伸率和均匀延伸率

图 3-41　Si 对 90% 冷轧及 923K 退火后珠光体钢拉伸性能的影响

（3）复合添加 Mn 和 Si 的影响

图 3-42 为 90% 冷轧及退火后 2Mn1Si 钢的力学性能，分别列出了在 723K 及 923K 退火不同时间后的拉伸性能。从图 3-42 中可以看出，2Mn1Si 钢 723K 退火 30s 时材料的强度，包括 YS 和 TS 均较冷轧时有所增加，并且塑性（Eu 与 Et）较冷轧时有大幅提高，Eu 与 Et 分别从 2.1% 与 4.3% 提高到 5.4% 与 6.8%。30s 退火后材料的强度分别为 YS（1722MPa）与 TS（1930MPa）。与单独添加 Mn 与 Si 的合金相比，强度比 2Mn 钢与 1Si 钢都高，塑性比 1Si 钢要好，与 2Mn 钢相仿。723K 继续退火过程中 2Mn1Si 钢的强度随着时间延长缓慢降低，而塑性有所增加但增幅不大。723K 退火不同时间后 2Mn1Si 钢的屈强比分别为 0.892（30s）、

0.855（120s）和 0.855（1.8ks）。923K 退火时材料的强度随着保温时间的延长单调下降，而退火 30s 时的塑性优于 120s 退火时的塑性。923K 退火 30s 时塑性为 Eu（9.5%）与 Eu（11.7%），强度分别为 YS（1405MPa）与 TS（1539MPa），可见具有良好的强度塑性平衡。923K 退火不同时间后材料的屈强比分别为 0.91（30s）、0.917（120s）和 0.840（1.8ks）。

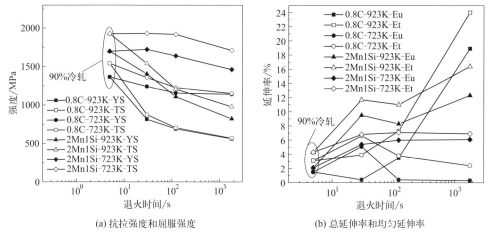

(a) 抗拉强度和屈服强度　　　　　　(b) 总延伸率和均匀延伸率

图 3-42　90%冷轧及退火后 0.8C 及 2Mn1Si 钢的力学性能

（4）添加 Cr 的影响

图 3-43 为 90%冷轧在 723K 及 923K 退火后 1Cr 钢的拉伸性能。723K 退火 30s 及 120s 后材料的强度与冷轧后的相近，而塑性较冷轧后有明显改善。723K 退火 30s 后材料的强度最高，塑性最好。723K 退火 30s 后材料的塑性为 Eu（6.2%）与 Et（8.6%）；强度分别为 YS（1631MPa）与 TS（1866MPa）。在继续保温过程中强度有所下降，塑性也小幅下降。723K 退火不同时间后 1Cr 钢的屈强比分别为

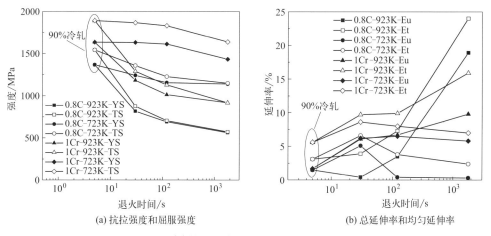

(a) 抗拉强度和屈服强度　　　　　　(b) 总延伸率和均匀延伸率

图 3-43　90%冷轧及退火后 0.8C 及 1Cr 钢的力学性能

0.874（30s）、0.880（120s）和0.875（1.8ks）。923K退火时1Cr钢的强度虽然随着保温时间的延长迅速下降，但塑性得到了明显改善。30s与120s退火后材料的塑性变化不明显。923K退火不同时间后1Cr钢的屈强比分别为0.917（30s）、0.897（120s）和1.0（1.8ks）。可见1Cr钢在923K退火后较723K退火后屈强比高、强度低、塑性好。

3.4.3 大冷变形及退火处理条件下高碳钢的强化机制

（1）具有（α+θ）微复相组织高碳钢的强化机制

对于（α+θ）微复相组织的强度来说，α中位错的平均自由程是需要考虑的最重要的因素之一。Liu和Gurland[33]在报道碳含量0.065%～1.46%回火钢的力学性能随α晶粒尺寸及渗碳体颗粒分布而变化的情况时指出，低碳钢或中碳钢（低于0.3%C）的强度几乎与α晶粒尺寸的−1/2幂成正比（即符合Hall-Petch关系），而高碳钢或超高碳钢（超过0.55%C）的强度则与渗碳体颗粒间距（λ_θ）的−1/2幂成正比。近年来，Sherby等人系统地研究了超高碳钢的强度与显微组织之间的关系。Syn等人[34]曾指出，在中碳、高碳和超高碳钢中，YS与渗碳体颗粒间距λ_θ以及α晶粒平均尺寸d_α的−1/2次幂成正比，并且此关系可描述为如下形式：

$$YS = 310 \cdot \lambda_\theta^{-1/2} + 460 \cdot d_\alpha^{-1/2} \tag{3-11}$$

式中，λ_θ与d_α的单位是μm。

0.8C钢经90%冷轧及在923K退火120s后，其λ_θ与d_α分别达到0.75μm和1.35μm。根据式（3-11）算得的YS大约为750MPa，与实测结果非常接近，这说明式（3-11）适于重度冷轧及退火后（α+θ）微复相组织的情况。

然而，由于在添加合金元素条件下，Hall-Petch关系式中的系数随合金成分的改变将发生很大变化[35,36]，故此时需要对式（3-11）中的系数进行修正。对于本研究中的1Mn钢，式（3-11）中λ_θ与d_α的系数分别约为340和140。显然，加入锰或硅后，由于固溶强化以及θ颗粒与α晶粒的细化，α相得到强化。因此，加锰钢和加硅钢的强度总是比0.8C钢大得多，尤其当退火温度较高的时候。

近来又有人[37]指出，θ晶粒越细小，加工硬化指数越大，Eu越好，即弥散分布的θ相对于改善超细晶粒铁素体钢的延性（尤其是Eu）也是非常重要的。在本研究中，相对于0.8C钢而言，由于Mn或Si的加入而引起的渗碳体颗粒的细化使重度冷轧及退火后的Eu显著提高，这与上述结果是非常一致的。

（2）具有（α+θ）微复相组织高碳钢最佳力学性能的获得

如前所述，与90%冷轧态试样相比，在90%冷轧后再经723K退火的情况下强度与延性的良好配合存在着一个时间间隔（30s或120s），且所有加Mn、Si及Cr的钢其Eu均显著提高，而TS（1700～1900MPa）与YS（1450～1750MPa）

却未明显下降。由于在 723K 退火保温 30s 时对应着 θ 球化的初始阶段，尤其在 α/θ 相界面附近位错密度的减小将会引起冷轧珠光体内残留内应力的显著减小，从而使相应的应力集中程度得到缓解。因此，与冷轧状态时相比延性大大改善了。

另一方面，重度冷轧变形会引起 θ 相的溶解，致使 α 中的碳浓度升高。重度冷轧后在 723K 退火过程中，伴随着应变时效，α 中的碳浓度也发生变化，退火过程中过饱和铁素体内有碳化物析出。保温时间越长，铁素体中的碳化物析出得越多。由于 α 相中间隙原子与位错之间的界面能比碳和 Fe 之间的键合能要大[38,39]，因此，不均匀分布的碳原子将偏聚在 α 内的位错周围（或其他缺陷），形成 Cottell 气团[40]，并且在随后的热处理过程中发生应变时效，从而使珠光体钢在经过 90% 冷轧及在 723K 退火 30～120s 后，位错移动更加困难，强度（YS 与 TS）明显高于 0.8C 钢，特别是对于 2Mn1Si 钢。此外，α 中的 I-S 原子如 C-Mn（或 C-Si）的存在，在很大程度上对强度提高也有所贡献。由于 α 相的回复所引起的应变时效、应力松弛等一系列组织变化，使珠光体钢在重度冷轧及随后 723K 退火过程中强度与延性的良好配合得以充分保证。

参 考 文 献

[1] Daitoh Y，Hamada T．Microstructures of heavily-deformed high carbon steel wires [J]．Tetsu-to-Hagané，2000，86（2）：105．

[2] Sauvage X，Copreaux J，Danoix F，et al．Atomic-scale observation and modelling of cementite dissolution in heavily deformed pearlitic steels [J]．Philos．Mag．：A，2000，80A：781．

[3] Danoix F，Julien D，Sauvage X，et al．Direct evidence of cementite dissolution in drawn pearlitic steels observed by tomographic atom probe [J]．Mater．Sci．Eng．：A，1998，250：8．

[4] Langford G．Substructure and strengthening of heavily deformed single and two-phase metallic materials [J]．Metall．Trans，1977，8A：861．

[5] Takahashi T，Nagumo M，Asano Y．Flow stress and work-hardening of pearlitic steel [J]．J．Jpn．Inst．Metal．，1978，42：708．

[6] Fasiska E J，Wagenblast H．Dilation of alpha iron by carbon [J]．Trans TMS-AIME，1967，239：1818．

[7] Nam W J，Bae C M，Oh S J，et al．Effect of interlamellar spacing on cementite dissolution during wire drawing of pearlitic steel wires [J]．Scripta Mater．，2000，42（5）：457-463．

[8] Gavriljuk V G．Decomposition of cementite in pearlitic steel due to plastic deformation [J]．Mater．Sci．Eng．：A，2003，345：81-89．

[9] Hollonmon J H．The effect of heat treatment and carbon content on the work hardening characteristics of several steels [J]．Trans of ASM，1944，32：123-133．

[10] 翁宇庆等. 超细晶粒钢——钢的组织细化理论与控制技术 [M]. 北京：冶金工业出版社，2003：9.

[11] Takaki S，Maki T. Proceedings of the international symposium on ultra fine grained steels (ISUGS 2001) [C]. ISIJ Int.，2001：1-305.

[12] Tagashira S，Sakai K，Furuhara T，et al. Deformation microstructure and tensile strength of cold rolled pearlitic steel sheets [C]. ISIJ Int.，2000，40 (11)：1149-1155.

[13] Paqueton H，Pineau A J. Acceleration of pearlite spheroidization by thermomechanical treatment [J]. Iron steel inst.，1971，209 (12)：991-998.

[14] Furuhara T，Sato E，Mizoguchi T，et al. Grain boundary character and superplasticity of fine-grained ultra-high carbon steel [J]. Mater. Trans.，2002，43 (10)：2455-2462.

[15] Maki T. Microstructure and tensile property of ultra-fine ferrite+cementite structure in high carbon steels [C]. CAMP-ISIJ，2001，14：550-551.

[16] Umemoto M，Liu Z G，Masuyama K，et al. Nanostructured Fe-C alloys produced by ball milling [J]. Scripta Mater.，2001，44 (8-9)：1741-1745.

[17] Liu Z G，Hao X J，Masuyama K，et al. Nanocrystal formation in a ball milled eutectoid steel [J]. Scripta Mater.，2001，44 (8-9)：1775-1779.

[18] Umemoto M，Liu Z G，Xu Y，et al. Formation of nanocrystalline ferrite in Fe-0.89C spheroidite by ball milling [J]. Mater. Sci. Forum，2002，386-388：323-328.

[19] Sakuma T，Watanabe N，Nishizawa T. Effect of Alloying Element on the Coarsening Behavior of Cementite Particles in Ferrite [J]. Trans JIM，1980，21 (3)：159-168.

[20] Tashiro H. Method of preparing surface-mounted wiring board [P]. US Patent 5，042，147，1991.

[21] Shkatov V V，Chernyshey A P，Lizunov V L. Kinetics of pearlite spheroidization in carbon steel [J]. Phys. Met. Metal.，1990，70：116.

[22] Chattopadhyay S，Sellars C M. Kinetics of pearlite spheroidization during static annealing and during hot deformation [J]. Acta Metall.，1982，30 (1)：157-170.

[23] Lifshitz I M，Slyosov V V. The kinetics of precipitation from supersaturated solid solutions [J]. J. Phys. Chem. Solid，1961，19：35.

[24] Wager C. Theorie der alterung von niederschlägen durch umläsen (Ostwald reifung) [J]. Zeitschrift für Elektrochemie，Berichte der Bunsengesellschaft für Physikalische Chemie，1961，65 (7-8)：581-591.

[25] Lindsley B A，Marder A R. The morphology and coarsening kinetics of spheroidized Fe-C binary alloys [J]. Acta Mater.，1998，46 (7)：341-351.

[26] Nam W J，Bae C M. Coarsening behavior of cementite particles at a subcritical temperature in a medium carbon steel [J]. Scripta Mater.，1999，41 (3)：313-318.

[27] Miyamoto G，Hono K，Furuhara T，et al. Effect of partitioning of Mn and Si on the growth kinetics of cementite in tempered Fe-0.6% C martensite [J]. Acta Metall.，2007，55：5027.

[28] Ardell A J. Isotropic fiber coasening in unidirectionally solidified eutectoid alloys [J]. Metall. Trans., 1972, 3 (6): 1395-1401.

[29] Hultgren A, Hillert M. Betingelser för bildning av cementit vid uppkolning av nickelstål [J]. Jernkont. Ann., 1953, 137: 7.

[30] Furuhara T, Mizoguchi T, Maki T. Ultra-Fine Grained ($\alpha+\theta$) Duplex Structure Formed by Cold Rolling and Annealing of Pearlite [C]. ISIJ Int., 2005, 45 (11): 392-398.

[31] Kuo K, Hultgren A. The Distribution of Alloy Elements in Transformed Low-Alloy Steels. Kungl. Sv. Vetenskapsaksd. Handlinger, serien, 1953, 4: 22.

[32] Chen L J, Wu T W, Cheng H C. Thermomechanical treatments of a 1050 pearlite steel [J]. Metall. Trans.: A, 1983, 14 (3): 365-378.

[33] Liu C T, Gurland J. The strengthening mechanism in spheroidized carbon steels [J]. Trans. TMS-AIME, 1968, 242: 1535-1543.

[34] Syn C K, Lesuer D R, Sherby O D. Influence of microstructure on tensile properties of spheroidized ultrahigh-carbon (1.8 Pct C) Steel [J]. Metall. Trans.: A, 1994, 25 (7): 1481.

[35] Morrison W B, Leslie W C. Yield stress grain size relation in iron substitutional alloys [J]. Metall. Trans., 1973, 4 (1): 379-381.

[36] Spitzig W A. Effect of phosphorus on the mechanical properties of normalized 0.1 pct C, 1.0 pct Mn steels [J]. Metall. Trans., 1977, 8A (4): 651-655.

[37] Hayashi T, Nagai K, Hanamura T, et al. Improvement of strength-ductility balance for low carbon ultrafine-grained steels through strain hardening design [C]. CAMP-ISIJ, 2000, 13: 473-475.

[38] Gridnev V N, Nemoshkalenko V V, Gavrilyuk V G. Mossbauer effect in deformed Fe-C alloys [J]. Phys. Status Solid., 1975, 31 (1): 201-210.

[39] Gavrilyuk V G, Nadutov V M. Influence of carbon on the atomic bond in Fe-Ni-C austenite [J]. Phys. Met., 1982, 54 (5): 114-120.

[40] Hinchliffe C E, Smith G D. Strain aging of pearlitic steel wire during post-drawing heat treatments [J]. Mater. Sci. Technol., 2001, 17 (1): 148.

第4章 珠光体钢温变形后微复相组织的形成与力学性能

与热加工相比，温加工能源消耗少、加工精度高（甚至可最终成形），而其与冷加工相比，又可大大降低对轧机负荷的要求。楔横轧（CWR）方法是一种可在轧制过程中实现多向变形的重要手段，其特点：一是形变量大，二是变形均匀性好（从而使组织的均匀性也好），三是可以直接加工出机器零件[1,2]。

采用温楔横轧（WCWR）方法，使试验用钢在温楔横轧过程中获得具有优良力学性能的（α+θ）超微细组织，并且达到材料最终成形的目的，可见高碳钢的这种温加工工艺，具有良好的工业化生产前景。本章主要是通过在 A_1 温度以下对试验用高碳钢进行楔横轧来制备具有（α+θ）微复相组织的棒件材料，并对成形后材料的显微组织及力学性能进行研究。

4.1 温变形实验与组织性能表征

1Cr 钢经重度冷轧及退火后，其显微组织为典型的铁素体晶粒与渗碳体颗粒，尺度均在亚微米量级的超微细组织，本节主要介绍 1Cr 钢温楔横轧试验后的组织性能。

（1）楔横轧的成形原理与特点

楔横轧是一种高效的轴类零件塑性成形的新工艺和新技术。它是冶金轧制技术的发展，它将轧制等截面型材发展到轧制变截面的轴类零件，也是机械锻压技术的融合，因为它将断续整体塑性成形发展到连续局部塑性成形。所以，楔横轧技术在学科上属冶金和机械的交叉，在产品生产上属新兴科技产业。楔横轧和传统锻造、切削工艺相比，更可以大批量生产某些轴类毛坯，具有生产效率高、劳动条件好、模具寿命长、产品能耗低等优点，现在已经得到了飞速的发展。利用楔横轧技术可以生产各种形状的圆截面阶梯轴类零件，各阶梯之间可以任意角度过渡。根据工件特点既可以为模锻供坯，也可以做机械加工的供坯工序。一般来说，凡是轴类零件都可以用楔横轧进行生产[3]。

楔横轧模具通常由楔入段、平整段、展宽段和精整段四部分组成。其工艺的基本原理是：将加热后的棒料送入两个同向旋转的带有楔形凸起的模具中间，棒料在模具的带动下，做与模具反向的回转运动，同时材料发生径向压缩变形和轴向延伸变形，从而形成阶梯状轴类零件，如图 4-1 所示。

楔横轧机的类型有辊式、板式和单辊弧式楔横轧机。板式楔横轧机模具制造较为简单，模具的调整比较容易，因而轧件的精度较高，并且工艺可靠，轧制时毛坯的位置固定，故不须设置侧向支撑毛坯的导向尺，适于轧制外形结构复杂、精度要求高且零件品种变换很多的情况。但因其行程大小受到限制，变形程度也受到影响。同时，板式轧机有空行程，这又使生产效率和变形程度都不能很大。而辊式楔横轧机生产效率可以很高，有的可达到 2000～4000 件/h 甚至更高，易于实现自动化生产。总之，辊式轧机适用于对产品精度要求不高，且同时轧制一个或几个零件的情况。辊式轧机是三种类型中运用最多的一种。单辊弧式楔横轧机适用于大批量地锻造供坯的生产情况。

应用楔横轧技术可完成各种台阶轴类零件的预锻初加工。其中台阶形状分直角台阶、斜台阶、圆弧台阶（包括凸圆弧台阶和凹圆弧台阶）和窄凹档台阶等。既可以是单台阶也可以是组合台阶。实际生产中，考虑楔横轧模具设计和制造复杂性及成本等因素，楔横轧技术适用于轧制长度小于 1600mm、年批量大于 3 万件～5 万件的轴类零件。

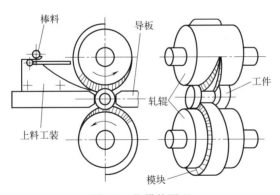

图 4-1　楔横轧原理

与传统的锻造或切削工艺相比，楔横轧工艺有如下优点：

① 生产效率高，通常是其他工艺的 5～20 倍。如果产品的几何形状不太复杂，那么使用对称模具一次就可以加工一对工件。在实际生产中，轧辊的转速通常为 10～30r/min，那么每分钟至少可以轧制 10～30 个工件。

② 材料利用率高。通常，在传统机械加工中（例如切削加工）约有 40% 的材料以切屑的形式浪费掉，而在楔横轧工艺中根据产品形状仅有 10%～30% 的材料浪费。

③ 产品质量好。楔横轧件金属纤维流线沿产品外形连续分布，并且晶粒进一步得到细化，所以其综合力学性能较好，产品精度也高。

④ 工作环境得到了改善。由于楔横轧的轧制成形过程中无冲击、噪声小，又无须使用冷却液，所以其工作环境得到了大大改善。

⑤ 自动化程度高。工件从成形、表面精整到最后成品都是由机器自动完成，所需操作人员较少。

（2）温楔横轧的轧制过程与局限性

在楔横轧的轧制过程中，轧件成形经历了四个阶段，这四个阶段分别对应着楔形模的四个区段。整个过程如下：

楔形模的起始部分使坯料旋转起来并沿圆周方向在坯料上轧出一条由浅至深的 V 形沟槽，这一部分称为楔入段；接着在其后的楔形模将由浅而深、由窄而宽的 V 形沟槽车成深度和宽度一样的 V 形沟槽，这一部分称为楔入平整段；随后楔形模使 V 形沟槽扩展，这一部分称为展宽段，这是轧件的主要变形区段；最后是精整段，对轧件进行整形，以提高轧件的外观质量和尺寸精度。

由此可见，温楔横轧成形过程的通用性较差，只能生产圆截面的轴类件，需要专门的设备和模具；模具的设计、制造及生产工艺调整比较复杂，且模具尺寸大。所以，该工艺适合轴类零件的大批量生产，不适合小批量生产，而且不能轧制大型件，轧制棒料的长度也受到限制。因而楔形模须进行设计方法的创新与改进，扩大楔横轧的应用范围，充分发挥现有轧机的能力。

（3）显微组织与力学性能表征

将温楔横轧后试样沿最大断面收缩率所对应的横截面切开，从横截面不同部位分别取样。在图 4-2 中，位置 A 代表轧后棒件的表层区域，大约在 $0.25R$ 附近，位置 B 在 $0.5R$ 附近，而位置 C 则代表棒件的中心部位。将从不同部位切取的 0.5mm 厚的薄片机械减薄至 $30\mu m$ 左右，在室温下进行双喷电解减薄。电解液为冰醋酸和 5% 高氯酸的混合溶液，电解电压为 30V，电流为 60mA。在 JEM-2010 型透射电镜上进行微观组织观察，电子加速电压为 200kV。

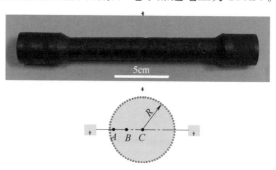

图 4-2　楔横轧后棒件外貌及组织观察取样部位示意图

将温楔横轧后得到的棒件一部分横切后，用来分析楔横轧后其横截面不同位置处的显微组织及硬度变化，另一部分则分别在棒件 $0.25R$、$0.5R$ 和心部沿棒件轴向进行纵剖取样，然后进行室温微拉伸试验。微拉伸试验也在 Gleeble3500 热加工模拟试验机上进行，采用标距长度为 6mm、断面尺寸为 2mm×1mm 的微拉伸试样。拉伸前试样被安装在特制的卡具中，拉伸时卡头移动速度为 0.2mm/min。每个条件拉伸 3 次，取算术平均值作为该条件下的力学性能指标。

本试验用 HVS-1000 型显微硬度计测量不同条件下各试样的硬度，测量时放大倍数为 40 倍，所用载荷 100g，加载时间为 10s。测量时每个试样按距离边缘 0、$0.25R$、$0.5R$、$0.75R$ 以及 R 的位置分别打硬度，每个位置打 5 个点，然后取其算术平均值作为每个位置的硬度值，进而考察试样由心部到边缘的显微硬度变化情况及不同试验条件下的硬度变化情况。

4.2　温楔横轧前后的微观组织分析

本节主要介绍了温楔横轧前、温楔横轧后表层区域（$0.25R$ 以外）、温楔横轧后表层和心部之间区域（$0.5R$）、温楔横轧后心部区域（R）的微观组织形貌，通过扫描微观组织和透射微观组织来介绍高碳钢棒件在温楔横轧前后不同部位的微观组织演变，借助 XRD 衍射图谱对高碳钢棒温楔横轧前后的物相进行分析，并介绍了珠光体组织在温变形过程前三维尺度上的变化和轮廓粗糙度，对高碳钢棒温楔横轧进行了全面的介绍。

4.2.1　SEM 分析

高碳钢棒件在温楔横轧前后横截面上不同部位的 SEM 照片如图 4-3 所示。从图 4-3 可以看出，温楔横轧前经过等温处理，显微组织已几乎全为层片状珠光体 [图 4-3（a）]，不同珠光体团渗碳体的排布方向也不一样。温楔横轧后，高碳珠光体钢棒件的珠光体组织的形态变化主要表现为渗碳体片层的变形。珠光体组织中的渗碳体片层球化程度从表层到心部依次递减。表层区域（$0.25R$ 以外）渗碳体

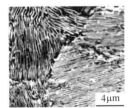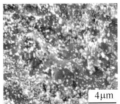

(a) WCWR前	(b) WCWR后表层区域 (0.25R以外)	(c) WCWR后表层和心部 之间区域(0.5R)	(d) WCWR后心部 区域(R)

图 4-3　温楔横轧前后棒件横截面上不同部位的显微组织

片完全碎断、球化，而且众多微细的渗碳体颗粒弥散分布在铁素体基体上，而心部区域（R）渗碳体片部分被碎断，只有一部分渗碳体发生球化，同一珠光体团区域内的渗碳体片排布方向基本平行。

另外，温楔横轧后，在棒件的心部，部分区域渗碳体发生很大的不规则弯曲，局部区域渗碳体片间距变得更细［图 4-3（d）］。温楔横轧后珠光体渗碳体形态发生的这些变化［图 4-3（c）、（d）］与重度冷变形后珠光体渗碳体的情况相似[4]。图 4-3（c）为介于表层和心部之间的 0.5R 处的显微组织照片，可以看出，该处的组织形态属于典型的过渡状态，即部分渗碳体球化，部分渗碳体片层碎断，但是渗碳体球化比例和碎断程度明显高于心部，而且相对于表层而言，渗碳体球化程度进行还不完全充分。

4.2.2　TEM 分析

温楔横轧前后相应部位的 TEM 照片如图 4-4 所示。原始珠光体层片间距约为 160nm，且渗碳体片厚度约为 30nm［图 4-4（a）］。经过温楔横轧之后，在棒件表层区域（0.25R 以外），微细的渗碳体颗粒球化均匀，尺寸均在 $0.1\mu m$ 以下，且大部分分布在晶粒尺寸约为 $0.2\sim0.3\mu m$ 的等轴状铁素体晶界上，只有少许颗粒位于晶内［图 4-4（b）］。由此可见，温楔横轧后，在棒材表层区域显微组织形态发生了由二维层片状结构到三维等轴结构的变化。从图 4-4（c）～（d）可以明显看出渗碳体球化程度明显不如表层 0.25R 处，且都有不连续的渗碳体链存在，其排布形态仍基本保持不变，只不过 0.5R 处渗碳体链碎断的程度较心部更完全充分。

Chattopadhyay 和 Sellars 等人认为[5]，在变形过程中形成的大量空位促进碳的扩散，尤其是在层片扭折附近，这种层片扭折是珠光体严重变形后的特征［图 4-4（d）］，也表明渗碳体还具有较强的承受塑性变形的能力。图 4-4（b）和（d）图右上角的插图分别为表层和心部区域的选区衍射图谱，选区光阑直径约为 $2.5\mu m$，图 4-4（b）中的环状衍射谱说明了在直径为 $2.5\mu m$ 的区域内超细 α 晶粒之间具有较大的取向差[6]，三个明显的环分别对应于铁素体的（110）、（211）和（321）晶面，可见在表层区域得到了具有大角晶界的超微细（$\alpha+\theta$）复相组织[7]。因此，温楔横轧不仅使棒件表层组织中渗碳体超细化，而且也使其中的铁素体超细化。

此外，渗碳体球化过程加速的一个重要原因是铁素体中的平衡碳浓度和有不同曲率半径的变形层片表面的碳浓度的局部差别。由文献［8］可知，在具有小的曲率半径的层片附近的铁素体中，平衡碳浓度与较大曲率半径附近的铁素体中的平衡碳浓度要高。珠光体发生大温变形后，出现了大量具有小的曲率半径的层片扭折，故在靠近层片扭折处的铁素体中，平衡碳浓度与接近层片平整处的铁素体中平衡碳浓度相比要高很多；又因为重度变形使渗碳体内的位错密度大量增加，

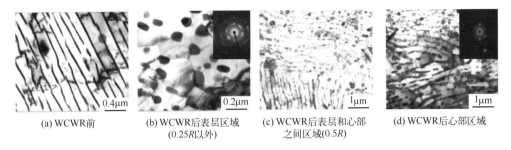

(a) WCWR前　　(b) WCWR后表层区域　　(c) WCWR后表层和心部　　(d) WCWR后心部区域
　　　　　　　　　　(0.25R以外)　　　　　　之间区域(0.5R)

图 4-4　温楔横轧前后棒件横截面不同部位处的显微组织[7]

渗碳体内存储的变形能不断增加，而此时棒件温度又较高，这也是导致渗碳体的球化过程加速的重要原因。

4.2.3　EBSD 分析

图 4-5 为温楔横轧后高碳钢棒件横截面织构分析的 {111}、{001}、{110} 极图与等高线极图。从图 4-5 中可以看出，温楔横轧后高碳钢棒件 {111}、{001}、{110} 三个面上极密度分布非常不均匀，这反映出三个面上的织构强弱分布的差异，其中，在 {111} 和 {001} 面上极密度大的区域较多，并且较为分散，而 {110} 面上极密度最大的区域主要分布在极图的上半部分，这是由于在温楔横轧

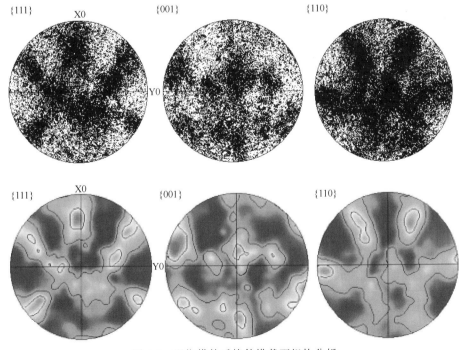

图 4-5　温楔横轧后棒件横截面织构分析

过程中，晶粒发生连续动态再结晶，使其取向差分布发生了变化。

图 4-6 为用 EBSD 取向成像方法对楔横轧后的试样进行的分析结果，图中不同的颜色代表不同的晶粒取向。从图 4-6 可以看出，温楔横轧后试样中没有出现明显的取向分布特征，也没有类似于轧制后出现的拉长的变形晶粒，只有小范围的晶粒取向趋于一致，且它们之间被晶界或亚晶界隔开，而且晶粒大小基本一致，都近似于等轴状。

4.2.4　XRD 分析

图 4-7 为原始态试样（等温转变完成）与多轴温变形后棒件截面不同位置处的 X 射线衍射谱。通过点阵常数的精确测定（用半高宽方法确定铁素体各衍射峰位置），原始态试样铁素体的点阵常数约为 0.28658nm，与铁素体标准点阵常数吻合得较好。众所周知，由于重度冷轧能使渗碳体发生部分溶解[4]，从而使变形后铁素体中的碳含量达到过饱和，而且随着应变量的增加，变形珠光体中渗碳体的溶解量也增多，使对应的 X 射线衍射峰明显左移，在随后的退火过程中这些过饱和的碳还会从铁素体中析出，使左移的衍射峰逐渐开始右移，且退火时间越长，峰位右移程度越大，Maki 等人认为这是由于退火时碳化物的析出以及铁素体回复引起的应变时效、应力松弛等因素造成的[8]。

图 4-6　横截面 0.25R 处组织的
EBSD 分析结果

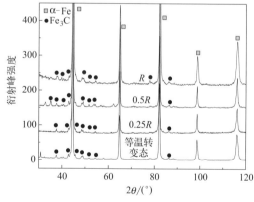

图 4-7　温楔横轧前后试验
用钢 XRD 衍射谱

在高碳钢温楔横轧后铁素体对应的 X 射线衍射峰并没有发生明显的偏移现象。前面已提到对于高碳钢重度冷轧及随后退火能有效细化晶粒，获得超微细复相组织，而采用温变形工艺在表层即可获得超微细复相组织，因此可以认为温变形工艺相当于冷轧及随后退火的复合工艺，多轴温变形处理对珠光体组织的影响与冷轧及随后退火处理的效果很相似。

4.2.5 AFM 分析

珠光体组织在温变形过程前三维尺度上的变化如图 4-8 所示。图 4-8（a）、（b）分别为原始珠光体组织的二维和三维形貌图以及相应的粗糙度曲线。从图中可以看出，珠光体层片排布较为规整，排布方向基本平行，与 TEM 观察结果较为吻合。图 4-8（c）为该组织横截面的粗糙度曲线，表明渗碳体片层高度均在 20nm 左右，少数片层高度在 30nm 左右，相邻片层间距较为均匀，均在 250nm 左右，稍高于 TEM 测量结果。

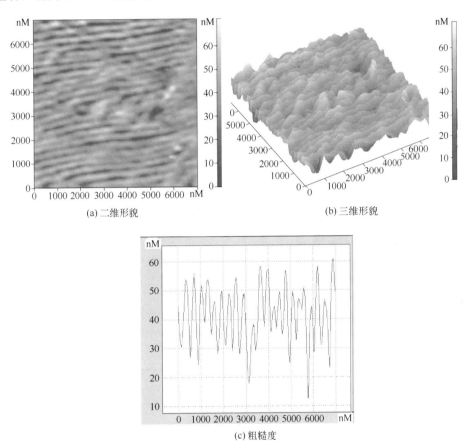

(a) 二维形貌   (b) 三维形貌

(c) 粗糙度

图 4-8　原始珠光体组织原子力显微镜照片

温变形后棒件横截面不同部位的三维轮廓图如图 4-9 所示。表层 $0.25R$ 变形程度最大，渗碳体片层几乎已全部球化，而 $0.5R$ 处只有部分渗碳体球化，且还有部分渗碳体链碎断，变形程度极不均匀。因此，$0.5R$ 处渗碳体片层高度差明显高于表层 $0.25R$ 处，前者高度差在 300nm 以下 ［图 4-9（b）］，而后者则在 150nm 以下 ［图 4-9（a）］。这也说明了温楔横轧过程中等效应变分布的不均匀性导致了渗碳体片层球化程度的显著差异。心部 R 处变形程度最小，相应的渗碳体球化比例和碎断程度也小，其渗碳体片层高度差也在 60nm 以下［图 4-9（c）］，与原始珠光体组织类似，图 4-9（d）为该组织的粗糙度曲线，部分球化的渗碳体颗粒高度差也与之相近，多在 20nm 左右，局部在 40nm 左右。

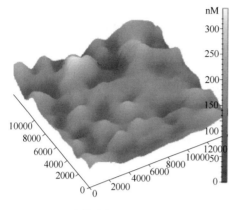

(a) 表层区域(0.25R以外)三维形貌

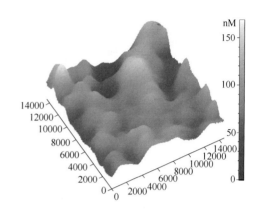

(b)表层和心部之间区域(0.5R)三维形貌

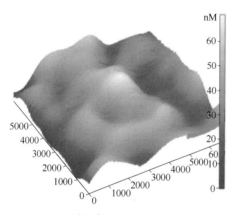

(c) 心部之间区域(R)三维形貌

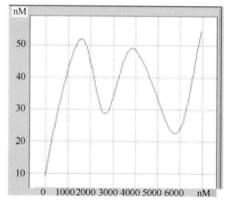

(d)图(c)粗糙度

图 4-9　温楔横轧后棒件横截面不同部位原子力显微镜照片

温变形后棒件纵截面不同部位的三维轮廓图如图 4-10 所示。图 4-10（a）、（b）分别为 0.25R 处温变形组织的二维和三维形貌图，可以看出，该区域由于靠近轧辊和工件的接触面，变形也最易渗透到此，使渗碳体片层几乎全部球化，其粒径约在 0.2μm，与前面采用 TEM 测量结果较为吻合，其渗碳体颗粒的高度差多在 300nm 以下，图 4-10（c）、（d）分别为 0.5R 处和心部 R 纵截面上的变形组织三维形貌图，两者的变化情况较为相近，渗碳体颗粒高度差仅在 250nm 以下。

110

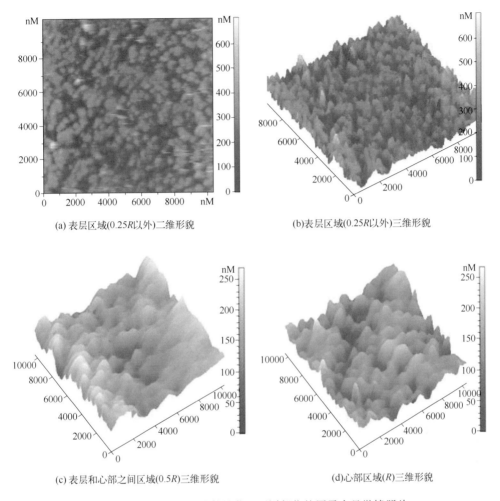

(a) 表层区域(0.25R以外)二维形貌　　　　　　(b)表层区域(0.25R以外)三维形貌

(c) 表层和心部之间区域(0.5R)三维形貌　　　　(d)心部区域(R)三维形貌

图 4-10　温楔横轧后棒件纵截面不同部位的原子力显微镜照片

4.3　温楔横轧层片状珠光体钢的力学性能

本节包含层片状珠光体钢温楔横轧前后棒件横截面上不同位置处工程应力-应变曲线、抗拉强度、塑性、硬度等力学性能指标。抗拉强度是表示材料抵抗大量均匀塑性变形的能力。反映了材料抵抗断裂的能力，是零件设计时的重要依据之一。塑性是指材料在载荷作用下发生永久变形而又不破坏其完整性的能力。拉伸试验中衡量塑性的指标有延伸率和断面收缩率。硬度是指材料局部抵抗硬物压入其表面的能力。生产中测定硬度最常用的方法是压入法，应用较多的是布氏硬度、洛氏硬度和维氏硬度等试验方法。

4.3.1 工程应力-应变曲线

原始试样（等温转变完成）和温变形后棒件横截面上不同位置处微拉伸试样的工程应力-应变曲线如图 4-11 所示。可以看出，温变形前珠光体组织未出现不连续屈服现象，无明显的屈服平台，而在温变形后三个不同部位的组织都具有明显的屈服平台，呈现出不同程度的不连续屈服现象。

根据多晶体屈服理论，明显屈服点现象的发生涉及晶界处铁素体的位错塞积及邻近铁素体内的位错激活，而原始珠光体组织中所有的铁素体都被难以变形的渗碳体片所分割，渗碳体片阻碍变形的作用远超过晶界，珠光体组织晶界邻区缺乏协调变形及释放应力集中的能力，使该组织无法提供高塑性，对应于拉伸曲线上没有出现明显的屈服阶段。正如 Hayashi 等人指出一样，弥散分布的渗碳体对于改善超细晶粒铁素体钢的塑性（特别是均匀延伸率）具有重要意义[9]。也就是说，渗碳体颗粒越细小、数量越多，加工硬化指数越高，均匀塑性越好。Song 等人也提出了类似的观点[10]，弥散分布的细小的渗碳体颗粒有效地改善了材料的加工硬化能力，使超细晶粒钢相对于粗晶粒钢而言具有较大的吕德斯应变。

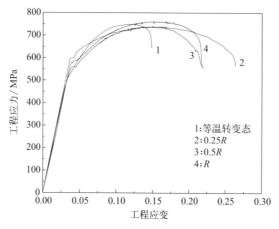

图 4-11 温楔横轧前后微拉伸试样的工程应力-应变曲线

4.3.2 常规力学性能

原始试样（等温转变完成）和温变形后棒件横截面上不同位置处微拉伸试样的强度曲线如图 4-12（a）所示。可以看出，温变形后试样不同部位的抗拉强度处在同一水平，心部 R 处（760MPa）略高于 $0.25R$ 处和 $0.5R$ 处，后两者强度均为740MPa 左右。对应的屈服强度也相接近，$0.25R$ 处最高（600MPa），R 处次之（580MPa），$0.5R$ 处最小（560MPa）。$0.25R$ 处屈强比为 0.815，高于 $0.5R$ 处（0.759）和心部 R 处（0.763），这是由不同部位微观组织的差异所造成的。由于

0.25R 处晶粒完全超细化，致使其屈强比高于后两者，而屈强比高是细晶材料的固有特征，从这点也可以说明在轧制过程中从表面到 0.25R 处晶粒均已超细化。原始珠光体组织的抗拉强度（750MPa）与心部 R 处相近，略高于心部 R 处，而屈服强度却仅为 490MPa，明显低于温变形后的试样。

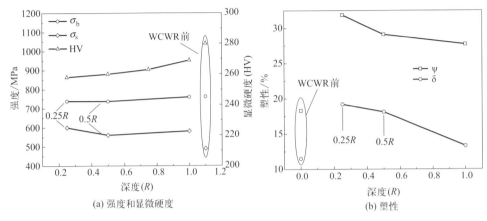

图 4-12　棒件横截面不同部位的力学性能

　　原始试样和温变形后棒件横截面上不同位置处微拉伸试样的断面收缩率和整体延伸率如图 4-12（b）所示。从图中可以看出，原始珠光体组织的断面收缩率（18%）和延伸率（11%）均明显小于温变形后的试样。三个不同部位显微组织的差异导致了断面收缩率和延伸率的不同。表层 0.25R 处为超微细复相组织，球化完全的渗碳体颗粒弥散分布在铁素体基体上，有效地改善了其加工性能，使该处的整体延伸率达到 20% 左右，相应的断面收缩率也已达到 32%，0.5R 处渗碳体球化程度弱于 0.25R 处，但高于心部 R，其对应的整体延伸率为 18% 左右，断面收缩率为 29%；心部 R 处对应的指标分别为 13% 和 27%。从上述结果可以得出延伸率指标对渗碳体球化程度敏感，而断面收缩率指标对此则不是很敏感。

4.3.3　显微硬度和纳米压痕硬度

　　原始珠光体组织与温变形后棒件横截面上不同部位的显微硬度分布曲线如图 4-12（a）所示。温变形后棒件显微硬度值在横截面上分布不均匀，表面处硬度值最低（HV240），心部硬度值最高（HV270），而且横截面不同部位处显微硬度也明显不同，从表面至心部依次递增，这说明该轧制过程中铁素体可能已经发生了再结晶。一方面楔横轧形变强化使硬度提高，另一方面温变形过程中的不完全再结晶以及渗碳体球化又使硬度值减小，由于形变强化的作用弱于再结晶与球化效果的联合作用，因此楔横轧后试样硬度值略低于原始试样（等温转变完成后）（HV284）。至于心部硬度值略高于表面，其原因可能是由于热处理过程中试样表面脱碳引起心部碳含量大于表面碳含量，也可能由于心部渗碳体球化不完全仍有许多层片状珠光体残余，而试样表面已基本球化为粒状珠光体。一般而言，在成分相同的情况下，粒状珠光体较片状珠光体强度低、硬度低，而塑性较好[11]。根据显微硬度与抗拉强度的经验公式可知，显微硬度约为抗拉强度的1/3左右[12]，由图4-12 (a) 可知，温变形后试样各个部位的抗拉强度与显微硬度吻合得较好，从另一个侧面说明了本试验结果的可信性。

图4-13为纳米压痕试验中64个压痕点构成的8×8正方形矩阵的平面图及其三维轮廓图。图4-14为高碳珠光体钢中铁素体相的纳米压痕硬度随压入深度的变化曲线。从图中可以看出，对于温变形后试样而言，表层0.25R处铁素体基体的纳米压痕硬度约为4.4GPa，稍高于0.5R和心部R处，后两者纳米压痕硬度值相当，均为4GPa左右，造成该现象的原因可能是由于棒件表层组织已经超细化，细晶强化的作用在此得到充分的体现所致。当压痕深度超过100nm之后，三个部位的硬度值有所降低，显示出一定的基底效应。Umemoto等人[13]采用DU-HW201S动态超微硬度计测试了球磨Fe-0.89C高碳钢中纳米级铁素体晶粒的动态硬度，其值明显高于加工硬化铁素体，前者均在10GPa左右，而后者则在4GPa左右，该值与本试验条件下所得到的铁素体纳米压痕硬度值和宋洪伟等人[14]在低碳低合金钢中的微米级铁素体纳米压痕硬度值（4.6GPa）相近。铁素体相的硬度主要取决于其中的合金元素含量和晶体缺陷两个因素，由于本试验是在温变形条件下进行，试样内部晶体缺陷密度较低，且合金元素含量低于文献[14]中的低碳低合金钢，因此本试验条件下高碳珠光体钢中铁素体纳米压痕硬度值稍低于低碳低合金钢中铁素体硬度值。

(a) 二维形貌图　　　(b) 三维形貌图

图4-13　纳米压痕二维和三维形貌图

图4-14　高碳珠光体钢中铁素体的纳米压痕硬度随压入深度的变化曲线

图4-15为高碳珠光体钢中铁素体相的Young's（杨氏）模量随压入深度的变化曲线。温变形后三个不同部位的铁素体基体的Young's模量非常接近，均在

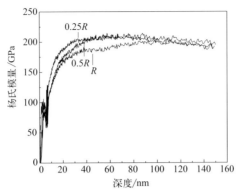

图 4-15　高碳珠光体钢中铁素体的杨氏模量随压入深度的变化曲线

200GPa 左右，相互之间的差别不超过 5%，低于宋洪伟等人[14] 在低碳低合金钢中微米级铁素体的 Young′s 模量（224GPa），这是因为钢的 Young′s 模量随着碳含量的增加而降低所致。当压入深度小于 0nm 时，试验结果受到试样表面状态的影响较大，因而试验结果有波动；压入深度在 40～100nm 之间时，表层 0.25R 处和 0.5R 处的 Young′s 模量值相近（200GPa），均高于心部 R 处（190GPa），但是当压入深度超过 100nm 以后，三者的 Young′s 模量无明显变化，均保持在 200GPa 左右，从这点也表明了 Young′s 模量相对于纳米压痕硬度而言对基底效应不敏感。

　　但是，在高碳钢温楔横轧后没有测试出渗碳体相的纳米压痕硬度及其相应的 Young′s 模量，可能是由于表层渗碳体颗粒已细化至 0.1μm 左右，而心部 R 和 0.5R 处部分球化的渗碳体颗粒粒径也均在 0.2μm 左右，相应的渗碳体片层厚度也仅为 30nm 左右，前面已提及到相邻压痕点之间的距离为 2μm，所以难以保证在试验过程中金刚石压头正好打在渗碳体颗粒和片层上，因此未能得到渗碳体相的纳米压痕硬度值和 Young′s 模量，关于该相的显微力学性能还有待于进一步研究和完善。

4.3.4　微拉伸断口形貌

　　原始珠光体组织与温变形后棒件横截面上不同部位的微拉伸断口形貌如图 4-16 所示。图 4-16（a）为原始珠光体组织的断口形貌，从图中可以看出，在单轴拉伸状态下珠光体组织主要发生解理断裂。图 4-16（b）、（c）分别为图 4-16（a）中 A 区域和 B 区域的局部放大图，显然，珠光体发生断裂时都是沿着一定的解理面进行，在不同取向的珠光体团里面，对应的解理面也不相同，但是它们都和相应的渗碳体片层的排布方向一致。图 4-16（d）～（f）分别为 0.25R 处、0.5R 处和心部 R 处对应的断口形貌，三处拉伸断口均为韧窝状断口，只不过 0.25R 处韧窝平均尺寸最小，0.5R 处次之，心部 R 处最大，三处断口形貌中都有少量大而深的韧窝出现，大韧窝的数量从 0.25R 处到心部 R 处依次递增。原始珠光体组织在单轴拉伸过程中局部还出现准解理断裂形貌，如图 4-16（g）、（h）所示，与 Toribio 重度冷拉拔珠光体钢丝的断裂形貌相似[15]。

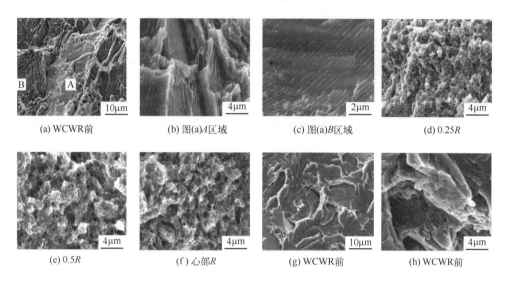

(a) WCWR前　　　　(b) 图(a)A区域　　　　(c) 图(a)B区域　　　　(d) 0.25R

(e) 0.5R　　　　(f) 心部R　　　　(g) WCWR前　　　　(h) WCWR前

图 4-16　微拉伸试样的断口形貌

4.4　温变形条件下珠光体钢中渗碳体的球化行为

中碳钢的工程应用非常广泛，其热轧态组织多为铁素体与层片状珠光体。例如 ML35 冷镦钢，为改善其冷镦成型性，用户在加工前通常需要对其进行长达十几甚至几十个小时的球化退火处理。然而即便如此，球化效果往往仍不能令人满意。因此，如何简化或取消中碳钢的球化退火工艺，对于提高生产效率和降低生产成本具有十分重要的意义。本节在 Gleeble3500 热力模拟试验机上对 ML35 钢在珠光体转变不同阶段进行温变形（压缩）物理模拟，以探索实现该钢渗碳体快速球化的工艺方法，为简化中碳钢线材球化退火工艺及实现渗碳体在线球化提供理论依据与试验支持。

4.4.1　热压缩变形不均匀性分析

图 4-17 为热压缩后试样组织观察位置示意图，Ⅰ、Ⅱ、Ⅲ、Ⅳ区域对应变形轴线上的 4 个不同的区域，分别是试样中心和试样端面距试样中心的 3/4、1/2 和 1/4 处。h 为变形轴线方向上从试样端面到心部距离。

（1）等效应变分布规律

通过 Deform-3D 有限元模拟计算得到以不同应变速率压缩到不同程度后试样 YZ 截面（与 YX 截面等效）的等效应变分布图（图 4-18），其中设定的应变速率为 $1s^{-1}$，真应变（ε）分别为 0.5 与 1。从图 4-18 可以看出，试样中心与试样端面应变量存在一定的梯度变化，从端面到心部应变量逐渐增加，且应变场关于变形轴线呈对称分布。应变速率为 $0.1s^{-1}$ 与 $10s^{-1}$ 时试样应变场的分布规律与应变速率为 $1s^{-1}$ 的基本一致。对于组织观察而言，一般选择变形轴线（Y 轴）上的相应位置以减小剪应变的影响，而为了研究变形轴线上的应变分布情况，在 Y 轴方向上从试样端面到试样心部连续取 20～50 个节点的应变值，绘制应变分布曲线。

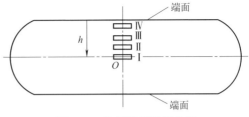

图 4-17　热压缩后试样组织 SEM 观察位置示意图

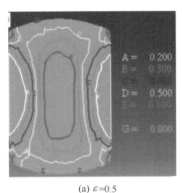 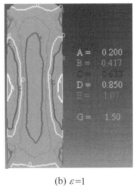

(a) $\varepsilon=0.5$　　　　　(b) $\varepsilon=1$

图 4-18　应变速率为 $1s^{-1}$ 变形后试样应变场分布

图 4-19 为模拟设定真应变为 1、应变速率分别为 $0.1s^{-1}$、$1s^{-1}$ 及 $10s^{-1}$ 变形条件下，变形轴线 Y 中心轴上应变量与相对位置的关系曲线。显然，从试样端面到心部，应变量单调增加。试样端面附近的应变最小，仅是设定值的 1/5 左右，而试样中心区域的应变最大，约高出设定值 30%～50%。心部应变量明显大于试样端面，并且当应变速率为 $0.1s^{-1}$ 时，心部最大应变为 1.35；当应变速率为 $1s^{-1}$、$10s^{-1}$ 时，心部最大应变分别为 1.45 和 1.50。由此可见，

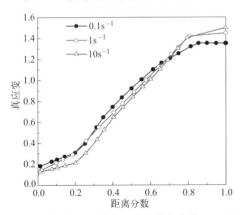

图 4-19　试样变形轴线上应变分布曲线（$\varepsilon=1$）

应变速率越大，试样心部应变量越大。模拟设定的真应变为 0.5 时，等效应变的变化规律与设定真应变为 1 时的基本一致。从曲线上还可以看出，不同应变速率条件下，在从端面到试样心部的 0.45～0.65h 之间，模拟应变量和设定真应变基本一致。

（2）等效应变速率分布规律

设定应变速率为 $1s^{-1}$，设定应变分别为 0.5 与 1 条件下 YZ 截面（与 YX 截面是等效的）上等效应变速率分布的有限元分析结果如图 4-20 所示。从图中可以看出，试样中心与试样端面附近区域的应变速率存在一定的梯度，即心部高、端面低，从端面到心部应变速率逐渐增加，且关于变形轴线对称分布。设定应变速率分别为 $0.1s^{-1}$ 与 $10s^{-1}$ 时试样等效应变速率的分布规律与设定应变速率为 $1s^{-1}$ 时基本一致。在 Y 轴方向上从试样端面到试样心部连续取 20～50 个节点的应变速率，绘制变形中心轴线（Y 轴）上等效应变速率与相对位置的关系曲线，如图 4-21 所示。

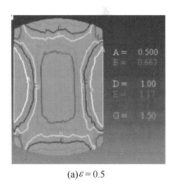

(a)$\varepsilon = 0.5$　　　　　　(b)$\varepsilon = 0.1$

图 4-20　以应变速率 $1s^{-1}$ 变形后试样等效应变速率的分布图

从图 4-21 可以看出，从端面至心部，等效应变速率逐渐增加且端面应变速率

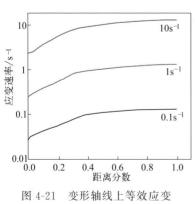

图 4-21　变形轴线上等效应变速率分布曲线（$\varepsilon = 1$）

约为设定值的 1/4，而心部应变速率比设定值约大 40%。在设定真应变为 1 的条件下，当设定应变速率为 $0.1s^{-1}$ 时，心部（端面）应变速率分别为 0.14（0.028）s^{-1}；当设定应变速率分别为 $1s^{-1}$ 和 $10s^{-1}$ 时，端面与心部最大应变速率分别为 $1.40s^{-1}$ 和 $14.1s^{-1}$。由于图 4-21 中的纵坐标为对数坐标，故应变速率随位置变化不太明显。从曲线可以看出，不同应变速率条件下，在从试样端面到心部的 0.35～0.53h 之间，模拟应变量和设定真应变基本一致。

（3）数值模拟结果的可靠性分析

S. ChattopadhyayandC. M. Sellars[16] 指出，层片状珠光体在热变形过程中会发生球化。根据渗碳体的球化程度与变形条件的关系，这里选用与文献［16］相同的试验工艺，对 1Cr 钢在 $700℃$ 以 $1s^{-1}$ 的设定应变速率和 1 的设定真应变进行压缩变形，观察其显微组织，确定渗碳体的球化率。图 4-22 为 1Cr 钢按照上述工艺进行压缩变形后试样纵剖面上的显微组织，其中图 4-22（a）～（d）分别对应图 4-17 中同一试样上Ⅰ～Ⅳ四个不同位置。

统计计算结果表明，Ⅰ区和Ⅱ区渗碳体的球化程度非常大，分别为 62% 和 59%，而Ⅲ区和Ⅳ区则分别为 52% 和 34%。根据文献［17］中应变量和珠光体球化程度的关系，可以判定Ⅰ区和Ⅱ区应变量最大，Ⅲ区次之，应变量最小的区域是Ⅳ区。当以 $0.1s^{-1}$ 的设定应变速率在 $700℃$ 进行设定真应变为 1 的变形后，对应于图 4-17 中同一试样上Ⅰ、Ⅱ、Ⅲ和Ⅳ四个不同位置的渗碳体球化程度则分别为 53%、51%、43% 和 23%。可见，在相同试验条件下，同一试样的不同区域存在应变各不相同的情况，这与模拟分析结果基本相符。

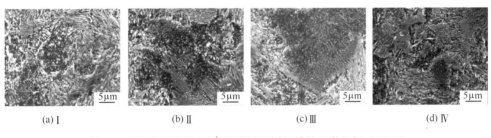

(a) Ⅰ　　　　　　(b) Ⅱ　　　　　　(c) Ⅲ　　　　　　(d) Ⅳ

图 4-22　以应变速率 $1s^{-1}$ 变形后不同区域的显微组织（SEM）

图 4-23 为不同变形条件下渗碳体球化程度随所在相对位置变化的关系曲线。结合图 4-21 中的数据得出，截面上不同应变速率条件下，真应变为 1 的区域处渗碳体球化体积分数分别为 54%（$1.13s^{-1}$）和 43%（$0.11s^{-1}$）。

文献［16］通过热扭转方法研究了热变形过程及退火过程中珠光体球化动力学，这样可以避免压缩试验时的非均匀应变产生组织差异的问题，文中也选用了共析钢作为研究对象，从所给出的 $700℃$ 时不同应变速率条件下渗碳体球化程度与真应变的关系曲线可以看出，在不同应变速率且真应变为 1 条件下，渗碳体球化程度分别为 $1.4s^{-1}$（55%）和

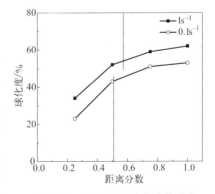

图 4-23　变形后试样渗碳体球化程度随位置的变化曲线

$0.1s^{-1}$（43％），与本研究结果基本一致，从而进一步验证了上述数值模拟结果的可靠性。

4.4.2 渗碳体在离异共析转变过程中的球化行为

对于高碳钢与超高碳钢，可以利用离异共析转变（DET）得到球状的渗碳体颗粒，而不是层片状结构的珠光体。采用合适的热处理温度以及变形冷却条件，可以实现渗碳体的快速球化。很多研究表明[18-20]，采用形变热处理加离异共析转变的方法能够使高碳钢具有球状渗碳体颗粒与细晶铁素体的微细组织。在以往的研究中，形变热处理是实现渗碳体球化的一个很重要条件，并且 Zhang[21] 等在研究碳含量为 1.6％的超高碳钢时指出，在不变形的条件下渗碳体未发生球化。K. Tsuzaki 等人[22] 在未变形的条件下，采用复杂的热处理工艺与较长的处理时间得到了具有球状渗碳体的（$\alpha+\theta$）复相组织。本节主要采用珠光体的离异共析转变，在不变形的条件下通过适当的热处理工艺，实现试验用 1Cr 钢（0.8％C，0.98％Cr）的快速球化，并分析引入变形后，变形条件对渗碳体球化的影响。

（1）保温温度与冷却速度对渗碳体球化行为的影响

① 奥氏体化温度的选取　离异共析转变的实现对奥氏体化条件要求比较严格，一般要求奥氏体化温度不能太高且时间不能太长，即避免奥氏体中碳浓度的均匀化是实现冷却过程中球状珠光体转变的

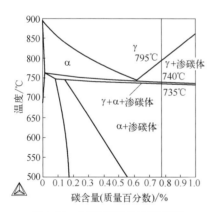

图 4-24　试验用钢的计算相图

前提条件。图 4-24 为用 Thermo-Calc 软件计算后得到的试验用钢相图的垂直截面。从图 4-24 可以看出，合金元素 Cr 的添加使共析转变点左移，共析转变线以下存在着（$\alpha+\gamma+Fe_3C$）三相区，相应的共析转变开始温度为 740℃，结束温度为 735℃。文献采用差热分析测量了相近成分钢的共析转变开始温度约为 738℃，结束温度为 730℃，可见计算结果与实测结果吻合较好。另外，从图 4-24 还可看出，该试验用钢已属于过共析钢范围，在共析转变开始前显微组织中可能已经存在少量的先共析渗碳体。

本试验选取两个奥氏体化温度（严格说应为部分奥氏体化温度），分别为 750℃与 770℃。在 750℃与 770℃时试验用钢均处于（$\gamma+\theta$）两相区。也就是说，在该温度奥氏体化时钢中存在渗碳体，故可以利用未溶解渗碳体的存在实现奥氏体中碳浓度的不均匀化，同时选取较短的奥氏体保温时间（5min），避免渗碳体颗粒的过分长大，以便于在冷却过程中得到较细的组织。

② 以不同速度冷却过程中的珠光体转变　将具有典型层片状珠光体组织的试

样分别加热到 770℃ 与 750℃，保温 5min 后分别以 5℃/s、2℃/s、1℃/s、0.5℃/s、0.2℃/s 及 0.1℃/s 的速度冷却到 500℃，然后空冷到室温，进行显微组织观察。冷却过程中同时用膨胀法测定了相变时试样的体积变化。图 4-25 为 1Cr 钢在 770℃ 与 750℃ 奥氏体化 5min 后以 5℃/s 速度冷却后显微组织照片。从图中可看出，无论 770℃ 还是 750℃ 奥氏体化，以 5℃/s 冷却后显微组织基本上以片状珠光体为主，同时存在细小的球状渗碳体颗粒。可见在冷却过程中主要发生了片状珠光体转变，但是层片间距不均匀，渗碳体片不规则，770℃ 奥氏体化后的组织尤为明显 [图 4-25（a）]，这表明冷却过程中试验用钢发生了离异共析转变。

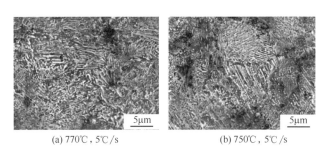

(a) 770℃, 5℃/s　　　　　　(b) 750℃, 5℃/s

图 4-25　1Cr 钢在不同温度保温 5min 后以 5℃/s 的速度冷却后的显微组织

1Cr 钢在 770℃ 与 750℃ 奥氏体化 5min 后以 0.5℃/s 的速度冷却后显微组织如图 4-26 所示。从中可以看出，渗碳体颗粒明显增多，在冷却过程中试验用钢发生了粒状珠光体转变，同时可以看到部分不规则的片状珠光体，表明冷却过程中也发生了片状珠光体转变。

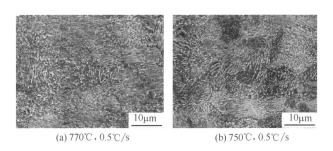

(a) 770℃, 0.5℃/s　　　　　　(b) 750℃, 0.5℃/s

图 4-26　1Cr 钢在不同温度保温 5min 后以 0.5℃/s 速度冷却后的显微组织

1Cr 钢在 770℃ 与 750℃ 奥氏体化 5min 后以 0.1℃/s 的速度冷却后的显微组织如图 4-27 所示。从图 4-27（a）可以看出，经 770℃ 奥氏体化再冷却到室温后的组织中渗碳体几乎全部为颗粒状，表明冷却过程中试验用钢只发生了粒状珠光体转变，而未发生片状珠光体转变。同时由图 4-27（b）可以看到，经 750℃ 奥氏体化再冷却到室温后的组织中渗碳体大部分已发生球化，同时还有少量的层片状渗碳体存在，说明冷却过程中粒状珠光体转变不完全。

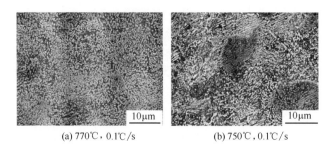

(a) 770℃，0.1℃/s   (b) 750℃，0.1℃/s

图 4-27　1Cr 钢在不同温度保温 5min 后以 0.1℃/s 速度冷却后的显微组织

　　图 4-28 为 1Cr 钢经 770℃保温 5min 后以不同速度冷却过程中的膨胀曲线，冷却过程中试样径向应变（Cgauge）的增加是由冷却过程的相转变产生的体积膨胀引起的。从图 4-28 可以看出，对于不同的冷却条件，膨胀曲线形状差异明显。冷速为 0.1℃/s 与 0.2℃/s 的膨胀曲线形状相似，其珠光体转变开始温度分别为 740℃与 737℃，转变终了温度分别为 660℃与 637℃，在珠光体转变前试样体积的膨胀主要是由从奥氏体中析出的渗碳体贡献的。结合显微组织观察结果，在该冷

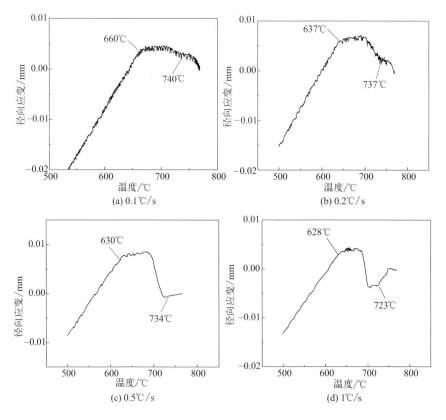

图 4-28　1Cr 钢在 770℃保温 5min 后以不同速度冷却过程中的膨胀曲线

却速度下渗碳体以球状析出，生成渗碳体颗粒，未见到片状渗碳体。从图 4-28 还可以看出，随着冷却速度的增加，珠光体转变温度［开始温度（Ps）与终了温度（Pf）］均有所推迟。不同冷却条件所对应的珠光体转变温度详见表 4-1。

表 4-1　1Cr 钢在 770℃ 保温后以不同速度冷却过程中的珠光体转变温度

单位：℃

项目	0.1℃/s	0.2℃/s	0.5℃/s	1℃/s	2℃/s	5℃/s
Ps	740	737	734	723	713	700
Pf	660	637	630	628	627	615

图 4-29 为 1Cr 钢在 750℃ 保温后以不同速度冷却过程中的膨胀曲线。从图中可以看出，珠光体转变前同样存在由渗碳体析出所引起的体积膨胀，而且随着冷却速度的增加，珠光体转变温度（开始与终了温度）均有所推迟，不同冷却条件所对应的珠光体转变温度详见表 4-2。

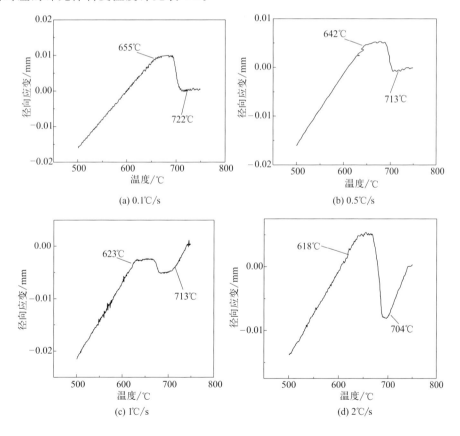

图 4-29　1Cr 钢在 750℃ 保温后以不同速度冷却过程中的膨胀曲线

表 4-2　1Cr 钢在 750℃保温后以不同速度冷却过程中的珠光体转变温度

单位：℃

项目	0.1℃/s	0.2℃/s	0.5℃/s	1℃/s	2℃/s	5℃/s
Ps	722	717	713	713	704	690
Pf	655	649	640	623	618	605

（2）变形条件对渗碳体球化行为的影响

对试验所用 1Cr 钢在 770℃与 750℃保温 5min 后分别以 $0.1s^{-1}$ 和 $1s^{-1}$ 的应变速率进行变形，变形量分别为 0.2 和 0.5（真应变），然后以 0.5℃/s 的速度冷却至 500℃，再空冷至室温。将试样纵向剖开，进行显微组织观察。图 4-30 和图 4-31 分别为 1Cr 钢在 770℃和 750℃奥氏体化并经不同条件变形后的显微组织照片。从图中可以看出，渗碳体几乎全部为颗粒状，虽然部分区域渗碳体的分布仍存在一定的取向，但是基本上没有渗碳体片生成。与相同保温、冷却条件但不变形的试样组织相比［图 4-26（a）及（b）］，前者渗碳体的球化效果明显增强，可见变形会更促进粒状珠光体转变，这是由于形变引起了位错密度的增大，位错的增加为粒状渗碳体的生成创造更多的形核位置，从而促进了粒状渗碳体的转变。从图 4-30 和图 4-31 还可以看出，应变速率越大，变形量越大，所得的渗碳体颗粒越细。这与文献［21］中的结论是一致的。

(a) $0.1s^{-1}$, 0.2　　　(b) $0.1s^{-1}$, 0.5　　　(c) $1s^{-1}$, 0.2　　　(d) $1s^{-1}$, 0.5

图 4-30　1Cr 钢在 770℃奥氏体化并经不同条件变形后的显微组织（SEM）

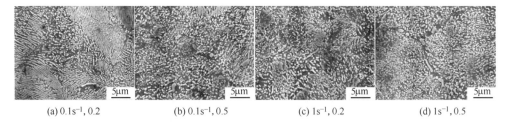

(a) $0.1s^{-1}$, 0.2　　　(b) $0.1s^{-1}$, 0.5　　　(c) $1s^{-1}$, 0.2　　　(d) $1s^{-1}$, 0.5

图 4-31　1Cr 钢在 750℃奥氏体化并经不同条件变形后的显微组织（SEM）

4.4.3　渗碳体在珠光体区温变形过程中的球化行为

对中碳钢而言，片状渗碳体的球化需要很长的退火时间，惠卫军等[23] 采用改进的亚温退火方法大大缩短了中碳钢的球化退火时间，但是也需要几个小时甚至十几个小时才能得到理想的效果。本节在 ML35 钢珠光体转变不同阶段分别进行不同条件的变形，研究渗碳体的球化行为。

（1）珠光体转变不同阶段变形对渗碳体显微组织的影响

① 珠光体转变前变形后的显微组织将 ML35 钢试样以 10℃/s 的速度加热到 1000℃，保温 5min，以 5℃/s 的速度冷却到 680℃ 保温 5s 后再以 $30s^{-1}$ 的应变速率进行 70% 的变形，分别采用直接水淬、保温 5min 后再水淬以及保温 30min 后再水淬方法得到三种状态的试样，其显微组织分别如图 4-32～图 4-34 所示。

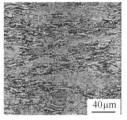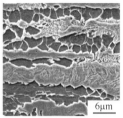

(a) 金相组织　　　　　(b) SEM

图 4-32　ML35 钢珠光体转变前 680℃
变形并直接水淬后的显微组织

由图 4-32 可以看出，对于直接水淬试样，变形后的组织中由条带状马氏体、部分带状铁素体以及相当多无畸变的细粒状铁素体构成。其中，带状铁素体为形变先共析铁素体，而粒状的铁素体为形变诱导铁素体，形变先共析铁素体沿轧制方向被拉长。由于组织中还未发生珠光体转变，即此时的温变形发生在珠光体相变之前，变形后的组织主要为形变过冷奥氏体。由该组织的 SEM 照片［图 4-32（b）］可以看出，未发生转变的奥氏体淬火后变成了针状马氏体。

保温 5min 后水淬的组织见图 4-33。与图 4-32（a）相比，在 680℃ 变形并经过 5min 的球化保温以后，变形后的先共析铁素体晶粒变为较粗大的等轴晶粒。由文献［24］可知，该试验用钢在 680℃ 时珠光体相变过程结束需大约 400s，因此在保温的 5min 内，变形的先共析铁素体可能发生了静态回复和再结晶，而未转变的变形过冷奥氏体继续发生铁素体转变和珠光体相变过程。

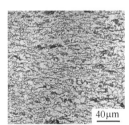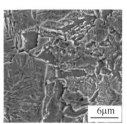

(a) 金相组织　　　　　(b) SEM

图 4-33　珠光体转变前 680℃ 变形、
保温 5min 后的水淬组织

由图 4-33（a）和（b）可以看出，保温 5min 后组织中仍有马氏体出现，即保温 5min 后珠光体相变过程仍未完成，但由图 4-33（b）可以看出，此时在铁素体晶界附近的渗碳体片层已经开始球化，而且部分渗碳体层片熔断为链状和短棒状，这说明在 ML35 钢珠光体相变前进行的大温变形对随后保温时珠光体的球化有明显的促进作用。

大温变形后试样保温 30min 水冷后的显微组织如图 4-34 所示。由图 4-34（a）可知，与 680℃ 保温 5s 直接水淬后的显微组织［图 4-32（a）］相比，先共析铁素

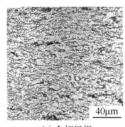
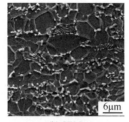

(a) 金相组织   (b) SEM

图 4-34 ML35 钢珠光体转变前 680℃变形、
保温 30min 后的水淬组织

体已经发生再结晶与晶粒长大，而形变诱导铁素体晶粒较细，其铁素体平均晶粒尺寸仅在 4μm 左右，表明形变诱导铁素体在 680℃保温过程中比较稳定，不易长大。正如文献[25]中所述，形变诱导铁素体相变是因不同原子获得不同的相变激活能而引起的动态相变，是一种晶界激活的相变机制，其原子为晶内短程扩散机制，在微观组织上表现出碳原子将会在晶界上以碳化物形式析出，而出现局部平衡。同时由于在形变诱导铁素体内的碳原子处于过饱和状态，同样会有碳化物粒子的析出。又因形变诱导铁素体相变也属于扩散型相变，碳的走势是上坡扩散，故在较低的温度和高畸变的晶内形成离异状珠光体或颗粒状渗碳体，而弥散分布在其晶界的渗碳体对形变诱导铁素体晶粒的长大又有阻碍作用，从而抑制了形变诱导铁素体晶粒的长大。

由于大温变形后仍然有部分过冷奥氏体的存在，其在随后保温过程中发生共析转变，生成层片状珠光体。继续保温，珠光体渗碳体发生球化，由原来的层片状变成粒状或棒状，而且球化了的渗碳体颗粒大都沿铁素体晶界分布。尤其是在铁素体的三叉晶界处，渗碳体的球化更完全，因为这些地方是热力学最有利的位置，同时由于变形后位错在晶界处塞积，使碳沿着晶界的扩散速度加快，从而加速了渗碳体的球化。由此可见，珠光体转变前的大温变形促进了保温过程中的珠光体的球化，但即使随后保温 30min，渗碳体还没有完全球化，组织中仍有少量层片状珠光体存在 [图 4-34 （b）]。

② 珠光体转变中变形后的显微组织将试样以 10℃/s 的速度升温到 1000℃，在此温度下保温 5min 后，再以 5℃/s 的速度分别冷却到 680℃保温 30s 和 650℃保温 10s 后，以 30s⁻¹ 的应变速率发生 70% 的变形，变形后立即水冷得到的显微组织如图 4-35 所示。

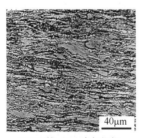
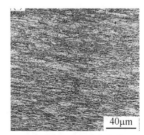
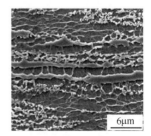

(a) 680℃，30s，金相组织   (b) 650℃，10s，金相组织   (c) 650℃，10s，SEM

图 4-35 试验钢 680℃保温 30s 及 650℃保温 10s 后变形并水淬组织

由图 4-35 中可以看出，当试验钢变形前的保温时间增至 30s 时，与变形前保温 5s［图 4-35（a）］相比，变形后组织中仍有大量的粒状形变诱导铁素体、马氏体数量明显减少，而先共析铁素体（带状）数量进一步增加，且其带状特征更加明显。同时，变形后的组织中出现珠光体，表明过冷奥氏体变形前已经发生了部分珠光体相变，或者说大温变形发生在珠光体转变中。此时显微组织由形变先共析铁素体、形变过冷奥氏体和部分形变珠光体组成。另外，由图 4-35（c）还可以看出，形变珠光体中的渗碳体已经开始熔断成短棒状，并逐渐发生球化。

由于在 680℃珠光体相变前和相变中的温变形过程中有过冷奥氏体存在，所以这两种情况下都会发生形变诱导铁素体相变，这与文献［25，26］所指出的在奥氏体低温区以及两相区变形都会发生形变诱导铁素体相变的结果是一致的。

当 ML35 钢试样以 10℃/s 的速度升温到 1000℃，保温 5min，以 5℃/s 冷却到 680℃保温 30s 后，再以 $30s^{-1}$ 的应变速率进行 70%的变形，变形后在 680℃分别保温 5min 及 30min，得到的显微组织如图 4-36 所示。由图 4-36（a）可见，铁素体分布较多且颗粒较大，因为这是珠光体相变前产生的先共析铁素体。在大温变形后，先共析铁素体晶粒发生了回复和静态再结晶，随后保温过程中又发生

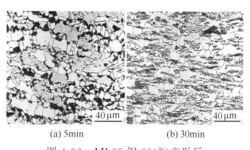

(a) 5min　　　　　(b) 30min

图 4-36　ML35 钢 680℃变形后
保温 5min、30min 的显微组织

晶粒长大，而珠光体相变过程中产生的铁素体相对尺寸较小、分布较均匀［图 4-36（b）尤为明显］。

与 680℃保温 30s 大温变形后的直接水冷组织［图 4-35（a）］相比，在 680℃球化保温 5min 后，先共析铁素体晶粒明显长大，而形变诱导铁素体晶粒的尺寸变化不大；组织中珠光体发生了球化，主要是片状渗碳体开始溶解，但仅是部分溶解，此时片状渗碳体逐渐断开成许多细小的点状或链状，弥散分布在晶界上。

由图 4-36（b）可以看出，保温时间增至 30min 时，先共析铁素体晶粒尺寸进一步长大，但长大幅度不大，同时形变诱导铁素体晶粒尺寸也有所长大，并且珠光体也发生了球化。随着保温时间变长，球化过程进行得越完全。渗碳体颗粒主要分布在铁素体晶界上，先共析铁素体晶内基本上没有粒状渗碳体存在，同时由于奥氏体成分的不均匀，会发生以细小的渗碳体质点为核心，或者在奥氏体的富碳区产生新的核心，从而形成较均匀的颗粒状渗碳体。随着保温时间的延长，渗碳体不断长大，而且主要集中在细小的铁素体晶界处。

③ 珠光体转变结束后变形的显微组织　试样以 10℃/s 的速度升温到 1000℃，保温 5min 后，再以 5℃/s 的冷却速度，冷却到在 680℃保温 450s（珠光体转变结

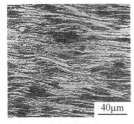
(a) 金相组织

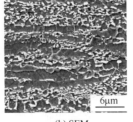
(b) SEM

图 4-37　珠光体转变后变形并直接水淬的显微组织

束)，以 $30s^{-1}$ 的应变速率发生 70% 的变形，变形后立即水冷的显微组织如图 4-37 所示。

由图 4-37 可以看出，当试样大温变形前的保温时间增加到 450s 时，得到的变形组织由变形拉长了的先共析铁素体与珠光体组成。先共析铁素体和珠光体在沿轧制方向上都被拉长，未发现马氏体组织，说明变形前珠光体相变已经完成，即大温变形发生在珠光体转变后。从图 4-37（b）中还可以看出，变形后珠光体已经发生部分球化，颗粒状和棒状的渗碳体分布在铁素体基体的晶界上，但仍有部分层片状的珠光体存在。大部分层片状的渗碳体都发生了扭折、断裂、破碎，部分渗碳体已完全球化，即珠光体相变后的大温变形加速了渗碳体的球化，而且破碎的渗碳体层片大部分都在原珠光体区，并沿着最初的珠光体层片取向方向排列。对于变形促进钢中渗碳体的球化的原因，Chattopadhyay 和 Sellars 等人[27] 认为，在变形过程中会形成大量的位错和空位，从而促进了碳的扩散以及渗碳体的溶解。尤其是在层片扭折附近，这种层片扭折是珠光体严重变形后的主要特征。

将试样以 10℃/s 的速度加热到 1000℃，保温 5min 后，再以 5℃/s 的速度冷却到 650℃，再保温 50s（珠光体转变结束），然后以 $30s^{-1}$ 的应变速率进行 70% 的变形。变形后立即水冷，所得显微组织如图 4-38 所示。从图 4-38 可以看出，经 650℃保温 50s 后再变形的组织，也是由变形拉长的先共析铁素体与珠光体组成，观察不到晶粒细小的形变诱导铁素体及马氏体，说明大温变形前珠光体转变已经完成，或者说大温变形发生在珠光体相变之后。

变形后的组织与 680℃珠光体转变结束后温变形的组织（图 4-38）相比，组织更为细小。从 650℃与 680℃变形后的 SEM 照片［图 4-38（b）］对比可以看出，由于温度的降低，变形后熔断的珠光体球化程度比 680℃时要小得多，而且先共析铁

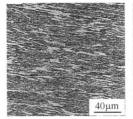
(a) 金相组织

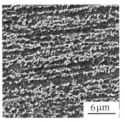
(b) SEM

图 4-38　650℃珠光体转变后变形并直接水淬的显微组织

素体基体内也有粒状渗碳体出现。但是由于温度较低，先共析铁素体的数量减少，珠光体的数量增加，故变形后的组织较为均匀。

（2）变形温度及保温时间对渗碳体显微组织的影响

① 680℃大温变形后保温不同时间的显微组织　将试样以 10℃/s 的速度加热到 1000℃，保温 5min，以 5℃/s 的速度冷却到 680℃保温 450s（珠光体转变结束），再以 30s^{-1} 的应变速率进行 70% 的变形，随后仍在 680℃分别保温 5min、15min 和 30min，再水冷至室温的显微组织分别如图 4-39～图 4-41 所示。

图 4-39 为 680℃珠光体转变变形后保温 5min 的显微组织，从图中可以看出，变形后保温 5min 与变形后直接水淬的组织（图 4-32）相比，先共析铁素体晶粒已明显长大，片状珠光体渗碳体断裂，形成了颗粒状或长棒状，并弥散分布在铁素体基体的晶界上。同时铁素体发生了再结晶，形成细小的等轴晶粒后在保温过程中又发生长大。

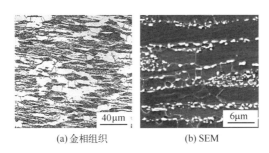

(a) 金相组织　　　　　(b) SEM

图 4-39　680℃珠光体转变后变形，球化保温 5min，水淬后的显微组织

680℃变形后球化保温 15min 再水冷试样的显微组织如图 4-40 所示。从图中可以看出，与保温 5min 的相比，铁素体晶粒因保温时间延长而进一步长大，渗碳体进一步球化，珠光体铁素体晶粒也逐渐长大，但是由于渗碳体的钉扎作用阻碍了铁素体晶粒的长大，故渗碳体颗粒周围的铁素体较远离渗碳体的铁素体晶粒尺寸明显细小。另外，从图 4-40（b）中可以看出，保温 15min 后珠光体渗碳体已经达到了较好的球化效果。

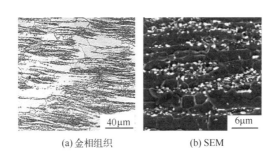

(a) 金相组织　　　　　(b) SEM

图 4-40　680℃珠光体转变后变形，球化保温 15min，水淬后的显微组织

680℃珠光体转变变形后保温 30min 后立即水冷的显微组织如图 4-41 所示。由图 4-41 可以看出，保温 30min 后层片状的渗碳体几乎完全球化。与保温 5min、

15min 的试样相比，保温 30min 的铁素体晶粒尺寸变化不大，这是由于铁素体晶界上分布的细小渗碳体颗粒的钉扎作用，阻碍了保温过程中铁素体晶粒的进一步长大。

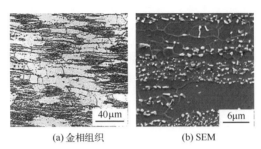

(a)金相组织　　　　　　(b) SEM

图 4-41　680℃珠光体转变后变形，球化保温 30min，水淬后的显微组织

② 650℃大温变形后不同保温时间的显微组织　将试样以 10℃/s 的速度加热到 1000℃，保温 5min，再以 5℃/s 的速度冷却到 650℃，保温 50s 后以 30s^{-1} 的应变速率进行 70％的变形，随后再升温到 680℃，保温 5min 立即水淬，所得试样的显微组织如图 4-42 所示。

由图 4-42 可以看出，珠光体组织中的渗碳体片球化特征明显，同时与 680℃变形后保温 5min 后立即水冷的试样相比（图 4-39），组织也更加精细，碳化物颗粒较为细小且绝大部分分布在铁素体的晶界上，这是因为随着变形温度的降低，发生珠光体转变后得到的渗碳体片厚度变薄，为变形后球化渗碳体提供了较细的基础组织。

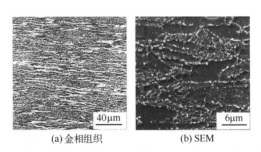

(a)金相组织　　　　　　(b) SEM

图 4-42　650℃珠光体转变后变形，球化保温 5min，水淬后的显微组织

③ 620℃大温变形后不同时间保温的显微组织　将试样以 10℃/s 的速度加热到 1000℃，保温 5min，再以 5℃/s 的速度冷却到 620℃，保温 15s 后再以 30s^{-1} 的应变速率进行 70％的变形，然后再升温到 680℃，保温 5min 并立即水冷，所得显微组织如图 4-43 所示。显然，随着变形温度的进一步降低，在 620℃大温变形后，比在 680℃［图 4-41（a）］和 650℃［图 4-42（a）］变形后保温 5min 的显微组织更加细化，而且渗碳体颗粒比变形温度高（650℃与 680℃）时尺寸要更小，珠光体渗碳体的球化也更完全。同时在 620℃变形再经 680℃保温 5min 后，渗碳体的

球化程度和在 680℃ 变形后保温 30min 后的球化效果基本相当，故在 680~620℃ 的温度范围内，在较低温度发生相同条件下的变形后，将会更加促进随后的渗碳体的球化，使在 680℃ 的球化保温时间大大缩短。

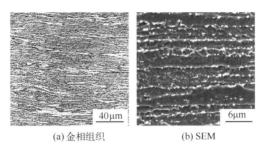

(a) 金相组织　　　　　　(b) SEM

图 4-43　620℃ 珠光体转变后变形，球化保温 5min，水淬后的显微组织

4.5　温变形制备超细晶粒高碳钢的数值模拟

近年来，数值模拟方法已被应用于楔横轧工艺过程[28,29]，运用数值模拟技术可以对楔横轧产品成形过程进行模拟计算和实时跟踪描述，可反复进行数值模拟实验，以揭示楔横轧成形轴类件的规律和研究各种不同工艺因素对成形过程的影响。但是影响实际楔横轧轧制问题的因素错综复杂、相互制约，以往对楔横轧成形工艺的数值模拟大多局限在较为简单的板式楔横轧形式及对其各场量变化的描述，很少考虑工程实际中普遍使用的二辊楔横轧形式，且对轧制过程中温度变量很少涉及。为此，本章从金属变形的角度出发，将温度作为一个重要参数引入模拟计算中，利用 DEFORM-3D 平台建立楔横轧制三维刚塑性热/力耦合有限元模型，对二辊温楔横轧高碳钢棒件成形过程进行数值模拟，以获得轧后高碳钢棒件温度、应变、应变速率、应力及损伤度等各场量信息及分布规律，为进一步研究材料内部微观组织演变规律、准确预测超细晶粒高碳钢棒件的综合力学性能提供理论依据。

4.5.1　温楔横轧有限元模型

生产实践表明，在模具设计中如果取消平整段，对轧制过程稳定性及产品质量影响不大，这样不仅可以减少模具的长度，而且可以简化机械加工[1]。同时，由于本试验对最终棒件表面质量无具体要求，故将所用的二辊楔横轧机的模具在模拟时简化为仅由楔入段和展宽段组成。

图 4-44 为用 DEFORM-3D 有限元软件建立的用于整体楔横轧制的非线性刚塑性有限元模型，模拟参数的选取与实际温楔横轧过程中所采用的参数一致，如表 4-3 所示。该模型由上下配有模具的轧辊、两个导板及轧件组成，进行热/力耦合

图 4-44　有限元模型

分析时，考虑到轧辊与轧件之间的接触传热，需要对刚性轧辊划分单元网格。为了尽量减少微机 CPU 的处理时间且又不影响数值解的一般性，只取轧辊的 1/4 部分进行计算，同时将轧件中心变形剧烈的部位进行网格细分处理。局部细化技术同样也适用于模具网格的划分，增加模具复杂曲面的网格密度一方面可以有效提高离散描述模具曲面的准确度，另一方面也大大降低了不必要的计算时间消耗。同时，该技术也大大改善了后处理中计算结果的显示精度。

在所建模型中，为了处理棒材成形过程中由于摩擦作用而产生不均匀的变形，以及随着变形的增加导致网格畸变而逐渐失去其描述变形规律的精度的大变形问题，还采用了畸变网格的再划分技术。为了方便大变形畸变网格的再划分，工件采用四面体单元网格，主要因为四面体单元在三维网格再生技术上比较成熟。

表 4-3　模拟温楔横轧轧制工艺参数

成形角 /(°)	展宽角 /(°)	压下量 Δh/mm	断面收缩率 /%	棒件原始直径 D/mm
30	7.5	13	68	30
轧细长度 L/mm	轧辊直径 D/mm	轧辊转速 n/(r·min^{-1})	工件初始温度 /℃	辐射·系数
70	600	10	680	0.7

楔横轧基本轧制过程的有限元模拟主要由以下三个步骤组成[1]：

① 前处理。确定模具与轧件的主要参数，输入模具模型，生成轧制模型，设定模具与轧件的边界条件等。

② 计算求解。将前处理完成后形成的轧制模型在 DEFORM 求解器中求解，本章内容所涉及的模型，其模具与轧件的总单元数一般在 60000 左右。

③ 后处理。求解完成后，在 DEFORM 软件处理程序中进行分析，得到轧件任意时刻、任意位置处的场量信息。

其整个模拟流程框图如图 4-45 所示。

为了更好地反映楔横轧过程中轧件三处各场量的变化情况，在完成模拟成形的轧件上分别截取了距轴向对称中心不同位置 0mm、20mm、40mm 的 3 个横截面，分别标记为 A、B、C 截面 [图 4-46 (c)]，每个截面同样选取三点，取点部位如前所述。之所以选择轧后成形的棒件作截面，是因为这里主要考虑不同位置处各场量参数变化对显微组织的影响。

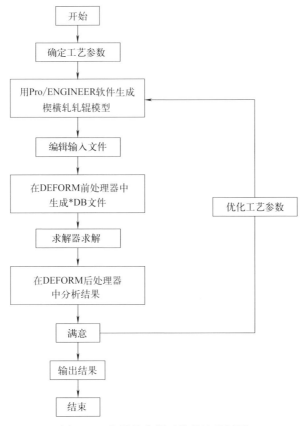

图 4-45　楔横轧有限元模拟流程框图

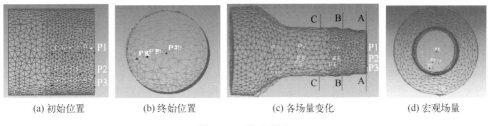

(a) 初始位置　　(b) 终始位置　　(c) 各场量变化　　(d) 宏观场量

图 4-46　取点部位

4.5.2　应变场模拟结果

楔横轧轧件变形开始时，模具楔由零位置逐渐升高并楔入到轧件内。随着轧制过程的继续，工件在承受模具径向挤压的同时轴向逐渐延伸。当模具楔在工件周边完成大约一致的 V 形楔槽后，变形楔高度保持不变，但其宽度将逐渐变宽，使变形工件逐渐向轴向两侧展宽。工件在变形楔成形斜面和逐渐展宽的楔形作用下一边径向减径一边轴向拉长，同时也形成了特定的台阶形状。从上述现象可以

133

看出，楔横轧轧件的成形是一个连续局部成形的过程，采用传统的实验方法很难得到工件在某一瞬时时刻的变形状态，而利用有限元分析技术则可非常清楚直观地给出楔横轧的实际变形规律。等效应变是综合变形工件的各向应变来衡量其变形程度的指标，从而为不同变形方式下工件的变形程度提供较为统一的标准。但对于某一方向的具体应变大小，该物理量并不能加以区分，因此，为了全面地反映楔横轧变形工件的应变分布及其变化情况，对变形工件在 X 方向、Y 方向以及 Z 方向上的应变也进行了表征。

（1）楔入段横截面上的应变场分布

图 4-47 为楔横轧楔入段结束时横截面上应变分布（加载步 400）的等值线图。其中，图 4-47（a）为横截面上等效应变的分布情况，可以看出，在变形区域应变分布均匀对称，最大应变值 3.11 出现在轧件与模具相接触的区域，心部区域由于楔入段已经完成，在以后的变形过程中将主要发生轴向延伸。因此，整个截面等效应变值已基本恒定在 2.22。等效应变值从轧制接触区域到变形影响区域逐渐减小，变形影响区域该值仅为 0.444。

图 4-47（b）为横截面上横向应变的分布情况，且应变分布范围局限在模具与工件接触区域以及已变形完全的区域内。在模具楔的作用下，工件在 X 方向主要发生延伸变形，出现拉伸应变，最大值为 0.444，也集中在轧件与模具接触区域，以此为中心，应变值逐渐减小，心部区域也已基本恒定在 0.119 附近。

图 4-47（c）为横截面上纵向应变的分布情况。工件在该方向上主要发生拉伸应变，最大值 0.905 出现在轧细区域的末端，以此为圆心，应变值逐渐减小，直到最外层的最小值 0.128。由于模具的带动，延伸应变主要伸向两端，造成端口部位金属的堆积，局部出现压缩应变，其值约为 0.0274（图 4-47（c）中的 B 处）。

图 4-47（d）为横截面上轴向应变的分布情况。该图应变分布情况与图 4-47（b）、（c）两图明显不同，图 4-47（b）、（c）中均为拉伸应变，而图 4-47（d）中则为压缩应变。此外还可以看出，在 Z 方向上应变变化情况较为剧烈，最大值 1.3 出现在模具与工件的接触区域，而心部截面区域应变已基本恒定在 1.09 附近。

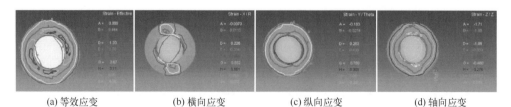

(a) 等效应变　　　　　(b) 横向应变　　　　　(c) 纵向应变　　　　　(d) 轴向应变

图 4-47　楔入段结束时横截面上的应变分布

（2）楔入段纵截面上的应变场分布

楔横轧楔入段结束时纵截面上的应变分布（加载步 400）等值线模拟结果如图

4-48 所示。从纵截面应变分布图可以清楚直观地观察到变形由表面逐渐渗透到心部的过程。图 4-48（a）为纵截面上等效应变分布情况，显然，变形区域以心部截面为中心对称面均匀分布，等值线近似以双曲函数的形式分布，最大值 3.11 同样出现在模具与工件接触区域，心部区域应变值也已达到 1.78。依此类推，应变值逐渐减小至 0.444。在其他模具与轧件没有接触的区域，应变均为零，即没有发生变形。

图 4-48（b）为纵截面上横向应变的分布情况。轧件应变在该方向上均为拉伸应变，变化情况相对平缓，最大值 0.444 也出现在模具与工件接触区域。图 4-48（c）为纵向应变的分布情况。最大值 0.905 出现心部截面区域，以此为中心，应变逐渐减小，最小值 0.128 出现在变形轧件的最外层。同理，由于模具的作用，使临近部位的金属堆积，局部产生压缩应变，其值为 0.0274。图 4-48（d）所示为轴向应变的分布情况，应变在 Z 方向上均为压缩应变，且应变分布情况与横截面基本一致。

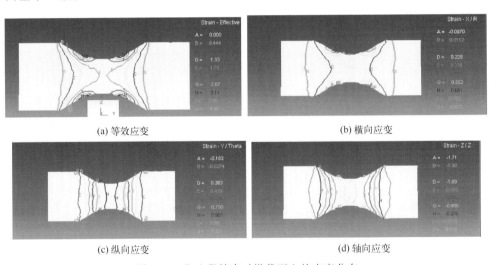

(a) 等效应变　　　　　　　　　　　　　　(b) 横向应变

(c) 纵向应变　　　　　　　　　　　　　　(d) 轴向应变

图 4-48　楔入段结束时纵截面上的应变分布

（3）展宽段横截面上的应变分布

图 4-49 为楔横轧展宽段结束时应变（加载步 1000）等值线分布图。图 4-49（a）为等效应变分布情况。显然，应变最大值 3.56 出现在模具与轧件接触区域，心部截面区域应变分布均匀，整个截面应变值基本维持在 2.67 左右。随着展宽段的结束，轧件被轧制成轴类件，轧件的轧细区域都存在着较高的应变值，在轧件的端部应变值由内向外逐渐减小，最小值 0.444 出现在轧件端部变形影响区域。图 4-48（b）为横截面上横向应变的分布情况。

与图 4-47 不同的是，应变分布区域由楔入段时的模具与轧件接触区域逐渐扩展到整个轧件截面，最大值 0.465 出现在模具与轧件的接触区域。由于轧件内凹，

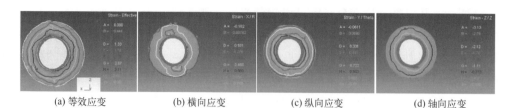

| (a) 等效应变 | (b) 横向应变 | (c) 纵向应变 | (d) 轴向应变 |

图 4-49　展宽段结束时横截面上的应变分布

轧件端部出现压缩应变，其值为 0.00782，从这一点也验证了轧制过程中金属流动的不均匀性。图 4-49（c）为横截面上纵向应变的分布情况。在展宽段轧件因主要发生延伸变形，故该阶段应变分布情况与楔入段略有不同。最大值 0.964 出现在模具与轧件接触区域的末端，且在此方向上主要发生拉伸应变，应变最小值 0.0695 出现在轧件端部变形影响区域。图 4-49（d）为横截面上轴向应变的分布情况，且与楔入段分布情况类似。在 Z 方向上轧件主要承受压缩应变，最大值 1.45 也出现在模具与轧件接触区域，而最小值 0.437 则出现在轧件端部。

（4）展宽段纵截面上的应变分布

图 4-50 为展宽段纵截面上应变等值线分布图。图 4-50（a）为等效应变分布情况，从图中可以看出，应变分布情况沿心部截面严格对称，心部截面变形均匀，其应变值约为 2.67，最大值同样出现在模具与轧件接触区域，约为 3.56，最小值则在轧件端部，约为 0.444。从纵截面分布图也可以知道，轧制过程中由于变形的不均匀和金属流动情况的差异，从而导致轧件内凹。

图 4-50（b）～（d）分别为横向应变、纵向应变、轴向应变在纵截面上的分布情况，与横截面上分布情况相似。横向应变由于轧件的内凹端部出现压缩应变，而纵向应变则为拉伸应变，轴向应变则为压缩应变，且横向应变变化较为平缓，

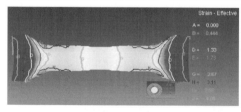

(a) 等效应变

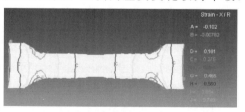

(b) 横向应变

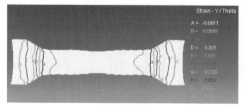

(c) 纵向应变

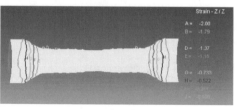

(d) 轴向应变

图 4-50　展宽段结束时纵截面上的应变分布

纵向以及轴向应变变化较为剧烈。

通过对比以上应变分布的情况可以看出，在整个楔横轧过程中都产生很不均匀的应变场，且都存在着基本相似的趋势和规律，即横向应变与纵向应变主要是拉伸应变，而轴向应变主要是压缩应变，再叠加上模具作用产生的应变。应变最大值都出现在模具与轧件相接触区域。与普通变形方式不同的是，楔横轧轧件的变形强度外层最大，并向中心逐步减少，这是楔横轧轧件变形的重要特征之一。

由以上模拟计算结果可知，对于应变，在整个径向变形过程中，从轧件与轧辊接触的表面开始，随着变形量的增加，塑性变形不断向心部渗透，直到心部也产生塑性变形；随着轧件的旋转，变形将在轧件的圆周方向上连续产生。图 4-51 (a)～(c) 分别对应于 A、B、C 截面处的等效应变分布曲线。从图中可以看出，这三处截面等效应变的变化趋势基本相同，即随着轧制过程的进行，其值均呈缓慢上升的趋势，只不过 $0.25R$ 处上升幅度较大，这是因为它所处的位置相对于后两者更靠近表层，而表层又是变形最先渗透到的地方。因此，在整个轧制过程中，表层 $0.25R$ 处的等效应变值始终都高于另外两点。棒材中心部位（模具最先楔入的截面，即 A 截面）由于径向压缩（楔入段）和轴向延伸（展宽段）的共同作用，致使 A 横截面宽度略窄于另两处截面，该处三点的等效应变值趋于一致，表层 $0.25R$ 处等效应变值为 2.33，中心 R 处则为 2.32；离 A 截面的距离越远，等效应变值相差也越大；B 截面处表层等效应变值为 3.26，中心为 3.1；相应的 C 截面处的等效应变值分别为 3.74 和 3.19。表层处等效应变值存在跃升的现象，这是由于轧件表面与轧辊模具的间隔接触、上下模具交替对轧件进行作用所致。表层等效应变曲线变化平缓说明该部位已处于非变形区域。当达到预定的变形量后，等效应变曲线基本维持在一恒定值附近，尔后变化不大。

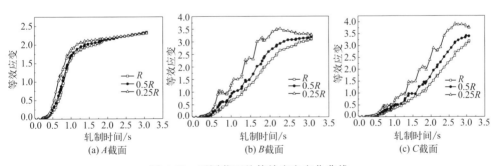

图 4-51　不同截面处等效应变变化曲线

4.5.3　应力场模拟结果

楔横轧过程中轧辊给轧件径向压力，使轧件产生径向压缩变形，同时轧辊还给轧件切向摩擦力，使轧件产生旋转，轧辊给轧件的轴向力促使轧件轴向延伸。

应力场的分析关系到精确轧制的变形抗力，也是合理制订压力加工工艺的前提。同时，应力场的分析把宏观变形抗力和微观组织变化结合起来，这更有利于从本质上认识材料的变形特性。通过对应力场的分析还可有效地预防轧制缺陷的产生，对深入了解 Mannesmann 效应的产生机理有重要的意义。

（1）横截面上的应力分布

图 4-52 为楔入段横截面上（加载步 400）的应力等值线分布图。图 4-52（a）为等效应力分布图。可以看出，等效应力在轧件的整个截面上分布都较为均匀对称，最大应力出现在模具与轧件的接触区域，约为 342MPa；心部轧细局域应力分布较为均匀，其值约为 218MPa，最小应力出现在与接触区域成 90°的对称区域，其值约为 43.6MPa。当轧件旋转 90°后，现在的最大应力区域将变成最小应力区域，而现在的最小应力区域也将成为最大应力区域。轧件旋转一周，对应的场量分布情况将变换两次。图 4-52（b）～（d）分别为横向应力、纵向应力、轴向应力在横截面上的分布情况，从中可以看出，楔横轧变形时轧件内部处于复杂的三向应力状态。应力的最大值（绝对值）都出现在模具与轧件相接触区域，且都为压应力，离接触区域越远压应力越小，中间大部分位置只有很小的压应力。图 4-52（c）中间位置甚至出现了拉应力，这可能是由于作用于轧件上的径向压力在轧件已经宽展成形的金属内部所产生的压应力不足以抵消因不均匀变形而产生的拉应力，因此显示出了较大区域的拉应力。

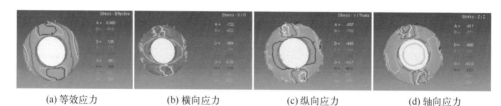

(a) 等效应力　　　　(b) 横向应力　　　　(c) 纵向应力　　　　(d) 轴向应力

图 4-52　楔入段横截面上的应力分布

（2）纵截面上的应力分布

图 4-53 为楔入段纵截面上（加载步 400）的应力等值线分布情况。图 4-53（a）为等效应力分布情况，从图中可以看出，应力分布沿心部截面严格对称，与横截面应力分布情况类似，应力最大值 342MPa 出现在模具与工件相接触区域，最小应力 43.6MPa 则出现在远离变形区域的工件端部。图 4-53（b）～（d）分布分别为横向应力、纵向应力、轴向应力在纵截面上的应力等值线分布情况。除了纵向应力在工件心部区域出现较大区域的拉应力之外，其他各向应力几乎都为压应力，并且最大压应力都出现在模具与工件接触区域。以此为中心，压应力逐渐减小。

（3）展宽段横截面上的应力分布

图 4-54 为展宽段横截面上的应力分布云图。与楔入段应力分布情况较为相

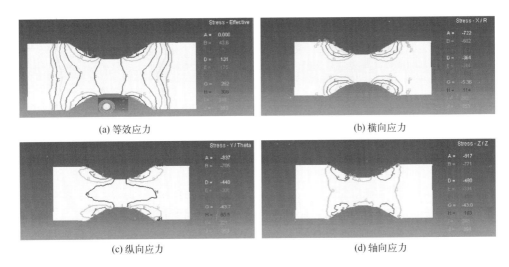

(a) 等效应力　　　　　　　　　　　　(b) 横向应力

(c) 纵向应力　　　　　　　　　　　　(d) 轴向应力

图 4-53　楔入段纵截面上的应力分布

似，最大应力均出现在模具与工件接触区域，最小值则出现在与接触区域成 90° 的对称区域。纵向应力在整个轧细部位都呈现出较大的拉应力状态，如图 4-54（c）所示。由此可知，工件在旋转过程中，变形区内金属受模具成形面作用承受压应力，而位于轧制区域两侧的金属则承受反向拉应力的影响。正是由于工件旋转一周而承受交替变化的两向拉压应力作用，使工件出现了疏松、裂纹等缺陷，模拟结果很好地验证了这一点。

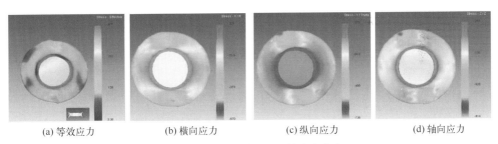

(a) 等效应力　　　(b) 横向应力　　　(c) 纵向应力　　　(d) 轴向应力

图 4-54　展宽段横截面上的应力分布

（4）展宽段纵截面上的应力分布

图 4-55 为展宽段纵截面上的应力分布云图。从该图可以清楚观察到应力最大值（绝对值）的出现区域与前述一样，横向应力在轧细部位都呈现出压应力状态，而轧细部位末端到工件端部心部则出现拉应力状态，如图 4-55（b）所示；纵向应力分布则正好与之相反，轧细部位呈现出拉应力状态，轧细部位末端到工件端部心部则呈现压应力状态，如图 4-55（c）所示；轴向应力则均为压应力，如图 4-55（d）所示。正是由于横向应力和纵向应力拉压应力的交替变换，使工件极易出现Mannesmann 效应。模拟结果很好地再现了该效应产生的原因。

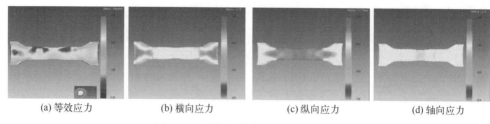

(a) 等效应力　　　　　(b) 横向应力　　　　　(c) 纵向应力　　　　　(d) 轴向应力

图 4-55　展宽段纵截面上的应力分布

图 4-56 给出了 A、B、C 截面不同部位处等效应力的分布变化曲线。可以看出，这三处截面在轧制初期等效应力有着相同的变化趋势，即楔入段应力增加缓慢，进入到展宽段之后应力急剧增加，A、B 截面达到最大应力值的时间相同（约为 0.61s），而 C 截面则明显滞后许多（约为 1.62s），这与我们所选择的截面位置相关。距离中心截面越远，进入展宽段的时间也就越长。

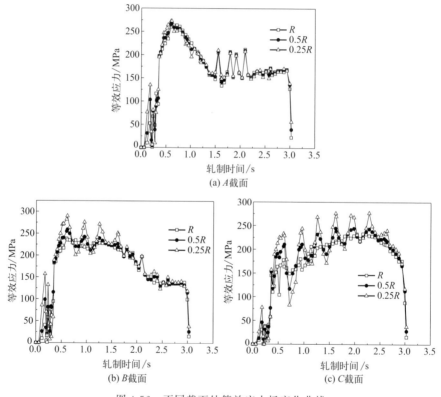

(a) A 截面

(b) B 截面　　　　　　　　　　　(c) C 截面

图 4-56　不同截面处等效应力场变化曲线

从图 4-56（a）可以看出，A 截面不同部位应力变化趋势一致，且三处应力值大小也相差很小，这与心部截面处等效应变值相接近的事实相呼应。B 截面应力达到最大值之后开始缓慢下降，而 C 截面应力一直缓慢增加，在 A、B 两截面达到最大应力很长一段时间后才达到最大应力，C 截面在很长的一段时间内应力都维持在一个很高的水平。

4.5.4　应变速率模拟结果

应变速率是变形程度对时间的变化率，它是影响微观组织再结晶演变过程和最终晶粒尺寸大小的重要因素之一。楔横轧变形属于多轴变形，由于轧辊与轧件直径比例较大，轧制过程在很短的时间即可完成，即变形区内大的变形量在短时间内完成，造成楔横轧应变速率较大。普通实验方法很难确定出实际轧制过程中任一时刻轧件各个部位所对应的应变速率分布，而采用有限元分析技术则可轻松全面解析整个轧制过程，为后续的组织分析提供强有力的技术支持。

图 4-57 给出了楔入段结束和展宽段结束时横截面上的应变速率分布等值线图。可以看出，应变速率的最大值也出现在模具与轧件接触的区域，以此为中心，向外逐渐减小，且应变速率分布仅在发生变形区域内存在，未发生变形区域内应变速率为零。

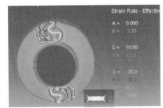 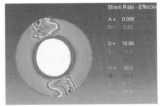

(a) 楔入段结束时应变速率　　　　(b) 展宽段结束时应变速率

图 4-57　横截面上的应变速率分布

图 4-58 给出了楔入段结束和展宽段结束时纵截面上的应变速率分布等值线图。应变速率的分布沿心部截面呈蝶形对称分布，等效应变速率分布规律与横截面相一致。

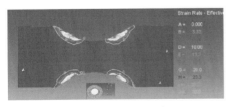 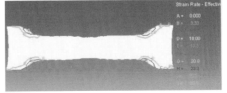

(a) 楔入段结束时应变速率　　　　　　　　(b) 展宽段结束时应变速率

图 4-58　纵截面上的应变速率分布

不同截面相应的等效应变速率分布曲线如图 4-59 所示。A 截面在楔入段末期和展宽段初期等效应变速率达到最大值，约为 $5s^{-1}$，此后一直呈减小趋势，这是因为 A 截面楔入段结束后主要发生轴向延伸变形，且逐渐与轧辊脱离接触，使等效应变速率下降趋势明显。B、C 截面在此阶段所受变形程度较小，相应的应变速率也较小，由于 B 截面相对于 C 截面距离心部截面更近，因而其应变速率变化程度明显强于 C 截面。表 4-4 给出了三处截面不同部位处相应的平均等效应变速率值，可以看出，A 截面不同部位平均等效应变速率值较为接近，都在 $0.6\mathrm{s}^{-1}$ 附近波动，而 B、C 截面分布规律较为相近，且相应部位该值大小也比较接近，$0.25R$ 处平均等效应变速率值在 $1.53\mathrm{s}^{-1}$ 左右，$0.5R$ 处在 $0.82\sim0.87\mathrm{s}^{-1}$ 之间，而 R 处则在 $0.56\sim0.59\mathrm{s}^{-1}$ 之间。随着轧制过程的进行，B、C 截面相继进入展宽段，变形程度加剧，对应的应变速率也随之增大，达到 $10^1\mathrm{s}^{-1}$ 数量级，但是达到峰值前都存在着一定的时差。

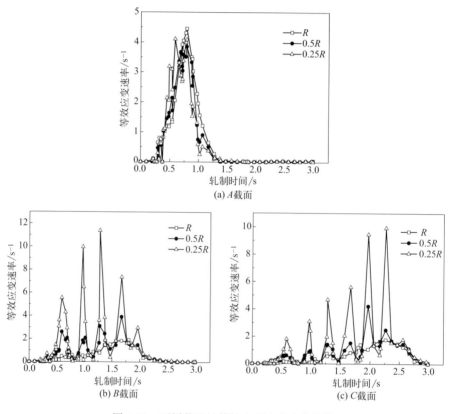

图 4-59　不同截面处等效应变速率变化曲线

表 4-4　平均等效应变速率

截面位置	取样部位	平均等效应变速率 $(\bar{\dot{\varepsilon}})/\mathrm{s}^{-1}$
A 截面	$0.25R$	0.607
	$0.5R$	0.599
	R	0.660

截面位置	取样部位	平均等效应变速率 $(\bar{\dot{\varepsilon}})/\text{s}^{-1}$
	0.25R	1.533
B 截面	0.5R	0.866
	R	0.563
	0.25R	1.531
C 截面	0.5R	0.821
	R	0.591

4.5.5　温度场模拟结果

楔横轧过程中塑性功转化为热能，轧件与模具和周围环境介质间存在着热交换，从而在轧件内产生较大的温度梯度，温度梯度又与应力应变场变量分布相互影响，进而影响到变形后轧件的微观组织及其力学性能。因此，研究楔横轧过程中温度场量的变化，是控制金属微观组织和力学性能的基础。

图 4-60 给出了楔入段和展宽段结束时横截面上的温度分布云图，可以看出，在整个轧制过程中，模具与轧件表面上下接触区域内由于接触传热而导致该区温度显著下降，温度的最小值也出现在该区域。而在轧件圆周方向内，由于塑性功转化为热能使温度有所上升。对比轧件心部在两个轧制阶段中的温度变

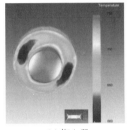

(a) 楔入段　　　　　(b) 展宽段

图 4-60　横截面上的温度分布云图

化，可以看出心部的温度变化不是很明显，主要是因为心部金属散热条件相对表层而言不是很好，变形热使心部在轧制过程中温度一直缓慢上升，该现象在图 4-62 中还可明显看到。

楔入段和展宽段结束时轧件纵截面上的温度分布等值线如图 4-61 所示。楔入段结束时轧件心部的温度还略微高于展宽段结束时的温度，这是因为刚进入楔入段时变形区域较小，变形热积聚在小变形区域，而且此时工件还未进入展宽阶段。根据体积不变原理，此时轧件心部尺寸明显大于展宽段结束时对应的心部尺寸，从而使其散热条件明显弱于展宽段结束时，所以楔入段结束时心部有一小部分区域温度高于展宽段结束时相应部位的温度。但是，模具与轧件表面接触区域的温度却正好相反，展宽段结束时轧件表层的温度明显高于楔入段结束时的温度，从散热条件的改善可以解释这种现象，轧件轧细之后使内部积聚的变形热相对容易扩散到表层，从而使与轧辊接触的表层发生再热现象，温度又缓慢上升。

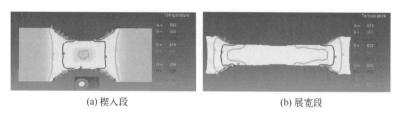

(a) 楔入段   (b) 展宽段

图 4-61 纵截面上的温度分布等值线

图 4-62 给出了温楔横轧过程中 A、B、C 三截面处不同位置轧件温度随成形时间的变化曲线。从图中可以看出，三处截面在楔入段开始后温升现象不明显，这是因为楔入段模具表面与轧件表面接触以及轧件向周围介质辐射损失的热量大致等于楔入段径向压缩变形所产生的热量。当进入展宽段之后，由于该段是楔横轧模具对轧件完成变形的主要区段，逐渐展宽的模具导致轧件此时主要承受轴向变形，相应的等效应变值增幅也较大，而该值又是反映变形程度强弱的指标，随着变形程度的加剧，截面处温度缓慢上升，其中 A 截面上升幅度最大。A 截面位于轧制变形区域中心部位，由于剧烈塑性变形生热所造成的温升很明显，同时该部位在楔入段结束后逐渐与展宽的模具脱离接触，在随后的展宽段始终受到轴向

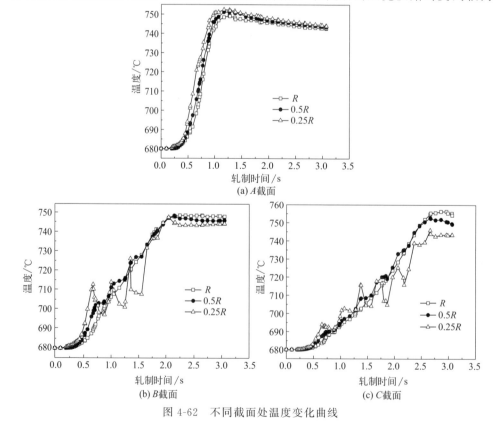

(a) A 截面

(b) B 截面   (c) C 截面

图 4-62 不同截面处温度变化曲线

拉伸作用，变形热始终存在，轧件内温度梯度小，接触传热量小，所以温度一直缓慢上升。轧制后期轧件与周围介质的热交换占主导作用，使轧件温度平缓下降，内外温度逐渐趋于一致。

而对于 B、C 截面处的表面，由于和轧辊不间断接触造成急冷，温度呈波浪状起伏，图 4-62 (b)、(c) 中 $0.25R$ 处温度变化趋势很好地说明了这点。轧制变形后由于轧件内部的热传导，热量从轧件中心向表层传递，表层出现再热现象。由于 B、C 截面在轧制开始前本身就与 A 截面存在一定的距离，进入轧制阶段的时间存在一定的时差，因此，图 4-62 中 A 截面温度变化平缓的时间段最长，B 截面次之，C 截面最短，而且随着轧制过程的结束，三点温差也越来越大。

4.5.6　几何形状对比验证

图 4-63 为温楔横轧后所得高碳钢棒件实物及模拟计算结果。由于所选择的成形角和断面收缩率较大，故轧后棒件中间部位被稍稍拉细；同时又由于选用的展宽角也较大，轧件轧细部位出现了螺旋状凹痕，这是由于最大轴向拉应力发生在轧件与轧辊斜楔的尖部接触部位（因为此处的应力集中最大），故首先在局部产生轴向拉细颈缩，轧件在旋转中形成了螺旋状凹痕，模拟结果也很好地再现了上述现象。由此可见，模拟计算不仅很好地再现了高碳钢棒件的实际温楔横轧过程，而且模拟棒件的形状和最终尺寸也与实物非常相近，还能有效预测轧制缺陷的存在，从而有效降低生产成本，大大提高生产效率。

对比测量楔横轧棒件实物及模拟计算的结果，可以看出，成形工件的轧细直径为 15.78mm，台阶轴端直径为 29.96mm，工件轧后全长为 255.64mm，而模拟计算结果的对应值分别为 16.32mm、30.25mm、248.26mm，从这些能较全面反映工件几何形状的尺寸指标的相互比较可知，模拟预报值与实际测量值之间的差别在工程问题所允许的误差范围之内，本研究所建立的有限元模型能很好地预测和体现轧件的宏观特征。

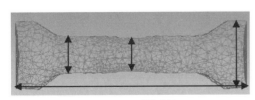

(a) 模拟计算结果　　　　　　　　　　(b) 高碳钢棒件实物

图 4-63　有限元模拟结果与实验对照

4.5.7　速度场及损伤度模拟结果

心部疏松和孔腔（Mannesmann 效应）是楔横轧产品中容易出现的主要缺陷

之一，它会削弱工件的材料强度，并最终导致零件失效，该效应目前仍然是制约楔横轧工艺发展的一个主要障碍。因此，研究楔横轧过程中速度场的变化、模拟工件内部损伤的分布，可以为预防轧制缺陷的产生提供理论支持。

图 4-64 给出了轧件在楔横轧过程中速度分布等值线图及相应的矢量图。从图中可以看出，速度的最大值出现在模具与轧件接触区域，如图 4-64（a）所示，图中粗点代表模具与轧件的接触点，由于采用线速度来表征轧件的运动状态，而它又等于角速度和半径的乘积，所以对于整个接触区域而言，最大值出现在轧细部位与未成形区域的交界处及轧件的轴肩处。相应的轧细部位由于其旋转半径最小，所以该处速度值最小。

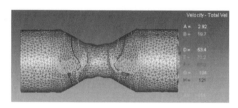

(a) 速度等值线

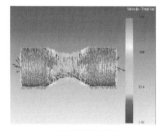 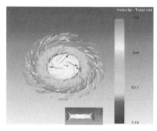 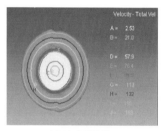

(b) 速度矢量图　　　　　(c) 速度矢量图　　　　　(d) 速度等值线

图 4-64　速度分布图及相应的矢量图

图 4-64（b）、（c）为速度矢量图，从这两图可以明显看出金属流动的趋势，轧细部位以周向运动为主，而未成形区域则呈现出螺旋式旋转，即周向流动与轴向流动的合成，该趋势在轧件的轴肩处更为明显。到了轧件两端靠近轴心的部位金属流动趋势为水平向外流动，说明该处金属几乎只存在轴向流动，这一点与实际轧制情况是相吻合的。图 4-64（d）也验证了图 4-64（a）中速度的分布特点。

从金属断裂类型来分析，楔横轧内部孔腔的形成属于韧性断裂。在楔横轧变形过程中，由于拉应力的作用，轧件在塑性变形的同时产生塑性疏松，这是一个微孔形核、长大、聚合、形成裂纹的过程，当裂纹达到临界尺寸时，失去稳定，然后"爆破"。

关于金属塑性成形过程中韧性损伤及裂纹类缺陷的研究，目前已取得了较多的研究成果，但这些研究所涉及的领域大多是自由镦粗、挤压和拔长等简单的金属成形工艺[30-32]，对于楔横轧这种复杂的体积成形工艺对内部韧性损伤及缺陷的产生研究得较少。刘桂华等人利用 DEFORM-3D 有限元模拟软件提供的用户接口，将常用的 Cockcroft and Latham 韧性断裂准则和能量吸收比能（ASPEF）准则编制成有限元计算程序，对楔横轧变形过程进行了模拟计算，得到了内部损伤量的分布规律，发现上述两类断裂准则都不能正确描述楔横轧变形过程中损伤变量的分布规律，也不适用于楔横轧变形过程中产生内部缺陷的分析和预测。因此她们综合考虑 Cockcroft and Latham 准则和 ASPEF 准则，提出韧性损伤因子的概念，较好地描述了楔横轧变形过程中损伤变量的分布规律，与实际轧制生产中工件内部产生空心现象相吻合[33]。在本小节中，我们还对实际温楔横轧过程中工件内部的损伤变量进行了定量描述，以期为预防轧制缺陷的产生提供理论支持。

图 4-65 给出了楔入段结束和展宽段结束时工件纵截面和横截面上的损伤变量等值线分布图。可以看出，损伤变量最大值都集中在心部截面处，随着变形过程的进行，损伤值也逐渐增大，由楔入段结束时的 0.761 增至展宽段结束时的 0.929，距离心部截面越远，其损伤值也越小，且损伤变量分布沿心部截面严格对称。损伤量分布规律与刘桂华等人[33] 所得结果基本一致。

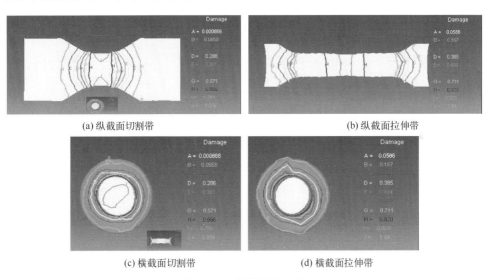

(a) 纵截面切割带　　　　　　　　　　　　　　　(b) 纵截面拉伸带

(c) 横截面切割带　　　　　　　　　　　　　　　(d) 横截面拉伸带

图 4-65　损伤度分布图

图 4-66 给出了温楔横轧过程中 A、B、C 三截面处不同位置轧件损伤度随成形时间的变化曲线。模拟结果表明，在开始楔入段，损伤量小且变化缓慢，进入到展宽段之后，损伤量急剧增加，A 截面变化趋势最为明显，B 截面次之，而 C 截面变化最为缓慢。三处截面进入轧制阶段时间的不同导致 C 截面损伤量缓慢增加的时间最长，B 截面次之，A 截面最短。

三处截面都有着相同的变化趋势，即损伤量由外向内逐渐增加，心部 R 处的损伤量大于表面 0.25R 处，这也说明了裂纹和缺陷是在工件的心部产生的。三处

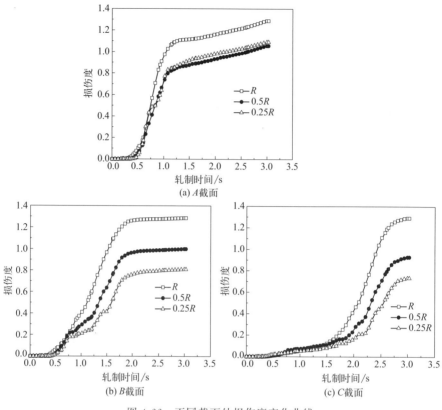

图 4-66 不同截面处损伤度变化曲线

截面所对应的心部 R 处的损伤量值大体相近，而 $0.5R$ 处和 $0.25R$ 处对应的损伤量由心部 A 截面到 C 截面则逐渐减小。A 截面 $0.5R$ 处和 $0.25R$ 处损伤量较为接近，这是因为该截面在变形过程中一直受到径向压缩和轴向延伸的共同作用，变形也由表层完全渗透至心部，故该截面处损伤量也相差不大，这与等效应变的分布规律非常相似。

4.5.8 变参数分析

断面收缩率 ψ 是楔横轧的一个基本工艺参数，它可以定性地反映变形量的大小，并直接影响着工件的几何形状及轧制稳定状态等。通过研究不同断面收缩率对其轧件等效应变、温度、损伤度的影响，能很好地为后续控制金属微观组织和力学性能以及预防宏观中存在的轧制问题和缺陷有力的技术支持，从而在一定程度上节约了原材料的利用率，也提高了生产效率。

通常一次楔横轧后的断面收缩率 ψ 小于 75%，否则容易产生轧件不旋转、螺旋颈缩甚至拉断等问题。但当断面收缩率 ψ 小于 35% 时，若工艺设计参数选择不当，不但轧制尺寸精度不易保证，而且容易出现轧件中心疏松等缺陷。这是因为

φ 过小时，金属只产生表面变形，轴向没有变形或基本没有变形，多余的金属在模具间反复揉搓，中心产生拉应力与反复剪应力是中心破坏所致。因此，对于楔横轧而言，最有利的断面收缩率范围为 50%～65%，在此范围内可选择较大展宽角轧制。

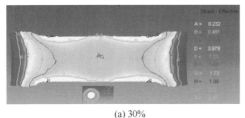
(a) 30%

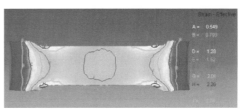
(b) 40%

(c) 50%

图 4-67　不同断面收缩率下的等效应变分布

（1）断面收缩率对等效应变的影响

断面收缩率对等效应变的影响如图 4-67 和图 4-68 所示。从图 4-67 可以看出，对于轧细部位而言，轧件横截面内等效应变由心部向表层递增，这是由楔横轧表面变形的特点使变形不易渗透到心部所致。在不同的断面收缩率情况下，轧件心部 R 处的等效应变则随着断面收缩率的减小而逐渐降低。φ 为 50% 时心部应变约为 1.74，而当 φ 降低到 30% 时心部应变也降至 1.49 左右。

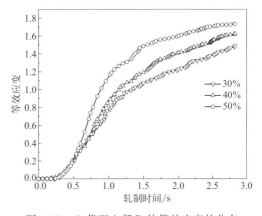

图 4-68　A 截面心部 R 处等效应变的分布

（2）断面收缩率对温度的影响

断面收缩率对温度的影响如图 4-69 和图 4-70 所示。轧件表层由于传热条件相对于心部都较好，故温度相对较低；而较内层的金属因变形生热引起的温升大于传导引起的温降，故相对于表层来说温度高出许多；最内层金属由于其传热条件最差，变形产生的热量积聚集中，而热传导所损失的热量又不易散发出去，因此轧件心部温度最高。采用不同的断面收缩率轧制工件时，断面收缩率越大产生塑

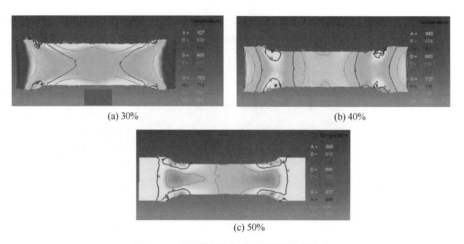

(a) 30% (b) 40%

(c) 50%

图 4-69 不同断面收缩率下的温度分布

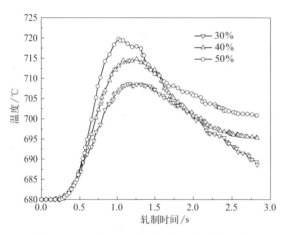

图 4-70 A 截面心部 R 处温度的分布曲线

性功也越大，塑性功生热引起的温升也相应越大，故变形温度也越高，而在小断面收缩率条件下相应的温升也较小。断面收缩率 ψ 为 50% 时其温升约为 40℃，而 ψ 为 30% 时其温升约为 30℃。由于所选择的横截面为中心轴对称截面，该截面在楔入段结束之后即与模具脱离接触，在随后的轧制过程中主要以轴向延伸的方式发生变形，因此该截面处的温度在楔入段结束时达到最大值，随着轧制过程的继续以及传热条件的相对改善，温度呈现出缓慢下降的趋势（图 4-70）。

（3）断面收缩率对损伤度的影响

断面收缩率对损伤度的影响如图 4-71 和图 4-72 所示。从图中可以看出，随着断面收缩率的增加，轧件变形程度加剧，相应的损伤度值也呈递增趋势。断面收缩率 ψ 为 50% 时轧件心部损伤度约为 0.67，而断面收缩率 ψ 为 30% 时该值则为 0.42。在同一断面收缩率下，轧件横截面内损伤度由心部向表层递减，该场量分布情况与实际轧制情况也相吻合，当损伤度达到一定值之后，轧件心部通常出现 Mannesmann 效应。因此，通过研究不同变形参数对其损伤度的影响，能很好地解释宏观中存在的轧制问题和缺陷，可以有效预防该效应的发生，从而在一定程度上节约了原材料的利用率，也提高了生产效率。

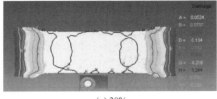
(a) 30%

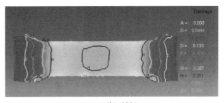
(b) 40%

(c) 50%

图 4-71　不同断面收缩率下的损伤度分布

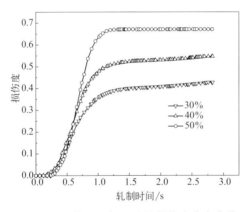

图 4-72　A 截面心部 R 处的损伤度分布曲线

参 考 文 献

[1]　胡正寰，张康生，王宝雨，等．楔横轧理论与应用［M］．北京：冶金工业出版社，1996.

[2]　Hughes K E，C. M. Sellars. Inflence of Reheating Temperature 680-1280℃ on Extrusion of mild steel and low-C high-Mn Steel［J］．Metals Technology，1982，9（9）：360-367.

[3]　张淑娟．楔横轧塑性成形数值模拟［D］．济南：山东大学，2009.

[4]　Fu W T，Xiong Y，Zhao J，et al. Microstructural Evolution of Pearlite in Eutectoid Fe-C Alloys During Severe Cold Rolling［J］．Journal of Materials Science and Technology，2005，21（1）：25-27.

[5]　Chattopadhyay S，Sellars C M．Kinetics of Pearlite Spheroidization during Static Annealing and during Hot Deformation［J］．Acta Metallurgica，1982，30（1）：157-170.

[6]　Tsuji N. Ultrafine Grained Steels［J］．Tetsu-to-Haganè，2002，88（7）：359-369.

[7] Sun S H，Xiong Y，Zhao J，et al. Microstructure Characteristics in High Carbon Steel Rod after Warm Cross-Wedge Rolling [J]. Scripta Materialia，2005，53 (1)：137-140.

[8] Xiong Y，Sun S H，Li Y，et al. Effect of Warm Cross Wedge Rolling on Microstructure and Mechanical Property of High Carbon Steel Rods [J]. Materials Science and Engineering：A，2006，431 (1-2)：152-157.

[9] Hayashi T，Nagai K，Hanamura T，et al. Improvement of Strength-Ductility Balance for Low Carbon Ultrafine-Grained Steels Through Strain Hardening Design [C]. CAMP-ISIJ，2000，13：473.

[10] Song R，Ponge D，Raabe D. Improvement of the Work Hardening Rate of Ultrafine Grained Steels Through Second Phase Particles [J]. Scripta Materialia，2005，52 (11)：1075-1080.

[11] 林慧国，傅代直. 钢的奥氏体转变曲线——原理、测试与应用 [M]. 北京：冶金工业出版社，1988：175.

[12] 《金属机械性能》编写组. 金属机械性能 [M]. 北京：机械工业出版社，1982：230.

[13] Xu Y，Liu Z G，Umemoto M，et al. Formation and Annealing Behavior of Nanocrystalline Ferrite in Fe-0. 89C Spheroidite Steel Produced by Ball Milling [J]. Metallurgical and Materials Transactions：A，2002，33：2195-2203.

[14] 宋洪伟，史弼，王秀芳. 一种低碳低合金钢的纳米压痕表征 [J]. 金属学报，2005，41 (3)：287-290.

[15] Toribio J. Evolution of Fracture Behavior in Progressively Drawn Pearlitic Steel [C]. ISIJ International，2002，42 (6)：656-662.

[16] Chattopadhyay S，Sellars C M. Kinetics of pearlite spheroidisation during static annealing and during hot deformation [J]. Acta Metallurgica，1982，30 (1)：157-170.

[17] Majta J，Bator A. Mechanical behaviour of hot and worm formed microalloyed steels [J]. Journal of materials Processing Technology，2002，125-126：77-83.

[18] Syn C K，Lesuer D R，Sherby O D. Influence of Microstructure on Tensile Properties of Spheroidized Ultrahigh-Carbon (1. 8 Pct C) Steel [J]. Metallurgical and material transactions：A，1994，25：1994-1481.

[19] 王宝奇，彭会芬，宋晓艳，等. 锻造超高碳钢的球化工艺与力学性能 [J]. 材料热处理学报，2004，25 (1)：27-30.

[20] Baoqi Wang，Xiaoyan Song，Huifen Peng. Design of a Spheroidization Processing for ultrahigh Carbon Steels Contain Al [J]. Materials and Design，2007，28：562-568.

[21] Zhan Lin Zhang，Yong Ning Liu，Jie wu Zhu，et al. Processing and Properties of ultrahigh-Carbon (1. 6％C) Steel [J]. Materials Science and Engineering：A，2008，483-484：64-66.

[22] Tsuzaki K，Sato E，Furimoto S，et al. Formation of an (α＋θ) Microduplex Structure without Thermomechanical Processing in Superplastic Ultrahigh Carbon Steels [J]. Scripta Materialia，1999，40 (6)：675-681.

[23] 惠卫军，于同仁，苏世怀，等. 中碳钢球化退火行为和力学性能的研究 [J]. 钢铁，2005，40 (9)：60-64.

[24] 许克亮，吴波，巩文旭. 冷镦钢及其高线盘条的研制与开发 [J]. 天津冶金，2000，(3)：2-8.

[25] 杨忠民，赵燕，王瑞珍，等. 形变诱导铁素体的形成机制 [J]. 金属学报，2000，36 (8)：818-826.

[26] Li W J，Du L X. Annealing of alloying Steel for the Euler Equations [J]. Journal of Iron and Steel Research，2000，12：36-43.

[27] S. Chattopadhyay，C. M. Seuars. Kinetics of pearlite spheroidisation during static annealing and during hot deformation [J]. Acta Metallurgica，1982，30 (1)：157-170.

[28] Pater Z. Numerical Simulation of the Cross Wedge Rolling Process Including Upsetting [J]. Journal of Materials Processing Technology，1999，92-93：468-473.

[29] Fang G，Lei L P，Zeng P. Three-Dimensional Rigid-Plastic Finite Element Simulation for the Two-Roll Cross-Wedge Rolling Process [J]. Journal of Materials Processing Technology，2002，129：245-249.

[30] 任广升，黄朝晖. 镦粗过程中孔洞应变分布的光塑性研究 [J]. 机械工程学报，1995，31 (2)：93-98.

[31] 任广升，张庆勇. 楔横轧中心开裂研究 [J]. 塑性工程学报，1994，1 (4)：49-54.

[32] 周杰，吕二乐. 高速钢扁锭锻造内部裂纹产生原因研究 [J]. 机械工程学报，1996，32 (5)：30-35.

[33] 刘桂华，任广升，徐春国. 楔横轧变形过程中韧性损伤准则的建立及内部缺陷预测 [C]. 2002 年中国材料研讨会论文集. 李依依. 北京，2002：1641-1645.

第5章 ECAP方法制备超细晶粒高碳钢的数值模拟与组织性能

等通道角挤压工艺（ECAP）是 1981 年由苏联科学家 Segal 在研究钢的变形织构和微观组织时为了获得纯剪切应变而提出的一种独特的变形方式[1]。1990 年后俄罗斯科学家 Valiev 等发现利用这种方法可使材料获得大的应变并细化晶粒[2]。此后，该法逐渐成为大塑性变形制备超细晶粒材料的主要方法。在 ECAP 变形过程中材料的横截面面积和截面形状都不发生改变，因而可以进行多次反复定向均匀剪切变形，最终在反复积累的特别大的应变下大幅度减小材料的晶粒尺寸，使材料获得均匀的超细晶粒组织。

本章采用数值模拟分析与实验研究相结合的方法，利用 ECAP 方法制备晶粒尺度在亚微米量级的高碳珠光体钢微复相组织（α+θ），研究 ECAP 变形过程中高碳钢的组织演变规律以及相应的力学性能，并对其他学者的相关研究进行评述。

5.1 等通道角挤压工艺概述

ECAP 模具由 2 个相同横截面的通道相贯成 L 形组成，如图 5-1（a）所示。该工艺是将与通道形状一致且润滑良好的试样放入其中一个通道，在压力的作用下，试样从另一个通道中挤出，在两通道相交的地方产生近似理想的纯剪切塑性变形。在变形过程中试样保持横截面面积不变，因此该过程可以重复进行，从而可以实现大塑性变形。等通道角挤压工艺原理图如图 5-1（b）所示。

ECAP 最大的优点就是均匀的纯剪切变形，变形前后试样尺寸保持不变，经多道次挤压变形后，还可以累计获得非常大的剪切应变，最终可以获得纳米或亚微米量级的超细晶粒。

ECAP 变形法具有以下特点[3]：

① 可以同时提高材料的强度和塑性；

② 属于纯剪切变形；

③ 挤压变形量大，多道次挤压后的等效真应变能达到很高的水平，可以实现

剧烈的大塑性变形；

④ 变形区是一个极小的区域；

⑤ 可以获得大角度的等轴晶；

⑥ 制备试样的致密度好；

⑦ 使用范围广，能适用于各类金属及其合金。

 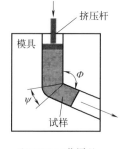

(a) ECAP模具图　　　　　(b) ECAP工作原理

图 5-1　ECAP 模具图及工作原理

　　影响 ECAP 变形的因素有很多，主要有四个：挤压路径、模具内外角、摩擦系数以及挤压温度。

　　采用 ECAP 方法对材料进行组织细化时，试样经过通道的方向和次数是最重要的工艺参数。根据试样进行每一个道次挤压后的旋转方向和角度的不同进行分类，如图 5-2 所示 ECAP 变形分为四种途径方式。

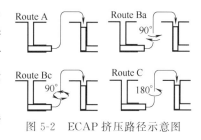

图 5-2　ECAP 挤压路径示意图

　　A 方式：是每道次挤压后，试样不经旋转直接进入下一道次挤压；

　　Ba 方式：每道次挤压后，试样旋转 90°进行下一道次的挤压，旋转方向交替改变；

　　Bc 方式：每道次挤压后，试样旋转 90°进行下一道次的挤压，旋转方向不改变；

　　C 方式：每道次挤压后，试样旋转 180°再进行下一道次的挤压。

　　重复挤压时，可以通过不同的挤压路径实现剪切平面和剪切方向的改变，从而得到不同的微观组织。研究表明，经工艺 Bc 加工的材料性能较优，且晶粒细化效率较高。

　　Segal 等[4] 在研究钢的变形织构和微观组织结构时最早给出不考虑摩擦条件下的应变公式：

$$\varepsilon_N = \frac{2N}{\sqrt{3}} \cot \frac{\Phi}{2}$$

（5-1）

式中，N 为挤压道次；Φ 为模具内角，$\varphi = \frac{1}{2}\Phi$。

从式（5-1）可知，剪切应变量随变形道次增加直线上升。但在实际应用中发现，当模具外角 $\psi = 0$，$\Phi = 90°$ 时容易产生死区。因此，设计模具时外角不能为 0。式（5-1）具有一定的误差。Iwahashi 等[5] 考虑外角 ψ 的影响，提出修正公式：

$$\varepsilon_N = \frac{N}{\sqrt{3}}\left[2\cot\left(\frac{\Phi}{2} + \frac{\psi}{2}\right) + \psi\csc\left(\frac{\Phi}{2} + \frac{\psi}{2}\right)\right] \tag{5-2}$$

式中，ψ 为外角，Φ 为内角；当 $\psi = 0$，$\Phi = 2\varphi$ 时，式（5-2）与式（5-1）等价。

挤压模具与挤压试样间的摩擦对 ECAP 有较大影响，良好的润滑是提高 ECAP 变形效率的有效途径。一般可通过提高 ECAP 模具凹模内壁的表面粗糙度改善挤压润滑条件，如挤压时在试样上涂二硫化钼、硬脂酸锌润滑剂等来减小摩擦[6]。

此外，挤压温度也是一个影响因素，对一些塑性较差的金属，在较高的温度下进行挤压，有利于挤压的顺利进行[6]。

5.2 等通道角挤压有限元模型建立及模拟结果

ECAP 变形过程中的影响因素有很多，且变形较为复杂，对其内部材料流动规律和流动过程中各种场量的大小和分布很难通过实验方法获得，而采用有限元模拟的方法则可以弥补这一缺陷，它能直观动态地观察 ECAP 的变形过程，获得任意时刻、任意部位各种场量的大小和分布情况。因此，基于 DEFORM-3D 平台建立 ECAP 三维刚塑性热力耦合有限元模型，对 ECAP 制备超细晶粒高碳钢成形过程进行数值模拟，以获得变形后高碳钢试样温度、应变及应变速率各场量信息及分布规律。

5.2.1 等通道角挤压有限元模型建立

利用 DEFORM-3D 软件对 Bc 方式的多道次 ECAP 挤压过程进行模拟。为了简化模型，将模具设计为阶梯形通道，每道次都会有 90°的转折，其效果等同于实际生产中试样沿 Bc 路径的多道次挤压，故模拟时，试样尺寸设为 $\Phi8.3\text{mm} \times 220\text{mm}$，上模（压头）长度设为 240mm。模具通道的直径为 8.4mm，两通道内交角 $\Phi = 120°$，外接弧角 $\Psi = 30°$，Bc 路径多道次模拟示意图如图 5-3 所示。挤压过程中模具仅有很小的弹性变形，通常可以忽略，因而在模拟过程中可将压头、凹模当作刚性体处

图 5-3 Bc 路径多道次
模拟示意图

理。模拟时压头做垂直方向的平动，运动速度 $v=1\mathrm{mm/min}$、$2\mathrm{mm/min}$、$4\mathrm{mm/min}$。试样与模具通道接触面摩擦系数 m 分别取 0.1、0.2、0.4 三种不同情况。模拟温度为 650℃，传热系数 $f=11\mathrm{W/(m^2 \cdot K)}$，实验方案见表 5-1。

表 5-1　实验方案

摩擦系数 m				0.1	0.2	0.4
传热系数 $f/[\mathrm{W} \cdot (\mathrm{m_2} \cdot \mathrm{K})^{-1}]$	11	运动速度 $v/(\mathrm{mm} \cdot \mathrm{min}^{-1})$	1	—	√	—
			2	√	√	√
			4	—	√	—

由于挤压过程中，坯料沿厚度方向的应变受到模具约束其值为零，因此，ECAP 过程可视为平面应变过程。同时，由于模拟中挤压速度很慢，所以不考虑挤压变形过程中产生的变形热以及摩擦产生的热量。棒件材料不同温度和不同应变速率下的原始真应力-真应变曲线数据由 Gleeble 3500 热模拟试验机测得。计算模型中的网格由计算机自动划分。此外，为了真实反映 ECAP 变形过程中金属的流动情况，变形前在距试样底部 45mm 的横截面取 4 点，从模具外拐角至内拐角沿半径方向分布（即 0.5R、R、1.5R、2R），依次记为 P1、P2、P3、P4。

5.2.2　等通道角挤压有限元模型的模拟结果

（1）ECAP 变形试样几何形状变化

图 5-4（a）～（e）为在挤压速度 $v=2\mathrm{mm/min}$，摩擦系数 $m=0.2$ 时，经过 ECAP 不同道次挤压后金属的变形流动情况图。从整个过程的变形网格可以看出，随着挤压道次的增加，网格越来越密集，表明塑性变形程度逐渐增大，并且在模具拐角处网格明显变细，可见此处金属的塑性变形最为剧烈，即 ECAP 过程中金属的变形主要集中在模具的拐角附近。从图 5-4（a）～（c）可以看出，变形前处于同一横截面的 4 个点在经过 1～2 道次挤压后，不再位于同一截面，由模具的外拐角至内拐角各点逐渐向下，说明模具内拐角处金属的流动性较模具外拐角处的好，这是由于在与模具内壁接触的区域，金属质点受到接触面摩擦阻力的作用，试样外部的金属流动明显滞后于内部[7]，这也就解释了金属经过各道次挤压后会在模具出口处出现的轻微上翘现象。

由图 5-4（d）、（e）可知，经过 3～4 道次挤压后，各点位置又逐渐恢复到了同一平面，尤其是经过 4 道次后，各点已基本处于同一平面。显然，由于实验模拟采用 Bc 方式对试样进行挤压，即每挤压 1 道次后，试样按同一方向旋转 90°再装入模具进行下一道次挤压，故经过 4 道次 ECAP 变形后，变形分布更均匀，从而得到微观组织结构较均匀的超细晶组织。这与 Furukawa 等[8] 的研究结果相吻合，对于制备具有均一大角晶界的等轴晶组织，使用工艺路线 Bc 最为有效。图 5-4（f）

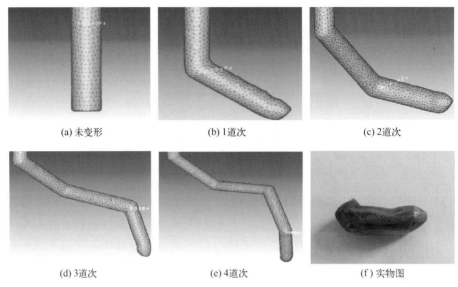

(a) 未变形　　　　　　　　　(b) 1道次　　　　　　　　　(c) 2道次

(d) 3道次　　　　　　　　　(e) 4道次　　　　　　　　　(f) 实物图

图 5-4　经过 ECAP 不同道次后金属的变形流动图及实物图

为经过 4 道次 ECAP 挤压后的棒件实物图，从图中可以明显看出，在试样端部靠近模具出口处会出现轻微上翘的现象，这与模拟结果吻合性较好。可见，模拟计算不仅很好地展现了高碳钢棒件的实际 ECAP 挤压过程，而且模拟棒件的形状也与实物非常相近，故用 DEFORM-3D 软件模拟高碳钢棒件的实际 ECAP 挤压过程是很有效的。

（2）挤压速度对等效应变的影响

图 5-5～图 5-7 分别给出了挤压速度为 1mm/min、2mm/min 和 4mm/min 情况下不同道次 ECAP 变形后的等效应变分布情况。从图中可以看出，当挤压速度较小时，变形区主要集中在转角中心部位。在模具内外拐角处等效应变呈层状分布，并且变形梯度非常大，说明该处的变形是纯剪切变形。经过各道次挤压后会在模具出口处出现轻微上翘的现象，这是由于与模具内壁接触的区域，金属质点受到接触面摩擦阻力的作用，因而试样外部的金属流动明显滞后于内部。

此外，试样端部的等效应变值较小，这是因为材料前端是自由端，在后端材料的推挤作用下比较容易从拐角区挤出，从而导致端部变形程度较小。而当挤压速度较大时，变形区从转角中心向后延伸到转角区之后，区域扩大，说明变形的不均匀程度加大了。在较低速度下挤压，回复作用时间较长，因此晶界能够吸收更多的位错，这使材料的微观结构就更加均匀。然而，挤压速度过快时，试样的塑性得不到充分地发挥，导致挤压过程中试样容易出现裂纹。同时，在应变较小或有第二相存在的区域，由于动态再结晶难以进行，细晶组织中往往会夹杂少量粗大的等轴晶粒组织，所以挤压速度不宜过快。由图 5-5（a）～（d）可以看出，等效应变值依次约为 0.68、1.22、2.00 和 2.77，表明随着挤压道次的增加，累积等效应变逐渐增大，金属的塑性变形也越加剧烈。由于实验模拟采用 Bc 方式对试样进行挤压，经过 4 道次 ECAP 变形后，变形分布更加均匀。随着挤压速度的进一步增加，等效应变值也逐渐增加，且其影响区域逐渐扩大。

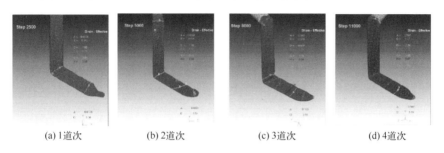

(a) 1 道次　　　　(b) 2 道次　　　　(c) 3 道次　　　　(d) 4 道次

图 5-5　挤压速度为 1mm/min 的等效应变分布图

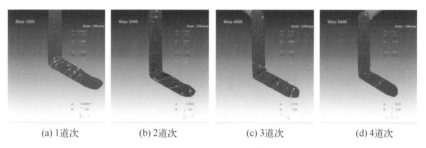

(a) 1 道次　　　　(b) 2 道次　　　　(c) 3 道次　　　　(d) 4 道次

图 5-6　挤压速度为 2mm/min 的等效应变分布图

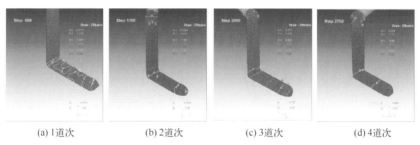

(a) 1 道次　　　　(b) 2 道次　　　　(c) 3 道次　　　　(d) 4 道次

图 5-7　挤压速度为 4mm/min 的等效应变分布图

（3）摩擦系数对等效应变的影响

由于变形通道的摩擦会影响 ECAP 变形中塑性变形区的分布、变形流动过程以及试样组织的均匀性，故研究摩擦条件对 ECAP 变形的影响可为延长模具寿命提供理论依据。图 5-8 给出了不同摩擦系数下经各道次挤压后（$v=2$mm/min）的等效应变分布情况。

从图中可见，当 $m=0.1$ 时，等效应变值较小，且变化比较平缓，此时变形比较均匀。随着摩擦系数的增大，材料流动越来越困难，等效应变有所增大，变形区域逐渐扩大，变形的不均匀程度也逐渐增大。由于模具拐角处摩擦的影响最大，所受的剪切力也最大，金属发生了很大的塑性变形，在此处变形分布最不均匀，组织分布也不均匀。对于变形而言，摩擦是一个不利因素，它一方面增大了材料变形的不均匀程度，同时也有可能导致工件出现内部缺陷。由于摩擦使挤压时金属流动阻力加大，从而在模具内腔形成较大的静水压力。从延长模具的寿命及获得均匀的内部组织方面来说，挤压时应尽可能采用良好的润滑条件，以有效减少摩擦的不利影响[9]。

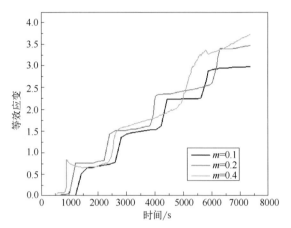

图 5-8　不同摩擦系数下挤压后的等效应变

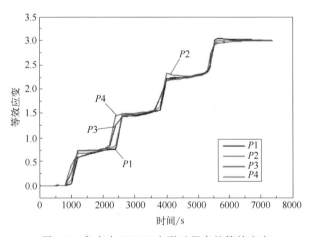

图 5-9　各点在 ECAP 变形过程中的等效应变

图 5-9 给出了在摩擦系数 $m = 0.1$、挤压速度 $v = 2\mathrm{mm/min}$ 时，$P1$、$P2$、$P3$、$P4$ 各点在 ECAP 变形过程中的等效应变分布曲线。从图中可以看出，经每道次挤压后，等效应变都会出现明显的跃升现象。但在进入下一道次挤压前，等效应变基本保持不变，如图 5-9 中的"平台"所示。随着挤压道次的增加，累积等效应变逐渐增大，金属的塑性变形也越加剧烈，组织内部产生了很大的应变梯

度，位错迁移受到阻碍，从而生成了密度较高的位错缠结，这时期位错湮灭速度要小于增殖速度，回复作用不是很明显，有利于大角度晶界的形成，因而晶粒细化作用较明显。

从图 5-9 中还可以看出，在第一个等效应变跃升过程中，即经过 1 道次的挤压，$P3$、$P4$ 点的等效应变值较 $P1$、$P2$ 点的更大，这是因为在单道次挤压过程中，试样靠近模具通道内拐角一侧承受的剪切变形最剧烈，而靠近模具外拐角一侧承受的剪切变形要小得多[10]，因而经单道次挤压后，变形分布不均匀，故材料经过 1 道次挤压后其内部晶粒大小的分布也不均匀，这与 Valiev 等[5] 的实验结果相吻合。由此可见，为了获得较理想的晶粒细化效果，试样必须进行多次重复挤压。而随着挤压道次的增加，各点的等效应变值逐渐趋于一致，尤其是经过 4 道次挤压后，四个点的等效应变值已趋于一条直线，说明此时等效应变的分布比较均匀，试样变形也比较均匀。由于试样变形的均匀性直接决定了晶粒几何尺寸的均匀程度，因而经过 4 道次挤压后可以得到分布均匀的等轴晶组织。此外，由于挤压速度比较缓慢，温度场和等效应变速率值变化均不明显，这里不再详细讨论。

5.3　等通道角挤压层片状珠光体钢的微观组织

实验是研究金属塑性成形变形行为的重要手段，实验结果不仅可以直观地揭示金属在塑性成形过程中的组织演变规律，而且还可以客观地验证数值模拟结果的合理性与准确性，对于修正数值模拟的模型具有重要意义。为此，本节采用 Bc 方式分别在室温、650℃下对原始组织为层片状珠光体的 GCr15 钢进行 1～2 道次的，以及在 650℃对原始组织为层片状珠光体的 T8 钢进行 1～4 道次的 ECAP 变形实验，并对其微观组织演变规律进行分析。此外，对王经涛等关于层片状珠光体 65Mn 高碳钢的 ECAP 微观组织演变的研究成果进行具体评述。

5.3.1　等通道角挤压 GCr15 钢的微观组织

图 5-10 给出了 GCr15 钢 ECAP 变形前后的微观组织形貌（SEM）。从图中可以看出，GCr15 钢原始珠光体组织呈典型的层片状［图 5-10（a）］。经 1 道次 ECAP 冷变形后，整个珠光体片层以一种规则的方式被剪切，并且一部分的层片状渗碳体已被剪断，渗碳体片层的球化主要发生在原始晶界处，同时由于每个原始奥氏体晶界上渗碳体片层的排布取向各异，导致渗碳体片层以不同的变形形态协调变形，主要以扭折、弯曲变形和层片间距变细为主［图 5-10（b）］。1 道次 ECAP 温变形后，渗碳体的变形程度明显不同于冷变形后，渗碳体片层都发生了明显的剪断现象，球化程度也明显高于冷变形状态［图 5-10（c）］。随着变形道次

的增加，塑性变形程度加剧，经 2 道次温变形后，层片状渗碳体受到强烈剪切力的作用，导致渗碳体片层发生严重的剪切、弯曲变形，渗碳体球化明显加剧，以棒状渗碳体和粒状渗碳体颗粒为主，但其排布方向仍与原始排布方向一致 [图 5-10 （d）]。

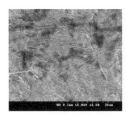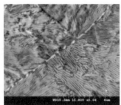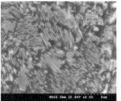

(a) 原始珠光体   (b) 1道次冷变形后   (c) 1道次温变形后   (d) 2道次温变形后

图 5-10　GCr15 钢 ECAP 变形前后的微观组织形貌 （SEM）

图 5-11 给出了 GCr15 钢在 ECAP 变形过程中的微观组织形貌 （TEM），其中图 5-11 （a） 和 （b） 分别为 1 道次冷变形后的微观组织，而图 5-11 （c）～（f） 则分别为 1 道次温变形后及 2 道次温变形后的微观组织。显然，由于变形时层片状渗碳体受到剪切力的作用，部分细长的层片状渗碳体出现弯曲变形，使渗碳体的片层间距明显减小，片层彼此间相互缠结，并且局部出现了 "麻花状" 的缠结组织 [图 5-11 （a） 中 A 处]。有的片层在交汇处发生颈缩、断裂，局部会出现短棒状渗碳体，表明此时层片状渗碳体已经发生了球化 [图 5-11 （a） 中 B 处]。

在图 5-11 （b） 的右侧，可以看到比较完好的渗碳体片层，但因受到较大剪切力的作用，大部分片层已发生弯曲，局部渗碳体片层已被剪断 [图 5-11 （b） 中 A 处]。从图 5-11 （b） 的左侧部位可以看出，渗碳体片层正在发生颈缩、断裂，出现大量短棒状渗碳体颗粒，但仍沿原始渗碳体片层的方向排列，在图的中间部位还可以清晰观察到少量球化完全的渗碳体颗粒，表明该处渗碳体片层已经发生了完全球化，且球化完全的渗碳体颗粒粒径约为 $0.14\mu m$。正是由于剧烈的变形导致组织内部产生很大的应变梯度，微观组织形态才会出现如此明显的差异[11]。从图 5-11 （b） 中还可以看到，左、右两侧的渗碳体片层取向不同，它们的剪切断裂方向相互垂直。这是由于钢中层片状渗碳体的生长方向具有随机性，从而使渗碳体片层方向和挤压时的应力轴方向各不相同，因此层片状渗碳体所受剪切应力的方向也不同。

在图 5-11 （c） 中，为了协调 ECAP 强烈的剪切变形，层片状渗碳体部分发生了断裂，部分发生了颈缩，故在图 5-11 （c） 的左侧部位出现了大量短棒状渗碳体组织，局部甚至发生了球化。而在图 5-11 （c） 的右侧，可见部分球化完全的渗碳体颗粒，但其排列方向仍与原始珠光体内的渗碳体片层排列方向相一致，且与冷变形相比，渗碳体的球化程度明显增加。

在图 5-11（d）中，出现大量集中分布的渗碳体球状组织，表明此处渗碳体的球化程度更加充分、完全。球化完全的渗碳体颗粒粒径约为 0.1μm。同时，局部还出现了部分短棒状渗碳体。

从 2 道次温变形后的 TEM 组织形貌可见，经 2 道次温变形后，渗碳体的球化程度进一步加剧，球化程度更加充分、完全［图 5-11（e）］，而且颗粒状的渗碳体主要分布于晶界处，基体为轮廓清晰、光滑平整的等轴铁素体晶粒，在晶界处可以看到少量的位错缠结［图 5-11（f）］。与 1 道次温变形后的组织相比，经过 2 道次变形后，因材料在大范围内引入了较大应变，剧烈的变形导致组织内部产生很大的应变梯度，从而促进了高密度位错缠结的形成。随着变形的加剧，众多高能量的位错在应力作用下运动并发生反应，逐渐在晶粒内部形成胞状结构，同时部分晶粒内部位错反应较为完全，形成亚晶。由于渗碳体粒子的钉扎，亚晶发生转动，最终导致大角度晶界的出现，从而促进超细等轴铁素体晶粒的形成[12]。同时，随着渗碳体的球化程度更加充分完全，最终可以获得超细等轴铁素体和球状渗碳体颗粒组成的复相组织[13]，铁素体晶粒接近等轴状，平均晶粒尺寸约为 0.4μm，球化完全的渗碳体颗粒粒径约为 0.1μm。

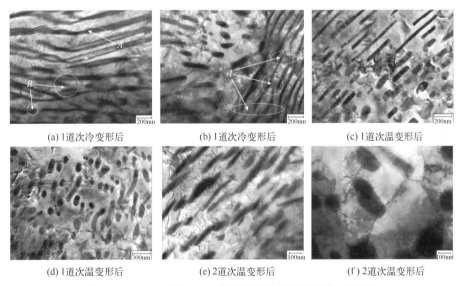

(a) 1 道次冷变形后　　　　(b) 1 道次冷变形后　　　　(c) 1 道次温变形后

(d) 道次温变形后　　　　(e) 2 道次温变形后　　　　(f) 2 道次温变形后

图 5-11　GCr15 钢 ECAP 变形后的微观组织形貌（TEM）

5.3.2　等通道角挤压 T8 钢的微观组织

图 5-12 给出了原始组织为层片状珠光体的 T8 钢及其经 1～4 道次 ECAP 温变形后的微观组织形貌（SEM）。从图中可以看出，变形前（原始组织）珠光体层片间距约为 150nm，渗碳体片层的厚度约为 30nm［图 5-12（a）］。ECAP 温变形主要使渗碳体片层的形态发生变化。1 道次温变形后，由于累积应变较小，局部渗

碳体层片间距变小，部分渗碳体以周期性剪断变形为主，少量渗碳体片层已经开始球化，主要集中在渗碳体片层排布方向不同的界面附近。随着温变形道次的逐渐增加，渗碳体断裂程度急剧增加，渗碳体球化程度也明显增大。4 道次温变形之后，原始组织中的珠光体层片状形态已基本消失，但依稀可看出原始渗碳体片层的排布方向。为了协调 ECAP 过程中发生强烈的剪切变形，层片状渗碳体在发生弯曲、扭折的同时还发生球化，并且随着变形的加剧，渗碳体的球化程度更加充分、完全。由 Gibbs-Thomson 效应可知，渗碳体球化是一个自发的过程，在曲率半径小的渗碳体片层附近的铁素体基体内，C 浓度高于大曲率半径片层附近的铁素体基体中的 C 浓度，由此形成 C 的浓度梯度。C 原子由高浓度区域向低浓度区域扩散，从而实现渗碳体片层的熔断球[14]。随着挤压道次的增加，渗碳体片层变形程度越加剧烈，片层扭折现象越加明显，相应的球化驱动力也就越大。

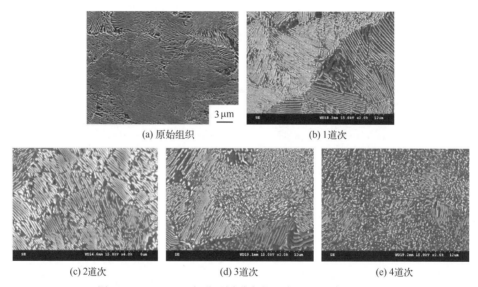

(a) 原始组织   (b) 1 道次

(c) 2 道次   (d) 3 道次   (e) 4 道次

图 5-12 ECAP 温变形不同道次的显微组织形貌（SEM）

图 5-13 给出了原始组织为层片状珠光体的 T8 钢在 ECAP 温变形过程中各个阶段的微观组织形貌（TEM）。可以看出，经 600℃等温处理后，珠光体层片间距约为 150nm，渗碳体片的厚度约为 30nm［图 5-13（a）］。从图 5-13（b）～（e）中可以清晰观察到由层片状珠光体组织向等轴状超微细复相组织的演变过程。

最初，层片状渗碳体在剪切应力的作用下形成周期性弯曲变形组织，尔后在弯曲扭折处开始发生球化。渗碳体具有良好的塑性变形能力，但其渗碳体组织形态仍为原始层片状［图 5-13（b）］。随着剪切应力的进一步累积，经过 2 道次温变形后可以观察到严重的剪切颈缩组织［图 5-13（c）］，同时渗碳体球化程度进一步完全。当 ECAP 温变形至 3 道次之后，此时累积真应变约为 1.875，珠光体的层片状形貌已完全消失，基本上以球化完全的渗碳体和正在进行球化的粒状渗碳体为主［图 5-13（d）］。经过 4 道次 ECAP 温挤压处理后，获得了晶粒尺度均在亚微米量级的超微细（α+θ）复相组织［图 5-13（e）］，且组织均匀性较好，其中，铁素体晶粒尺寸约为 0.4μm，而渗碳体颗粒粒径约为 0.15μm。

经温变形之后，大部分渗碳体片层都已球化完全，颗粒状的渗碳体弥散分布在等轴状铁素体基体上。材料变形程度的强弱取决于等效应变值的大小，其值越大，变形程度就越剧烈，因而渗碳体球化程度更加充分、完全，这与第 4 章的数值模拟结果基本吻合，从而验证了等效应变值模拟结果的准确性。同时，对各道次变形后的试样进行选区电子衍射，可以看出，随着 ECAP 挤压道次的增加，衍射斑点数目增加并且逐渐演变为连续环状。由图 5-13（d）可知，选区光阑直径约为 2.5μm，环状衍射谱说明了在直径为 2.5μm 的区域内超细铁素体晶粒之间具有较大的取向差，三个明显的环分别对应于铁素体的（110）、（211）和（321）晶面，可见经 4 道次 ECAP 温变形后得到了具有大角晶界的超微细（α+θ）复相组织。

在温变形过程中，为了协调铁素体和渗碳体之间的变形，在铁素体中出现了大量的位错，从而为 C 原子提供了快速扩散的通道，使渗碳体中的 C 原子不断进入位错，并在位错周围聚集形成 Cottrell 气团。这是一个能量降低的过程，导致渗碳体溶解。随后铁素体发生动态回复和动态再结晶，铁素体晶内位错密度降低，C 原子又以渗碳体的形式在过饱和碳的铁素体基体内重新析出[14]。基体为轮廓清晰、光滑平整的等轴铁素体晶粒。经过 ECAP 变形后，强烈的塑性变形导致组织内部产生很大的应变梯度，从而促进了高密度位错缠结的形成。随着变形的加剧，众多高能量的位错在应力作用下运动并发生反应，逐渐在晶粒内部形成胞状结构，同时部分晶粒内部位错反应较为完全，形成亚晶。与 GCr15 钢 ECAP 变形过程中的组织演变规律相似，原始组织为层片珠光体组织的 T8 钢在累积大应变作用下，最终演变成晶粒尺度均在亚微米量级的超微细（α+θ）复相组织。等轴状铁素体基体平均晶粒尺寸约为 400nm，球化完全的渗碳体颗粒粒径约为 150nm。

原始珠光体组织的二维和三维形貌（AFM）如图 5-14（a）、（b）所示。从图

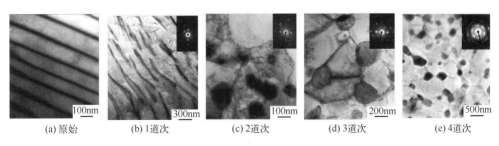

| (a) 原始 | (b) 1道次 | (c) 2道次 | (d) 3道次 | (e) 4道次 |

图 5-13　ECAP 温变形不同道次的显微组织形貌（TEM）

中可以看出，珠光体层片排布较为规整，排布方向基本平行，与 SEM 及 TEM 观察结果基本一致。从图中还可看出，渗碳体片层高度均在 20nm 左右，少数片层高度在 30nm 左右，相邻片层间距较为均匀，均在 250nm 左右，稍高于 TEM 测量结果，这可能是由于前者观察的只是局部数据，而后者给出的则是统计性数据所致。

图 5-14 (c)、(d) 分别为 1 道次 ECAP 温变形后 T8 钢组织的二维和三维形貌图（AFM）。从中可以看出，原始组织的渗碳体片层发生剪切、断裂，但渗碳体片层仍相互平行，这与图 5-12 (b) 和图 5-13 (b) 的结果相一致。此时渗碳体片层高度约为 160nm，明显大于原始珠光体片层。经 2 道次 ECAP 温变形后，T8 钢的组织形貌如图 5-14 (e)、(f) 所示。可以看出，经过 2 道次温变形后，渗碳体片层发生弯曲、断裂，且局部出现了球化，渗碳体形态主要为短棒状或哑铃状。

经过 3 道次 ECAP 温变形后，渗碳体的球化程度进一步加剧，出现了大量颗粒状的渗碳体，如图 5-14 (g)、(h) 所示。图 5-14 (i)、(j) 则为 4 道次 ECAP 温变形之后亚微米复相组织的二维和三维形貌图。从图中可以看出，渗碳体层片形态完全消失，取而代之的是球化完全的粒状，且渗碳体颗粒粒径在 0.2μm 左

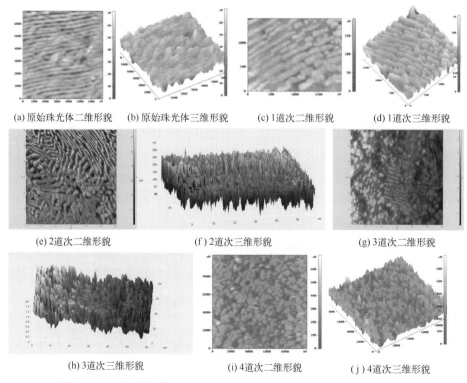

(a) 原始珠光体二维形貌　(b) 原始珠光体三维形貌　(c) 1道次二维形貌　(d) 1道次三维形貌

(e) 2道次二维形貌　　　　(f) 2道次三维形貌　　　　　(g) 3道次二维形貌

(h) 3道次三维形貌　　　　(i) 4道次二维形貌　　　　　(j) 4道次三维形貌

图 5-14　T8 钢珠光体 ECAP 温变形后的二维及三维组织形貌（AFM）

右，相应的高度约在 300nm 以下，这与图 5-12（e）和图 5-13（e）的结果相一致。

5.3.3　等通道角挤压 65Mn 钢的微观组织

王经涛等[15-17] 对 65Mn 高碳珠光体钢在 650℃进行了 C 方式的 ECAP 变形，研究了不同 ECAP 变形道次条件下渗碳体球化的演变过程，并对其球化机制进行了详细讨论。

65Mn 钢的原始态组织为片层状珠光体，平均片层间距为 0.17μm，不同晶团内的珠光体片层取向不同，且片层间距也不相同。但在一个典型的珠光体晶团中，铁素体与渗碳体之间存在 Bagatyaskii 取向关系[18]，晶团内的渗碳体片层相互平行，片层间距相同。相组成为 90.3%（体积分数）的铁素体和 9.7%（体积分数）的渗碳体。

原始组织为片层状的珠光体，经过一道次 ECAP 变形后，由于强烈的剪切变形作用，其内的渗碳体层片发生多种形式的变形和破裂，所以与珠光体的变形相协调。又因珠光体的空间位向和其上作用的应力场各不相同，这种协调变形的模式不可能是单一的，其珠光体组织存在以下典型的变形协调模式：周期性的"竹节状"组织、周期性弯曲变形组织、周期性剪切变形组织、严重的剪切颈缩组织、不规则地弯曲和扭转变形组织、剪切断裂组织。

一道次 ECAP 变形后，片层状的珠光体组织发生了强烈的塑性变形，渗碳体也表现出很强的塑性变形能力，渗碳体发生了破碎。渗碳体在初始道次中保持了与铁素体的取向关系，使铁素体中的位错塞积可以推动渗碳体中更多的滑移系参与变形。渗碳体的强烈塑性变形在其内部导入了大量的晶体缺陷，为后续渗碳体的球化奠定了能量基础。

65Mn 钢经两道次 ECAP 变形后，铁素体基体中的位错密度很高，基体中出现了大量相互缠结的位错团。铁素体基体仍为单晶组织，片层的渗碳体已不存在，出现了大量的渗碳体颗粒，球状特征明显。球化后渗碳体与铁素体已经不存在取向关系。渗碳体颗粒的平均尺寸约为 0.15μm，纵截面上球化的大渗碳体颗粒不是对称的球形，而有一定的方向性，其长度可达 0.6μm 左右。小的渗碳体颗粒球状特征明显，直径只有 0.1μm 左右。

三道次 ECAP 变形后的组织中晶界条纹清楚，与晶内相比渗碳体颗粒附近的位错密度较高，渗碳体球的平均尺寸为 0.19μm。四道次 ECAP 变形后渗碳体颗粒的平均尺寸约为 0.21μm，球状特征更加明显。经五道次 ECAP 变形的组织中，细小的球状碳化物均匀分布于晶界和晶内，晶粒尺寸为 0.3μm，渗碳体球的平均尺寸约为 0.19μm。其中，渗碳体的球化可能机制为破碎渗碳体片的非均匀长大（Ostwald 熟化）和细小球状渗碳体颗粒的形核长大。

5.4 等通道角挤压层片状珠光体钢的力学性能

5.4.1 等通道角挤压 GCr15 钢的硬度

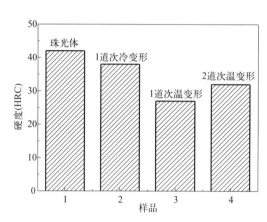

图 5-15 不同 ECAP 变形条件下 GCr15 钢的硬度

GCr15 钢经过不同道次 ECAP 变形后的洛氏硬度检测结果如图 5-15 所示。从图中可以看出，1 道次 ECAP 冷变形后试样的硬度值比原始试样的稍小一些，由原始态（层片状珠光体）的 42HRC 降至 38HRC，下降幅度约为 14%。1 道次 ECAP 温变形后，硬度显著下降，由原始态（层片状珠光体）的 42HRC 降至 27HRC，下降幅度约为 36%。其原因在于，一方面由于冷变形时会出现加工硬化现象，可使材料的硬度提高，但另一方面由于渗碳体组织部分发生了球化，在成分相同的情况下，粒状珠光体较片状珠光体强度、硬度低而塑性较好，故会使硬度下降[19]。因此，在加工硬化和球化软化这两种机制的共同作用下，经过 1 道次冷变形后硬度会有所下降，而 1 道次温变形加速了渗碳体组织的球化，球化程度也更加充分、完全，同时温变形时位错密度会有所降低，故使试样的硬度值明显下降。与 1 道次温变形相比，2 道次温变形后的硬度值由 27HRC 左右增至 32HRC 左右，这是因为变形道次的增加使位错不断增殖，产生了大量的位错塞积，同时铁素体晶粒又得到了细化。位错强化与细晶强化的共同作用，不但提高了材料的硬度，也使材料的塑韧性得到改善。

5.4.2 等通道角挤压 T8 钢的力学性能

T8 钢经不同道次 ECAP 温变形后的显微硬度如图 5-16 所示。从图中可以看出，温变形 1~2 道次试样的硬度值高于原始层片状珠光体组织试样，由原始态（片状珠光体）的 300HV 增至 320HV 左右，增幅约为 7%；而温变形 3~4 道次后，硬度值相对于原始试样和 1~2 道次变形试样而言都有所下降，约在 290HV。其原因可能是因为变形初期以位错增殖为主，随着累积应变的增加，位错缠结程度进一步加剧，导致硬度的显著增加；同时伴随着渗碳体片层的扭折、弯曲、片间距变细、剪断乃至最终发生球化，渗碳体的球化则导致硬度的下降，因此在加工硬化和渗碳体球化软化的共同作用下，试样的显微硬度缓慢上升，明显不同于冷变形状态下。温变形 3～4 道次的试样中组织形态也发生了明显的变化，由于累积应变的不断增加，铁素体基体上形成的位错胞逐渐发生连续动态再结晶，形成具有大角晶界的超细铁素体晶粒。与此同时，渗碳体片层球化程度也逐渐趋于完全，在细晶强化和渗碳体球化软化的共同作用下，试样的显微硬度缓慢下降，但总体上来说与原始层片状珠光体组织硬度值较为接近，这意味

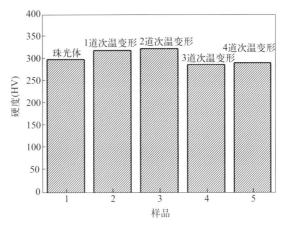

图 5-16　ECAP 温变形不同状态下 T8 钢的显微硬度

着微复相组织能在保持珠光体组织高强度指标性能的同时，还能大大改善其塑性指标。

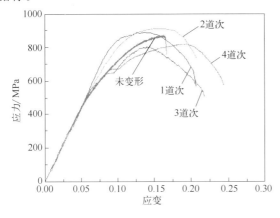

图 5-17　ECAP 温变形前后微拉伸试样的
工程应力-应变曲线

图 5-17 为 ECAP 温变形前后 T8 钢的微拉伸试样的工程应力-应变曲线。原始珠光体组织表现出连续屈服现象，无明显的屈服平台。而超微细复相组织则有明显的屈服平台，呈现出不同程度的不连续屈服现象。根据多晶体屈服理论，明显屈服点现象的出现涉及晶界处铁素体的位错塞积及邻近铁素体内的位错激活，而原始珠光体组织中所有的铁素体都被难以变形的渗碳体片所分割，不具备协调变形所必需的多个方向的自由滑移变形的能力，使渗碳体片阻碍变形的作用远超过晶界，珠光体组织晶界邻区缺乏协调变形及释放应力集中的能力，又使该组织无法提供高塑性，对应于拉伸曲线上没有出现明显的屈服阶段。林一坚[17] 等认为，只要晶界区域出现粒状碳化物（避免片状珠光体直接相邻）就会出现明显的屈服阶段。在本实验条件下，大部分渗碳体片层球化完全，且弥散分布在铁素体基体上，使该微复相组织具有优良的塑性能力，从而有力地支持了文献［20］的实验结论。Hanamura[21] 和 Song[22] 等也提出了类似的观点，弥散分布的渗碳体能有效改善超细晶粒钢的塑性，渗碳体颗粒越细小、数量越多，塑性也就越好。

ECAP 温变形前后 T8 钢的力学性能结果如表 5-2 所示。可以看出，原始珠光体组织与超微细复相组织的硬度值相差不大，均在 300HV 左右。显然，温变形一方面会使硬度提高，另一方面又因促进铁素体的再结晶和渗碳体的球化作用而使硬度降低。由于前者作用小于后者，故超微细复相组织的硬度值有所下降。超微细复相组织的抗拉强度相对于原始珠光体组织而言有所降低，约为 819MPa，但是该复相组织的屈服强度（664MPa）却明显高于原始珠光体组织的屈服强度（479MPa），相应的屈强比也由 0.55 增加到 0.81，延伸率（18%）和断面收缩率（31%）也得到显著改善，明显优于原始珠光体组织。组织形态的差异导致了性能指标的差异。相对于片层状珠光体，粒状珠光体的强度指标有所降低，但塑性指标却显著提高。由于 ECAP 变形是在 650℃ 下进行的，动态回复的发生又进一步降低了晶粒中的位错密度，从而使强度下降；同时又由于铁素体组织的超细化，细晶强化作用可以提高强度，因此，在细晶强化和渗碳体球化软化的复合作用下使微复相组织的抗拉强度并未降低过多，仍保持在较高的水平。

表 5-2　ECAP 温变形前后层片状 T8 钢的力学性能

力学性能	变形前	1 道次	2 道次	3 道次	4 道次
硬度（HV）	300	316	355	285	291
屈服强度（σ_s）/MPa	479	503	565	632	664
抗拉强度（σ_b）/MPa	867	890	912	802	819
延伸率（δ）/%	4.5	7.7	10.7	14.5	18
断面收缩率（ψ）/%	5.2	10.8	17.4	24.7	31

图 5-18 为 T8 钢 ECAP 变形前（珠光体）的断口形貌。可以看出，该断口形貌呈典型的河流状花样，属于脆性解理断裂，这主要是由原始态试样为层片状珠光体组织所决定。

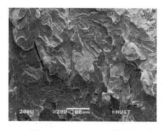

图 5-18　ECAP 前层片状珠光体的断口形貌（SEM）

1 道次 ECAP 温变形后，试样断口出现了细小的韧窝，说明此时渗碳体片层发生断裂、球化，塑性有所提高［图 5-19（a）、（b）］。2 道次温变形后，中可以观察到韧窝的数量逐渐增加［图 5-19（c）、（d）］，表明随着变形道次的增加，渗碳体的球化程度进一步加剧。3 道次 ECAP 温变形后，韧窝的数量进一步增加，并且其深度也逐渐加大，试样断口主要呈现出韧性断裂特征，表现出良好的塑韧性［图 5-19（e）、（f）］，这主要是由于三道次变形后，大部分渗碳体已经发生完全球化。4 道次 ECAP 温变形后，对应的组织形态已从层片状珠光体组织演变为晶粒尺度均在亚微米量级的等轴状铁素体晶粒和球化完全的渗碳体颗粒组成的超微细复相组织，呈现出典型的韧性断裂特征。试样断口表面比较平整，出现了大量尺寸及深度不均一的韧窝，少量大而深的韧窝平均尺寸约为 8μm，均匀分布的大量小而浅的韧窝平均尺寸约为 1μm［图 5-19（g）、（h）］。

(a) 1 道次　　　　(b) 1 道次　　　　(c) 2 道次　　　　(d) 2 道次

(e) 3 道次　　　　(f) 3 道次　　　　(g) 4 道次　　　　(h) 4 道次

图 5-19　ECAP 温变形不同道次后 T8 钢的断口形貌（SEM）

5.5　等通道角挤压粒状珠光体钢的微观组织

粒状珠光体组织相对于层片状珠光体组织而言，具有优良的塑韧性，且在变形过程中形变抗力较小，对设备要求较低。为此，本节主要介绍在室温、650℃下采用 Bc 方式对原始组织为粒状珠光体的 T8 钢进行 1～4 道次的 ECAP 冷/温变形后的微观组织演变规律，包括 SEM 和 TEM 微观组织分析。

5.5.1　等通道角挤压 T8 钢冷变形后的微观组织

原始组织为粒状珠光体的高碳钢经 ECAP 冷变形不同道次后的微观组织形貌如图 5-20 所示。从图 5-20（a）中可以看出，球化退火后 ECAP 前，渗碳体片层几乎完全球化，但渗碳体颗粒尺寸分布不太均匀，原奥氏体晶界处渗碳体颗粒尺寸较大（约为 1μm），局部观察到少量的短棒状渗碳体，且渗碳体颗粒大多存在于晶内（尺寸约为 500nm）。

1道次冷变形后，在剪切应变的作用下，渗碳体颗粒开始碎化。渗碳体颗粒粒径开始变小，但是组织内还存在一些尺寸较大的渗碳体颗粒［图 5-20（b）、(c)］中 A、B、C 区域），这些渗碳体颗粒粒径平均尺寸约为 $1.5\mu m$，最小粒径约为 100nm。

2道次冷变形后，大颗粒渗碳体的区域越来越少［图 5-20（d）中椭圆 A、B 区域］。3道次冷变形后，塑性变形进一步加剧，剪切应变进一步增加，组织得到了进一步细化，渗碳体颗粒平均尺寸达到 $0.6\mu m$［图 5-20（e）中椭圆区域］，组织中存在少量尺寸较大的渗碳体颗粒（平均粒径约为 $1.2\mu m$），如图 5-20（e）中箭头所示，而粒径约为 90nm 的渗碳体颗粒越来越多。经过 4 道次冷变形后，在剧烈的塑性变形作用下，剪切应力进一步增大，组织细化效果更加明显，渗碳体颗粒虽然进一步细化，但仍然可见少量尺寸约为 $1\mu m$ 的渗碳体颗粒［图 5-20（f）］，大部分渗碳体颗粒的粒径约为 $0.2\sim0.4\mu m$［图 5-20（g）］。由此可见，经 4 道次冷变形后，从渗碳体的形状和粒径方面来看，与冷变形 1、2 道次的相比，渗碳体颗粒尺寸分布不太均匀[23]，较大渗碳体颗粒的粒径约为 $1\mu m$，较小渗碳体颗粒的粒径约为 80nm，呈现出典型的超微细复相组织特征[21]。

微观组织上的差异主要缘于 ECAP 冷变形过程中，塑性变形主要集中在模具的交接处附近，而在模具不同部位金属的流动性也是有所不同的，模具内拐角处金属的流动性好于模具外拐角处[24]。在变形过程中，塑性变形不均匀，所产生的热量分布也不均匀。1道次冷变形时，塑性变形量较小，且应变分布不均匀，组织细化程度相对较弱。随着挤压道次的增加，塑性变形不断加剧，剪切应变越来越大，位错缠结严重，亚晶界分割铁素体基体，组织变得越来越均匀。

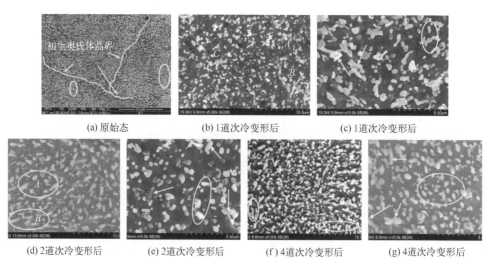

(a) 原始态   (b) 1道次冷变形后   (c) 1道次冷变形后

(d) 2道次冷变形后   (e) 2道次冷变形后   (f) 4道次冷变形后   (g) 4道次冷变形后

图 5-20 粒状珠光体钢冷变形不同道次后的微观组织形貌（SEM）

原始组织为粒状珠光体的 T8 钢经不同道次 ECAP 冷变形后的微观组织形貌如图 5-21 所示。如图 5-21（a）所示，粒状珠光体钢原始组织中渗碳体颗粒大致平行排列，有少量未完全球化的片层状渗碳体存在。与图 5-21（a）一致，渗碳体颗粒尺寸分布不均匀。冷变形 1 道次后，渗碳体颗粒分布在铁素体基体上，渗碳体颗粒变小，如图 5-21（b）所示，渗碳体颗粒晶粒尺寸约为 300nm。经 1 道次变形后，试样发生了剧烈的塑性变形，剪切应变也变大，组织内部已经萌生很多位错，位错之间相互反应，形成了位错墙和位错缠结，如图 5-21（b）中箭头所示。随着挤压道次的增加，经过 2 道次挤压后，受到剪切力的作用，基体上的高密度位错进一步进行相互反应，位错缠结加剧，如图 5-21（c）中箭头所示，经过更多应变的积累，位错相互缠结形成位错胞，进一步分割铁素体基体，细化了组织中的铁素体基体，在变形过程中组织中已经形成了很多亚晶界，如图 5-21（c）中虚箭头所示。经冷变形 4 道次后，亚晶晶界发生动态回复，使铁素体基体趋于等轴状，如图 5-21（d）中箭头所示，在冷变形过程中，随着塑性变形的进一步加剧，剪切应变越来越大，位错在运动的过程中，受到了晶界的阻碍，位错被晶界钉扎，在晶界上形成了很多的位错胞，如图 5-21（d）所示。在渗碳体颗粒的周围也堆积了大量的位错胞，如图 5-21（e）中箭头所示，铁素体基体上分布着高密度的位错，如图 5-21（e）所示，高密度的位错分割铁素体基体，进一步细化了铁素体基体。铁素体平均尺寸约为 400nm，渗碳体最小颗粒粒径约为 100nm。说明随着挤压道次的增加，塑性变形加剧，组织得到了明显细化。

微观组织呈现这种变化的主要原因是在冷变形的过程中，随着挤压道次的增加，塑性变形进一步加剧，剪切应变越来越大，组织内部产生大量的位错，形成高密度位错，位错相互反应形成位错缠结和位错胞，位错缠结程度增大，进一步形成亚晶晶界，随着应变量的增加，铁素体晶界趋于等轴化、平直化，渗碳体周围钉扎大量的高密度位错，细化了铁素体基体。在剪切应变的作用下，亚晶发生动态回复，高密度位错发生重排，亚晶界发生重排，从而铁素体基体得到细化，晶粒也得到细化。细化基体主要的驱动力是在变形量非常大，塑性变形过程中剪切应变急剧加大，直接对晶粒进行细化。

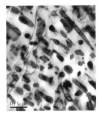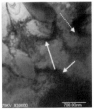

(a) 原始　　　　(b) 冷变形1道次　　　(c) 冷变形2道次　　　(d) 冷变形4道次　　　(e) 冷变形4道次

图 5-21　粒状珠光体钢冷变形不同道次后的微观组织形貌（TEM）

综上所述，原始组织为粒状珠光体的高碳钢在冷变形过程中晶粒细化机制可总结如下：①原始晶粒中的位错线增殖；②由于位错线的堆积，形成位错缠结和位错胞；③随着ECAP次数的增加，累积的应变变大，将位错纠缠和位错细胞转化为亚晶界；④连续动态回复的亚晶界演变为细小晶粒的晶界。

5.5.2 等通道角挤压T8钢温变形后的微观组织

原始组织为粒状珠光体的高碳钢经温变形不同道次后的微观组织形貌如图5-22所示。由图中可以观察到，随着温变形挤压道次的增加，发生剧烈的大塑性变形，应变量不断增大，随着塑性变形程度的加剧，剪切应变逐渐增大，晶粒得到了细化，组织变得更加均匀。经温变形1道次挤压后，和原始组织为粒状珠光体的高碳钢 [图5-20 (a)] 相比，由于受到剪切力的作用，渗碳体颗粒开始变小，但是组织中还存在较大的渗碳体颗粒，如图5-22 (a) 中椭圆区域所示，该区域的渗碳体颗粒粒径约为$2\mu m$，如图5-22 (b) 中椭圆区域和箭头所示，碎化完全的渗碳体颗粒粒径约为300nm，粒径最小的渗碳体颗粒尺寸约为150nm。在ECAP变形过程中，和原始组织相比，由于受到剪切力的方向，可以观察到铁素体基体被拉长，分布排列开始不平整，随着塑形变形的增加，在剪切应变的作用下铁素体基体也开始细化，如图5-22 (b) 中所示。经过ECAP温变形2道次挤压后，渗碳体颗粒变得更加细小，渗碳体颗粒尺寸约为$1.5\mu m$，如图5-22 (c)、(d) 中椭圆区域所示，有些碎化完全的渗碳体颗粒粒径约为250nm，粒径最小的渗碳体颗粒尺寸约为100nm。随着挤压道次的增加，试样沿一个方向旋转90°，由于受到两个方向上的剪切力的作用相互抵消，铁素体晶界比较规整、平直。而且随着挤压道次的增加，渗碳体颗粒进一步碎化，铁素体基体上分布的渗碳体颗粒也越来越多，铁素体基体也得到了细化。经温变形3道次挤压后，在剪切力的作用下，渗碳体颗粒碎化得更加明显，如图5-22 (e) 中椭圆区域所示，该区域的渗碳体颗粒粒径约为$1.3\mu m$，如图5-22 (f) 中椭圆区域和箭头所示，碎化完全的渗碳体颗粒粒径约为100nm，由于试样再次旋转90°，铁素体晶界排布有些不平整，还可以观察到铁素体基体逐渐被分割成不同形状的铁素体晶粒。经温变形4道次挤压后，随着塑性变形的进一步加剧，剪切应变也越来越大，组织中出现了碎化更加完全的渗碳体颗粒，如图5-22 (g) 中椭圆 A 区域所示，还存在平均晶粒尺寸较大的渗碳体颗粒，如图5-22 (g) 中椭圆 B 区域所示，渗碳体颗粒粒径约为$1.5\mu m$，如图5-22 (h) 中椭圆区域 A、B、C 区域所示，粒径最小的渗碳体颗粒尺寸约为90nm。渗碳体颗粒尺寸分布不均匀，粒径较大的渗碳体颗粒尺寸约为$1\mu m$，粒径较小的渗碳体颗粒粒径约为90nm。由图5-22 (h) 可以观察到，在铁素体基体的晶界上分布着一些较粗大的渗碳体颗粒，这些主要是在温变形的过程中，随着塑性变形的加剧，产生大量的位错，这些位错为碳原子的扩散提供了快速通道，渗碳体中的碳原子不断进入位错，在位错周围形成 Cottrell 气团，促进渗碳体发生溶解。随着曲率半径小的渗碳体的溶解，铁素体基体内碳原子浓度接近饱和，当铁素体内发生动态再结晶时，位错密度降低，碳原子以渗碳体的形式重新析出，重新析出的细小渗碳体颗粒发生 Ostwald 熟化，被周围一些大的渗碳体颗粒所吞并，即导致组织内渗碳体颗粒数量逐渐减少，并且渗碳体的颗粒尺寸稍微增大，这与文献 [25] 中对过共析钢温变形过程中的实验现象是一致的。在变形过程中，随着挤压道次的增加，塑性变形更加剧烈，剪切应变越来越大，在纯剪切力的作用下，位错大量增殖，铁素体内发生了动态再结晶，最终组织得到细化。

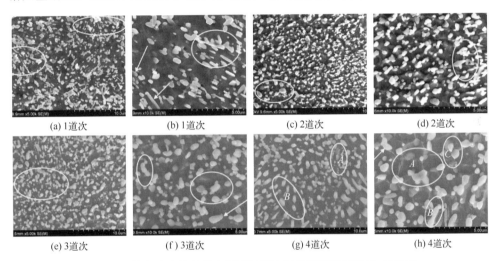

(a) 1 道次　　(b) 1 道次　　(c) 2 道次　　(d) 2 道次

(e) 3 道次　　(f) 3 道次　　(g) 4 道次　　(h) 4 道次

图 5-22　粒状珠光体钢温变形不同道次后的微观组织形貌（SEM）

原始组织为粒状珠光体的高碳钢经温变形不同道次后的微观组织形貌如图 5-23 所示。从图中可以清晰地观察到，相对原始组织为粒状珠光体的高碳钢 [图 5-23（a）] 而言，经过 ECAP 温变形 1 道次挤压后，渗碳体均匀分布在铁素体基体上，渗碳体颗粒平均晶粒尺寸约为 450nm；如图 5-23（a）所示，在剪切应力的作用下，组织中发生了大塑性变形，同时组织中还产生了很多位错，并已形成了很多的位错线，位错线开始缠结，如图 5-23（a）中椭圆区域所示，位错缠结进一步分割铁素体基体，如图 5-23（b）中箭头所示。经温变形 2 道次挤压后，ECAP 变形过程中产生了强烈的塑性变形，随着剪切应变的增加，受到剪切力的作用，位错迅速增殖，铁素体基体内产生高密度的位错，如图 5-23（c）、(d) 中 A、B、C、D、E 区域和箭头所示，高密度的位错发生更加剧烈的缠结，铁素体基体进一步被分割，渗碳体颗粒开始沿着挤压变形的方向进行碎化，粒径较大的渗碳体颗粒尺寸约为 400nm，渗碳体颗粒碎化的程度比较大，碎化较完全的渗碳体颗粒粒径约为 200nm；经温变形 3 道次挤压变形后，发现随着累计应变的进一步增加，由于受到剪切力的方向，组织中的铁素体基体被拉长，如图 5-23（e）中 A、B 区域所示，组织中形成了亚晶结构，如图 5-23（f）中箭头所示，和温变形 2 道次相比，组织中位错明显减少，位错缠结现象也明显减少，如图 5-23（e）、（f）中所示，随着挤压道次的进一步增加，位错湮灭的速度大于位错增殖的速度，在温度的作用下铁素体基体内发生连续的动态再结晶，使位错密度降低，碳原子以渗碳体的形式重新在铁素体内析出，位错密度降低，位错缠结减少。经过温变形 4 道次后，位错缠结和位错墙进一步滑移，如图 5-23（g）中 A、B 区域所示，随着累计应变的继续增加，形成了亚晶界，如图 5-23（g）中箭头所示，在铁素体基体中的位错进一步分割铁素体基体，形成了等轴铁素体[12]，等轴状铁素体晶粒尺寸为 450nm。如图 5-23（h）中箭头所示，图中还可以观察到被拉长的铁素体，如图 5-23（h）中虚箭头所示。

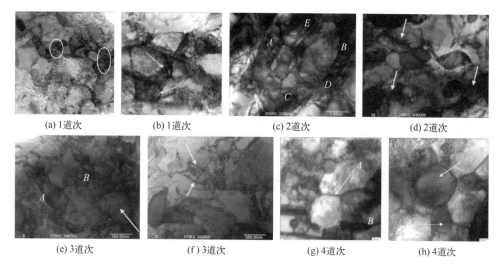

图 5-23　粒状珠光体钢温变形不同道次后的微观组织形貌（TEM）

微观组织呈现出这种变化主要原因在于温变形的过程中，随着挤压道次的增加，塑性变形越来越大，剪切应变也越来越大，组织中萌生了大量的位错，形成高密度的位错，位错相互反应产生位错缠结和位错胞，但是随着挤压道次的增加，这些位错为碳原子提供了快速通道，导致渗碳体的溶解，铁素体内发生动态再结晶，使位错密度降低，碳原子以渗碳体的形式重新析出。在温度的作用下，亚晶发生了动态再结晶，渗碳体颗粒进一步得到细化。经过 ECAP 温变形 1、3 道次后，发现铁素体晶界被拉长，由于在挤压变形的过程中，受到剪切力的方向，没有经过旋转 90°，试样只有在一个方向受到剪切力的作用，因此铁素体晶界被拉长。而经过温变形 2、4 道次后，在挤压的过程中，再进行下一个道次挤压之前，试样沿同一个方向旋转 90°，试样在两个方向受到的剪切力的作用相互抵消，因此铁素体晶界比较平直，规整。

5.6　等通道角挤压粒状珠光体钢的力学性能

本节主要介绍在室温、650℃下采用 Bc 方式对原始组织为粒状珠光体的 T8 钢进行 1～4 道次的 ECAP 冷、温变形后的力学性能，包括显微硬度、工程应力-应变曲线、拉伸断口形貌分析。

5.6.1　等通道角挤压 T8 钢冷变形后的力学性能

原始组织为粒状珠光体的高碳钢经 ECAP 冷变形不同道次后的显微硬度如图 5-24 所示。从图 5-24 中可以观察到，和原始组织为粒状珠光体的高碳钢相比，冷变形 1 道次挤压后，高碳钢的显微硬度值由原始的 195HV 增至 261HV，提高了 34％左右；随着挤压道次的继续增加，2 道次后的显微硬度值达到了 295HV，和 1 道次相比，增幅约为 13％；4 道次挤压变形后，显微硬度值由 2 道次的 295HV 增至 309HV，增幅约为 5％，但是相对原始粒状珠光体钢相比，提高了 58％。粒状珠光体钢经冷变形不同道次后，其显微硬度值呈增加的趋势。硬度呈现这种规律的原因可能是，在形变初期，随着挤压道次的增加，铁素体内萌生了大量的位错，位错密度明显提高，随着剪切应变的增加，位错缠结更加厉害，铁素体基体进一步细化。因此在加工硬化和细晶强化的作用下，材料的硬度得到了明显提高。

图 5-25 为原始组织为粒状珠光体的高碳钢经 ECAP 冷变形多道次后的工程应力-应变曲线，从图中可以观察到，经过冷变形多道次挤压后，工程应力-应变曲线呈现出上升的趋势。随着挤压道次的增加，其应变逐渐增大，应力也逐渐增加。经过冷变形 4 道次后，抗拉强度由原始态的 598MPa 增至 1077MPa，提高幅度为 80％。经冷变形 1 道次挤压后的抗拉强度由 598MPa 增至 744MPa，提高幅度为

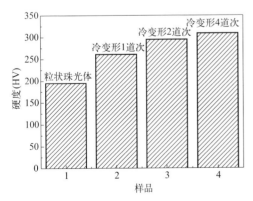

图 5-24　粒状珠光体高碳钢经 ECAP
多道次冷变形后的显微硬度

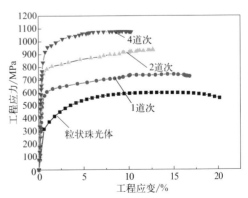

图 5-25　粒状珠光体钢经 ECAP
冷变形前、后的工程应力-应变曲线

24%；经冷变形 2 道次挤压后的抗拉强度由 744MPa 增至 933MPa，提高幅度为 25%；经冷变形 4 道次挤压后的抗拉强度由 933MPa 增至 1077MPa，提高幅度为 15%；相邻道次之间，冷变形 2 道次后的抗拉强度提高幅度最大。经过冷变形挤压变形后，组织中产生了加工硬化，阻碍了位错的运动，造成大量位错进行堆积，使变形抗力呈现增大的趋势。

经 ECAP 冷变形前后粒状珠光体钢的力学性能结果如表 5-3 所示。经冷变形 4 道次后，屈服强度由原始态的 289MPa 增至 915MPa，屈服强度随着挤压道次的增加而增大；屈强比由原始的 0.48 增至 0.85。延伸率由原始态的 20.1% 降至 10.2%，降低了 49%。随着挤压道次的增加，冷变形的延伸率逐渐降低。经 ECAP 冷变形后，在不损失太大的塑性指标的前提下，大大提高了材料的强度。

表 5-3　ECAP 冷变形前后粒状珠光体钢的力学性能

项目	珠光体	1 道次	2 道次	4 道次
硬度（HV）	195	261	295	309
屈服强度（$\sigma_{s(0.2)}$）/MPa	289	594	786	915
抗拉强度（σ_b）/MPa	598	744	933	1077
屈强比（$\sigma_{s(0.2)}/\sigma_b$）	0.48	0.80	0.84	0.85
延伸率（δ）/%	20.10	16.70	12.60	10.20

原始组织为粒状珠光体的高碳钢经冷变形不同道次变形后的断口形貌如图 5-26 所示。原始组织为粒状珠光体的高碳钢的断口形貌如图 5-26（a）所示，从图中可以观察到，韧窝的深度很深，韧窝的尺寸也比较大，由大量大而深的韧窝组成，平均尺寸约为 10μm，组织表现出良好的韧性。和原始组织［图 5-26（a）中］相比，冷变形 1 道次后韧窝的数量增多了，但是韧窝的深度变得较浅；随着挤压道次的增加，韧窝数量越来越多，韧窝的平均尺寸也变小，韧窝的深度逐渐变浅，如图 5-26（b）所示。经冷变形 2 道次挤压变形后，还存在少量大的深的韧窝，其平均尺寸约为 6μm，如图 5-26（c）所示。随着挤压道次的继续增加，经冷变形 4 道次后，韧窝的数量逐渐增加，出现了一些尺寸及深度不一的韧窝。存在少量大而深、平均尺寸约为 4μm 的韧窝，均匀分布的大量小而浅、平均尺寸约为 1μm 的

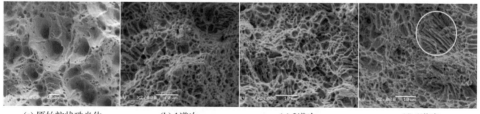

(a) 原始粒状珠光体　　　(b) 1 道次　　　(c) 2 道次　　　(d) 4 道次

图 5-26　粒状珠光体钢经 ECAP 冷变形不同道次后的断口形貌（SEM）

韧窝如图 5-26（d）所示。冷变形 4 道次，断口形貌还夹杂着少量准解理断裂的形貌特征，如图 5-26（d）中椭圆区域所示。主要是由于组织中还残留一些短棒状的渗碳体没有碎化完全。随着挤压道次的增加，残留的未碎化完全的渗碳体数量减少，粒状珠光体钢表现较好的韧性。冷变形后，随着挤压道次的增加，相对原始粒状珠光体钢来说，塑性稍微有所降低。

5.6.2　等通道角挤压 T8 钢温变形后的力学性能

原始组织为粒状珠光体的高碳钢经 ECAP 温变形不同道次后的硬度如图 5-27 所示。和原始组织为粒状珠光体的高碳钢相比，温变形 1 道次挤压后，显微硬度值由原始的 195HV 增至 241HV，提高了 24％左右。随着挤压道次的增加，2 道次变形后，显微硬度值达到了 275HV，提高了 41％左右；经温变形 3、4 道次后，显微硬度值降至 251HV 和 258HV，相对原始粒状珠光体钢来说，分别提高了 29％、32％。粒状珠光体钢经温变形不同道次后，其显微硬度值呈先增加后降低的趋势。

硬度呈现这种规律的原因可能是，随着温变形挤压道次的增加，变形初期，组织中产生了高密度位错，随着位错的增殖和运动，发生了位错缠结，同时铁素体基体组织被细化，温变形 2 道次后，位错缠结更厉害，渗碳体颗粒碎化程度增加，铁素体组织也进一步被细化，在位错强化和细晶强化的共同作用下，以位错强化为主，所以其硬度值达到最高；每进行下一道次挤压时，试样要进行加热 20min，接着进行下一道次的挤压。随着温变形挤压道次的增加，经温变形 3、4 道次后，位错湮灭的速度大于位错增殖的速度，在变形的过程中处于一个动态再结晶的过程，使位错密度降低，主要是在细晶强化的作用下，试样的硬度稍微降低，但是相对原始粒状珠光体钢，硬度值还是增加的。

图 5-28 为原始粒状珠光体的高碳钢经温变形多道次后的工程应力-应变曲线，从图中可以观察到，经过温变形 1 道次后，抗拉强度由原始态的 589MPa 增至 660MPa，提高幅度为 12％；随着挤压道次的增加，2 道次变形后粒状珠光体钢的抗拉强度由 660MPa 增至最大值 870MPa，提高幅度为 32％；而随着挤压道次的继续增加，工程应力-应变曲线呈现下降的趋势，经过 ECAP 温变形 3、4 道次后，抗拉强度降为 757MPa、782MPa，相对原始态的 598MPa，提高幅度为 27％、31％。经温变形 2 道次后，应力达到最高值 870MPa，而随着挤压道次的继续增加，应力有所降低，主要是由于在温变形 2 道次后，组织中形成了高密度位错，位错缠结比较厉害，随着剪切应变的增大，在温度的作用下，铁素体内发生了动态再结晶，使位错密度降低，经 3、4 道次变形后应力有所下降。

经 ECAP 温变形前后粒状珠光体钢的力学性能结果如表 5-4 所示。经温变形 4 道次后，屈服强度由原始态的 289MPa 增至 649MPa，屈服强度随着挤压道次的增加而增大；屈强比由原始的 0.48 增至 0.83。ECAP 温变形后，和原始粒状珠光体钢相比，其延伸率降低。4 道次后的延伸率由原始态的 20.1% 降至 16.8%，降低了 16%。但是从两个图中可以观察到，原始粒状珠光体钢的塑性最好，温变形的延伸率比冷变形的延伸率大，说明温变形的塑性比冷变形的塑性好，主要原因是，在温变形的过程中，在进行下一道次挤压之前，对试样进行加热 20min，变形过程中都处于一个连续的动态再结晶，位错密度降低。而冷变形的过程中，发生了加工硬化，位错密度增大，塑性变形很难继续进行，塑性降低。

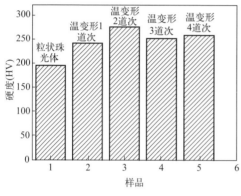

图 5-27　粒状珠光体高碳钢经多道次
ECAP 温变形后的硬度

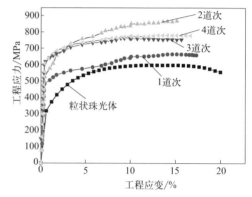

图 5-28　粒状珠光体钢 ECAP 温变形前后的
工程应力-应变曲线

表 5-4　ECAP 温变形前后粒状珠光体钢的力学性能

项目	珠光体	1 道次	2 道次	3 道次	4 道次
硬度（HV）	195	241	275	251	258
屈服强度（$\sigma_{s(0.2)}$）/MPa	289	491	590	635	649
抗拉强度（σ_b）/MPa	598	660	870	757	782
屈强比（$\sigma_{s(0.2)}/\sigma_b$）	0.48	0.74	0.68	0.84	0.83
延伸率（δ）/%	20.10	17.50	15.26	15.79	16.80

原始组织为粒状珠光体的高碳钢经 ECAP 温变形后的断口形貌如图 5-29 所示。从图中可以观察出，和原始组织［图 5-26（a）］相比，温变形 1 道次变形后，如图 5-29（a）所示，试样断口出现了细小的韧窝。随着挤压道次的增加，2 道次变形后，可以观察到韧窝的数量逐渐增加，韧窝的深度开始变浅，如图 5-29（b）所示，说明随着挤压道次的增加，渗碳体碎化的程度进一步加剧。ECAP 温变形 3 道次后，韧窝的数量逐渐增加，并且韧窝深度也逐渐变浅，如图 5-29（c）所示，试样断口形貌呈现出韧性断裂特征，表现出较好的塑性。经过 4 道次 ECAP 变形后，韧窝的尺寸大小比较均匀，韧窝的深浅也比较均匀，如图 5-29（d）所示，存在少量大而深、平均尺寸约为 6μm 的韧窝，均匀分布的大量小而浅、平均尺寸

约为 $1\mu m$ 的韧窝。经温变形 4 道次后，断口形貌中没有出现类似准解理断裂的形貌特征，说明温变形后，渗碳体颗粒碎化程度比冷变形的效果好，组织细化更均匀。随着挤压道次的增加，塑性变形更加剧烈，晶粒得到明显细化。和原始粒状珠光体的高碳钢相比，超细晶粒高碳钢的塑性有所降低。

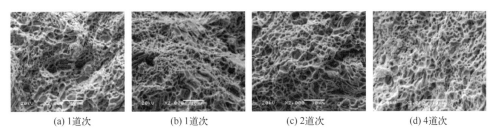

(a) 1道次　　　　　(b) 1道次　　　　　(c) 2道次　　　　　(d) 4道次

图 5-29　粒状珠光体钢经不同道次 ECAP 温变形后的断口形貌（SEM）

参 考 文 献

[1]　Segal V M，Reznikov V I，Drobyshevskiy A E，et al. Plastic working by simple shear [J]. Russian Metall.，1981，1：99.

[2]　Valiev R Z，Krasilnikov N A，Tsenev N K. Plastic deformation of alloys with submicron-grained structure [J]. Mater. Sci. Eng.：A，1991，137：35.

[3]　张玉敏，丁桦，孝云祯，等. 等径弯曲通道变形（ECAP）的研究现状及发展趋势 [J]. 材料与冶金学报，2002，1（4）：18-24.

[4]　Segal V M. Engineering and commercialization of equal channel angular extrusion（ECAE）[J]. Mater. Sci. Eng.：A，2004，386（1-2）：269-276.

[5]　Iwahashi Y，Horita Z，Nemoto M，et al. An investigation of microstructural evolution during equal-channel angular pressing [J]. Acta Mater，1997，45（11）：4733-4741.

[6]　肖潇，史庆南，林宇菲，等. 等径角挤压工艺研究及其新进展 [J]. 新技术新工艺，2010（04）：51-55.

[7]　郭廷彪，丁雨田，胡勇，等. 等径角挤压过程中材料的流变行为研究 [J]. 材料导报，2009，23（9）：93-96.

[8]　Furukawa M，Iwahashi Y，Horita Z，et al. The shearing characteristics associated with equal-channel angular pressing [J]. Mater. Sci. Eng.：A，1998，257（2）：328-332.

[9]　蔡刚毅，邓鹏辉，马壮，等. 摩擦条件对高强铝合金单次 ECAP 作用的有限元模拟 [J]. 特种铸造及有色合金，2009，29（6）：518-521.

[10]　索涛，李玉龙，刘元镛，等. 等径通道挤压过程三维有限元模拟 [J]. 计算力学学报，2006，23（6）：754-759.

[11]　王立忠，王经涛，王媛，等. 等径弯曲通道变形制备超细晶低碳钢的热稳定性 [J]. 材料热处理学报，2004，25（2）：11-14.

[12] 陈伟，李龙飞，杨王玥，等. 过共析钢温变形过程中的组织演变Ⅰ. 铁素体的等轴化及Al的影响 [J]. 金属学报，2009，45（2）：151-155.

[13] 熊毅，陈正阁，厉勇，等. 温变形高碳钢中超微细复相组织的特征及性能 [J]. 材料热处理学报，2008，29（2）：66-70.

[14] 陈伟，李龙飞，杨王玥，等. 过共析钢温变形过程中的组织演变Ⅱ. 渗碳体的球化Al的影响 [J]. 金属学报，2009，45（2）：156-160.

[15] 黄俊霞，王经涛，张郑. 珠光体组织的等径弯曲通道变形 [J]. 材料研究学报，2005，19（2）：200-206.

[16] 王立忠，王经涛，黄俊霞，等. ECAP变形道次对珠光体钢中渗碳体球化的影响 [J]. 材料科学与工艺，2006，14（1）：25-27.

[17] 林一坚，罗光敏，史海生，等. 一种具有优化组织和优异性能的超高碳钢 [J]. 钢铁，2005（11）：57-61.

[18] Hackeny S A，Shiflef G J. Pearlite growth mechanism [J]. Acta Metall.，1987，35（5）：1019-1028.

[19] 林慧国，傅代直. 钢的奥氏体转变曲线——原理、测试与应用 [M]. 北京：冶金工业出版社，1988.

[20] 胡光立，谢希文. 钢的热处理 [M]. 西安：西北工业大学出版社，1993.

[21] Zhao M C，Hanamura T，Qiu H，et al. Dependence of strength and strength-elongation balance on the volume fraction of cementite particles in ultrafine grained ferrite/cementite steels [J]. Scripta Mater.，2006，54（7）：1385-1389.

[22] Song R，Ponge D，Raabe D. Mechanical properties of an ultrafine grained C-Mn steel processed by warm deformation and annealing [J]. Acta Mater.，2005，53（18）：4881-4892.

[23] 谭洪锋，杨王玥，陈国安. 初始组织形态对中碳钢温变形组织演变的影响 [J]. 北京科技大学学报，2008，30（4）：368-373.

[24] 贺甜甜，熊毅，郭志强，等. 等通道角挤压层片状珠光体的数值模拟与实验验证 [J]. 热加工工艺，2011，40（9）：1-4.

[25] Wilde J，Cerezo A，Smith G D W. Three-dimensional atomic-scale mapping of a cottrell atmosphere around a dislocation in iron [J]. Scripta Mater.，2000，43（1）：39-48.

第6章 高应变速率变形制备超细晶粒高碳钢的组织与性能

通过高应变速率变形对材料表面进行强化的技术，能显著改善材料的力学性能，获得超细晶粒高碳钢，如激光冲击强化（LSP）。因此本章重点介绍激光冲击强化（LSP）对超细晶粒高碳钢组织和性能的影响，同时探讨了霍普金森压杆（SHPB）高速变形条件下高碳钢的动态力学行为响应及其相应的微观组织变化情况。

6.1 激光冲击强化技术

激光冲击强化（LSP）是一种在超高应变速率下（$106 \sim 10^7 s^{-1}$）对材料表面进行强化的技术，能显著改善材料的力学性能，特别是能显著延长材料的疲劳寿命并提高抗应力、抗腐蚀性能。该技术具有非接触、无热影响区、可控性强、强化效果显著等特点，可快速、高效地对金属零部件需要进行表面强化而难以用其他技术进行强化的局部区域进行表面强化，因此，在航空航天、汽车以及其他领域具有极为广阔的应用前景。

6.1.1 激光冲击强化工艺

激光冲击强化技术利用高功率密度（$>109 W/cm^2$）、短脉冲（$10 \sim 30 ns$）的激光束通过透明约束层作用于金属表面的吸收层，吸收层吸收激光能量并迅速气化，同时在极短时间内形成大量稠密的高温高压等离子体，其温度高达 10^4 K，对材料表面的压力大于 1 GPa。由于约束层的限制作用，该等离子体继续吸收激光能量后急剧升温、膨胀，而后爆炸形成强度很高的冲击波作用于金属表面并向内部传播。这种冲击波的压力可达到数个 GPa，当其超过材料的动态屈服强度时，会导致材料表面产生屈服和塑性变形，使材料表面获得较高的残余压应力，从而显著提高材料的强度、硬度、耐磨性以及抗疲劳性能。

与传统的强化工艺相比，激光冲击强化具有明显的优势：

① 超高应变速率，可达 $10^{6\sim7}/s$；

② 超快，材料表面发生微塑性变形的时间只有几十纳秒；

③ 可获得更深的残余应力层，通常可达 $1\sim2mm$；

④ 方便灵活，能精确控制和定位，可加工传统工艺无法处理的部位，如小孔、倒角、焊缝和沟槽等；

⑤ 被强化金属表面无机械损伤以及热应力损伤等。

利用 LSP 对金属表面进行处理后得到的材料质量好，具有较高的表面粗糙度和尺寸精度，同时还可大幅改善材料的力学性能。因此，该技术被现代工业誉为"未来制造系统的共同加工手段"。

1972 年，美国的 B. P. Fairand 等人[1] 利用高功率脉冲激光束对 7050 铝合金表面进行冲击强化处理，以此改变 7050 铝合金的显微组织和力学性能。1992 年，法国的 M. Gerland 等人[2] 对 316L 不锈钢进行激光冲击处理，结果表明：经激光冲击处理后试样的疲劳寿命有所下降。在 LSP 的应用方面，美国等工业发达国家已经进入了商业化阶段。1995 年，美国的 Jeff Dulaney 博士创建了激光冲击处理公司；美国加利福尼亚大学国家重点实验室与 MIC（Metal Improvement Co. Inc）合作，研制开发了钕玻璃激光器，已成功用于航空涡轮发动机叶片的强化处理[3]。进入 21 世纪，LSP 技术取得了长足的进展，美国已将该技术成熟应用于 F101、F110 和 F414 发动机叶片的维修[4]。近年来，美国还将此技术用于民机生产线。2004 年，LSP 技术被用于波音 777 民用飞机的叶片处理。

由于受到激光器的限制，国内这方面的研究起步相对较晚，从 20 世纪 90 年代初开始对 LSP 技术进行研究。目前国内开展 LSP 研究的单位主要有：江苏大学、中国科学技术大学、北京航空航天大学、南京航空航天大学、华中理工大学、航空材料研究院等单位。国内外对 LSP 技术已进行了大量实验研究，结果表明该技术对各种铝合金、镍基高温合金、钛合金、镁合金、不锈钢、钢铁等均有良好的强化效果，并且单、多道次的激光冲击都可以实现金属表面的晶粒超细化。例如：江苏大学的朱向群等人[5] 对 2Cr17Mn15Ni2N 奥氏体不锈钢进行了单道次的激光冲击，结果表明：单次激光冲击即可实现样品表层晶粒超细化，晶粒尺寸为 $100\sim500nm$，接近纳米级；晶格常数增加 1.12%，处理区显微硬度显著提高，形变层深 $0.25mm$，其晶粒细化机制主要是在超高应变速率条件下，试样表面发生了热塑失稳和动态再结晶，致使晶粒超细化。鲁金忠等人[6] 对 LY2 铝合金进行了多道次的激光冲击，结果表明：在超高应变速率条件下，经过多道次的激光冲击，晶粒得到明显细化，其最小晶粒尺寸为 $100\sim200nm$，晶粒细化机制如下：首先在原始晶粒中形成了位错线，随后大量位错相互缠结形成位错墙，接下来位错缠结和位错墙形成亚晶界，由于连续动态再结晶的发生最终导致亚晶界演化为晶界，从而进一步细化晶粒。此外，鲁金忠等人[7] 也对 304 奥氏体不锈钢进行了多道次的激光冲击，结果表明：在超高应变速率条件下经过多道次的激光冲击，晶粒得到明显细化，其最小晶粒尺寸约为 50～200nm，晶粒细化机制如下：首先由于位错堆积形成了平面位错阵列和堆积层错，随后机械孪晶之间（机械孪晶与平面位错阵列之间或是平面位错阵列之间）沿多个方向相互交叉，形成了细三角块（或不规则的块状结构），接下来机械孪晶界向亚晶界转变，由于连续动态再结晶的发生最终导致亚晶界演化为晶界，从而进一步细化晶粒。由上述结果可知铝合金与奥氏体不锈钢的晶粒细化机制各不相同，并且目前的研究对象都局限于晶粒尺度均在微米级的传统粗晶材料，而对于晶粒细化至亚微米级乃至纳米尺度的超细晶材料的激光冲击强化报道尚未见到。因此，关于超细晶材料在激光冲击强化后的组织演变是否和粗晶材料一样，是否还能进一步细化晶粒以及其晶粒细化机制又该如何，这都需要我们进行深入的探讨分析。

6.1.2　原始层片状珠光体钢 LSP 后的微观组织

（1）原始珠光体经不同冲击次数 LSP 变形的微观组织

原始珠光体试样在相同冲击能量（6J），经不同冲击次数 LSP 变形后的显微组织如图 6-1 所示。激光冲击处理后，珠光体钢中珠光体组织的形态变化主要表现为渗碳体片层的变形。图 6-1（a）、（b）分别为激光冲击 2 次、6 次后的 SEM 组织形貌，可以看出，经 2 次冲击后，渗碳体的层片间距明显减小，为了协调铁素体基体的变形，大量渗碳体片层发生了弯曲、扭折、断裂，且在冲击波中心区域，即图 6-1（a）左侧区域，断裂的渗碳体片层发生球化，渗碳体形态主要以短棒状或椭圆形存在。图 6-1（b）为原始珠光体钢经 6 次激光冲击后的显微组织形貌。随着冲击次数的增加，更多的渗碳体片层发生断裂，球化程度进一步加剧，但球化程度很不均匀，图 6-1（b）的右侧区域为冲击中心，可以看出在冲击中心区域渗碳体的变形更加剧烈，球化程度更加充分、完全。这主要是由于激光束能量呈高斯分布，导致激光诱导的应力也大体呈高斯分布，因此试样表层组织才会出现明显的差异[8]。

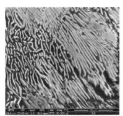 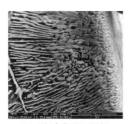 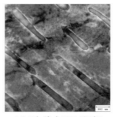 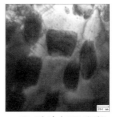

(a) 2次冲击SEM组织　　(b) 6次冲击SEM组织　　(c) 2次冲击TEM组织　　(d) 6次冲击TEM组织

图 6-1　原始珠光体经不同冲击次数 LSP 变形的显微组织

原始珠光体钢经激光冲击 2 次、6 次后冲击中心区域的 TEM 组织形貌分别如

图 6-1（c）、（d）所示。经激光冲击 2 次后，层片状的渗碳体发生弯曲、断裂、球化，主要以短棒状或哑铃状形式存在，且依稀可以看出原始渗碳体片层的排布方向。经 6 次激光冲击后，如图 6-1（d）所示，层片状的渗碳体球化完全，演变为颗粒状的渗碳体分布于铁素体基体之上，渗碳体平均颗粒粒径约为 $0.26\mu m$。原始珠光体钢在连续的激光冲击波作用下，为了协调渗碳体片层的变形，铁素体基体内会产生大量的位错，位错密度显著加大，从而加剧了位错缠结现象，如在图 6-1（d）中观察到大量的位错线和位错缠结，这最终导致了铁素体晶粒的细化，从而导致相应力学性能的提高。

（2）原始珠光体经不同冲击能量 LSP 变形的微观组织

原始珠光体试样在相同冲击次数（4 次），经不同冲击能量 LSP 变形后的显微组织形貌如图 6-2 所示。经激光冲击后，渗碳体片层发生了完全断裂，出现大量短棒状的渗碳体，局部已经发生球化。

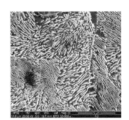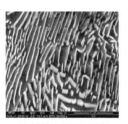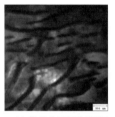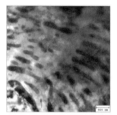

(a) 能量为2J SEM组织　　(b) 能量为6J SEM组织　　(c) 能量为2J TEM组织　　(d) 能量为6J TEM组织

图 6-2　原始珠光体经不同冲击能量 LSP 变形的显微组织

图 6-2（a）、（b）分别为激光冲击能量为 2J、6J 变形后的 SEM 组织形貌，可以看出，随着冲击能量的增加，渗碳体的球化程度更加充分、完全。原始珠光体钢经激光冲击能量为 2J、6J 变形后的 TEM 组织形貌分别如图 6-2（c）、（d）所示。可以看出，当冲击能量为 2J 时，细长的渗碳体片层发生弯曲、断裂，并且局部出现球化完全的颗粒状渗碳体。随着冲击能量的增加，如图 6-2（d）所示，出现了大量颗粒状的渗碳体，说明此时渗碳体的球化过程进行得比较充分、完全。球化完全的渗碳体颗粒粒径约为 $0.15\mu m$，同时从图中还可观察到部分短棒状的渗碳体组织，表明渗碳体的球化程度很不均匀。这是因为渗碳体的球化是一个自发过程，C 原子的扩散总是由高浓度区域向低浓度区域进行，而小曲率半径渗碳体片层附近的铁素体基体中的 C 浓度较高，因此，C 原子由小曲率半径渗碳体片层附近的铁素体基体向大曲率半径渗碳体片层附近的铁素体基体进行扩散，从而促使渗碳体片层的熔断球化。

6.1.3　两道次 ECAP 珠光体钢 LSP 后的微观组织

两道次 ECAP 挤压后的试样经不同能量 LSP 变形后的显微组织形貌如图 6-3

所示。经激光冲击能量为 2J、6J 变形后的 SEM 组织形貌分别如图 6-3（a）、（b）所示。当以较低能量 LSP 变形后，由图 6-3（a）所示，可观察到数量众多的颗粒状渗碳体，说明渗碳体的球化程度增加。并且随着冲击能量的增加，可以看出渗碳体的球化程度明显加剧，出现了大量颗粒状的渗碳体，图 6-3（b）右侧为激光冲击中心区域，可以看出，在该区域层片状的渗碳体已完成消失，取而代之的是大量细小的渗碳体颗粒，这主要是由于激光能量呈高斯分布，在冲击中心能量最大，因而在冲击中心区域变形最为剧烈，渗碳体的球化也更加充分完全。两道次 ECAP 挤压后的试样经激光冲击能量为 2J、6J 变形后的 TEM 组织形貌分别如图 6-3（c）、（d）所示，可以看出，与激光冲击前相比，经低能量冲击后出现了大量的位错线和位错缠结，形成了拉长的铁素体晶粒，并且局部还可观察到亚晶，这主要是因为经超高应变速率变形后，在组织内部产生大量位错，促使生成高密度缠结的位错，随后位错在应力作用下运动，并反应完全，从而导致了亚晶界的形成，进而演化为亚晶。经高能量激光冲击后，由图 6-3（d）可以看出，渗碳体颗粒进一步细化，其平均颗粒粒径低于 $0.1\mu m$，同时相比于低能量冲击，铁素体基体又得到进一步细化，形成的超细等轴铁素体晶粒尺寸约为 $0.3\mu m$。随着冲击能量的增加，变形程度进一步加剧，会在晶粒内部引入更多的位错，从而导致晶粒的进一步细化。

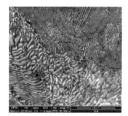  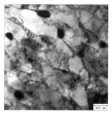 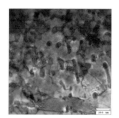

(a) 能量为2J SEM组织　　(b) 能量为6J SEM组织　　(c) 能量为2J TEM组织　　(d) 能量为6J TEM组织

图 6-3　两道次 ECAP 试样经不同冲击能量 LSP 变形的显微组织

6.1.4　四道次 ECAP 珠光体钢 LSP 后的微观组织

（1）四道次 ECAP 试样经不同冲击次数 LSP 变形的微观组织

原始层片状珠光体钢经四道次 ECAP 变形后，可以得到晶粒尺度均在亚微米量级的超微细复相组织（α+θ）。其中，等轴铁素体平均晶粒尺寸约为 $0.4\mu m$，球化完全的渗碳体颗粒粒径约为 $0.15\mu m$。四道次 ECAP 挤压后的超细晶组织在相同冲击能量（2J），经不同冲击次数 LSP 变形后的显微组织如图 6-4 示。图 6-4（a）、（b）分别为激光冲击 2 次、6 次的 SEM 组织形貌，可以看出，经过 2 次激光冲击后渗碳体的球化过程进行得更加充分，并且四道次 ECAP 挤压后得到的颗粒状渗碳体又进一步发生碎化，且随着冲击次数的增加，经过 6 次冲击后从图 6-4（b）

中可以观察到大量细小的颗粒状渗碳体均匀地分布于铁素体基体之上，这主要是由于超高应变速率变形在晶粒内部引入大量位错，位错的不断增殖和积累加速了Fe 和 C 原子的扩散，从而促使渗碳体的进一步球化。但对比图 6-4（a）可以看出渗碳体的数量有所减少，说明随着激光冲击次数的增加，会有部分渗碳体溶解到铁素体基体中。

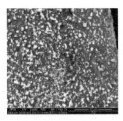 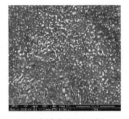 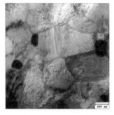 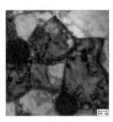

(a) 2次冲击SEM组织　　(b) 6次冲击SEM组织　　(c) 2次冲击TEM组织　　(d) 6次冲击TEM组织

图 6-4　四道次 ECAP 试样经不同冲击次数 LSP 变形的显微组织

图 6-4（c）、（d）为四道次 ECAP 挤压后的超细晶组织分别经激光冲击 2 次、6 次后的 TEM 组织形貌。经激光冲击 2 次后，从图 6-4（c）中可以观察到等轴铁素体晶粒，其平均晶粒尺寸约为 $0.3\mu m$，同时大量弥散分布的细小颗粒状渗碳体平均粒径约为 $0.1\mu m$。经过 6 次激光冲击后，如图 6-4（d）所示，铁素体晶粒又进一步被分割细化，铁素体晶粒接近等轴状，其晶粒尺寸约为 $0.15\mu m$，这主要是因为单道次激光冲击可在铁素体内产生大量位错，位错的增殖和积聚又会导致位错墙和位错缠结的产生，经过 2 次激光冲击后在同一晶粒内滑移系会沿深度方向发生变化，因而位错缠结和位错墙可以有效地分割晶粒，致使晶粒得到细化。随着激光冲击次数的继续增加，应变和应变速率逐渐增大，位错缠结和位错墙又出现在之前已细化的晶粒中，因此晶粒又被分割，这最终导致了超细晶组织的进一步细化。

（2）四道次 ECAP 试样经不同冲击能量 LSP 变形的微观组织

四道次 ECAP 挤压后的超细晶组织在相同冲击次数（4 次），经不同冲击能量LSP 变形后的显微组织形貌如图 6-5 所示。图 6-5（a）、（b）分别为激光冲击能量为 2 J、6 J 变形后的 SEM 组织形貌。经低能量激光冲击后，在图 6-5（a）中可以看出渗碳体颗粒尺寸进一步细化，平均晶粒尺寸小于 $0.1\mu m$，且相比于激光冲击前，渗碳体的数量有所减少，说明渗碳体颗粒溶解于铁素体基体之上，这主要是位错和表面能共同作用的结果，因为铁素体中的位错和渗碳体中 C 原子的作用要大于 C 原子在渗碳体中的结合力，因而 C 原子被位错从渗碳体中拖拽出来，并在位错周围形成柯氏气团，致使系统能量降低，导致渗碳体发生溶解，并且随着激光冲击能量的增加，颗粒状渗碳体的数量又进一步下降，如图 6-5（b）所示，说明更多的渗碳体颗粒发生溶解，因为随着冲击能量的增加，会在铁素体中产生更多的位错，从而导致更多的渗碳体发生溶解。图 6-5（c）、（d）分别为四道次 ECAP 挤压后的超细晶组织经激光冲击能量为 2J、6J 变形后的 TEM 组织形貌。由图 6-5（c）可知，经低能量冲击后，铁素体得到细化，形成的等轴铁素体晶粒尺寸约为 0.2μm，并且随着激光冲击能量的增加，细化的铁素体晶粒又被分割，从而使组织进一步细化，如图 6-5（d）所示，铁素体晶粒接近等轴状，其晶粒尺寸约为 0.15μm。

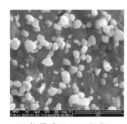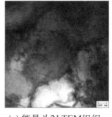

(a) 能量为2J SEM组织　　(b) 能量为6J SEM组织　　(c) 能量为2J TEM组织　　(d) 能量为6J TEM组织

图 6-5　四道次 ECAP 试样经不同冲击能量 LSP 变形的显微组织

6.1.5　不同道次 ECAP 珠光体钢 LSP 后的力学性能

（1）显微硬度

原始珠光体钢和四道次 ECAP 变形后的超细晶组织经相同冲击能量，不同冲击次数 LSP 后的显微硬度随深度方向的变化曲线如图 6-6 所示。可以看出，原始珠光体钢和超细晶组织的显微硬度均随着激光冲击次数的增加而增加，并且随着冲击区表面距离的增加，显微硬度值逐渐减小，即在冲击中心区域，二者的显微硬度最大。原始珠光体钢经 6 次冲击后，如图 6-6（a）所示，冲击中心的显微硬度由冲击前的 300HV 增加到 353HV，提高了 18% 左右。四道次 ECAP 变形后的

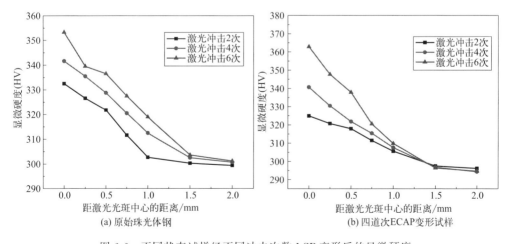

图 6-6　不同状态试样经不同冲击次数 LSP 变形后的显微硬度

超细晶组织在冲击中心的显微硬度也大幅提高，由 291HV 增至 363HV，增幅约为 25%，见图 6-6（b）。这是因为激光能量呈高斯分布，在激光冲击中心处的能量最大，因而在该区域材料的塑性变形最为剧烈，其位错密度也最大，故硬度值最大，并且随着激光冲击次数的增加，塑性变形逐渐加剧，因而硬度值也逐渐增加。

不同状态试样经相同冲击次数（4 次）、不同冲击能量 LSP 变形后的显微硬度如图 6-7 所示。可以看出，原始珠光体钢和经不同道次 ECAP 挤压后的试样，冲击中心的显微硬度要大于冲击边缘，并且随着深度的增加而逐渐下降。同时随着激光冲击能量的增加，原始珠光体钢和不同道次 ECAP 变形后的试样的显微硬度值也逐渐增加。经高能量冲击后，在冲击中心原始珠光体钢的显微硬度由 300HV 增至 342HV，增幅约为 14%，如图 6-7（a）所示。而两道次、四道次 ECAP 挤压后的试样经高能量冲击后，在冲击中心的显微硬度分别由 355HV、291HV 增至 423HV、377HV，分别提高了 19%、30%。同样地，硬度大小的分布与冲击区组织塑性变形程度相一致，塑性变形越大的区域，其硬度值也越大。

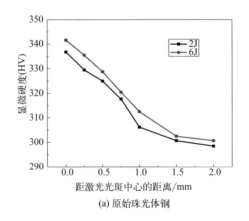

(a) 原始珠光体钢

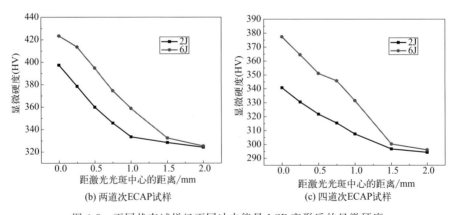

(b) 两道次ECAP试样   (c) 四道次ECAP试样

图 6-7 不同状态试样经不同冲击能量 LSP 变形后的显微硬度

（2）表面残余应力

原始珠光体钢和四道次 ECAP 变形后的超细晶组织经相同冲击能量、不同冲击次数 LSP 后试样表面的残余应力如表 6-1 所示。可以看出，激光冲击处理在试样表面产生残余压应力，并且随着冲击次数的增加，二者的表面残余应力呈上升趋势，原始珠光体钢和四道次 ECAP 变形后的超细晶组织经 6 次冲击后，残余应力值分别可以达到 −280MPa、−201MPa。这主要是因为随着激光冲击次数的增加，材料的塑性变形程度随之增加，而塑性变形层阻碍了表层下已发生弹性变形层的恢复，从而导致材料表面残余压应力的提高。

表 6-1　不同状态试样经不同冲击次数 LSP 变形后的表面残余应力

项目	2 次 LSP 冲击	4 次 LSP 冲击	6 次 LSP 冲击
原始珠光体/MPa	−166	−267	−280
4 次 ECAP 变形后/MPa	−112	−183	−201

表 6-2 为不同状态试样经相同冲击次数（4 次）、不同冲击能量 LSP 变形后试样表面的残余应力。可以看出，随着冲击能量的增加，试样的表面残余应力也逐渐增加。这主要是由于高的冲击能量可以引起严重的塑性变形，在材料内部产生大量的高密度位错，致使晶格发生畸变，宏观上就表现出较高的残余压应力。

表 6-2　不同状态试样经不同冲击能量 LSP 变形后的表面残余应力

项目	2J	6J
原始珠光体/MPa	−212	−267
2 次 ECAP 变形后/MPa	−155	−187
4 次 ECAP 变形后/MPa	−183	−239

6.1.6　超细晶粒高碳钢 LSP 冲击后的组织性能

（1）超细晶粒高碳钢 LSP 冲击后的微观组织

图 6-8（a）、（b）给出了超细晶粒高碳钢 LSP 冲击处理前的原始组织形貌照片。其中图 6-8（a）为扫描电镜照片。从图中可以看出，经过四道次 ECAP 温挤压后原始珠光体层片状形态已基本消失完全，但依稀可见原始渗碳体片层的排布方向。为了协调 ECAP 强烈的剪切变形，层片状渗碳体在发生弯曲、扭折的同时发生球化，并且随着变形的加剧渗碳体的球化程度更加充分、完全。对应的透射电镜照片如图 6-8（b）所示：四道次 ECAP 变形后，原始层片状珠光体组织完全演变成铁素体晶粒和完全球化的渗碳体颗粒构成的超微细复相组织，铁素体晶粒直径和渗碳体颗粒的粒径均在亚微米量级，等轴状铁素体晶粒尺寸约为 400nm，渗碳体颗粒粒径约为 150nm。在珠光体温变形过程中，铁素体的等轴化是与片层

渗碳体球化相协调的过程。在温变形的初期珠光体中铁素体和片层渗碳体协调变形，位错在铁素体/渗碳体相界面处产生，随着变形的持续进行，铁素体晶内的位错密度不断增加形成大量的位错缠结，在动态回复的作用下进而形成亚晶界；与此同时，铁素体中不断增殖和累积的位错及亚晶界的形成加快了 Fe 和 C 原子的扩散，促进了渗碳体片层的熔断球化。在渗碳体球化的同时亚晶界持续吸收位错，并发生转动形成大角度晶界，铁素体开始等轴化。变形程度越剧烈，铁素体等轴化程度越充分完全[9]。ECAP 温变形四道次后得到了超细的等轴铁素体和弥散分布的粒状渗碳体颗粒组成的复相组织，对应的衍射花样中的多晶环特征非常明显，表明不同取向的铁素体晶粒主要以大角度晶界为主[10]。图 6-8（c）、（d）给出了超细晶粒高碳钢 LSP 冲击处理后的试样表层组织形貌照片。超细晶粒高碳钢微复相组织经过多道次 LSP 处理后，渗碳体碎化程度更加充分、完全，粒径由变形前的 150nm 进一步细化至 100nm 左右［图 6-8（c）］，均匀地弥散分布于铁素体基体上。对应的透射电镜照片如图 6-8（d）所示。纳秒量级的短脉冲强激光诱导冲击波加载作用于超细晶粒高碳钢微复相组织，使铁素体基体内萌生出大量位错，铁素体基体内的位错数量迅速增多，导致位错密度急剧增大[11]。与此同时，位错之间相互作用也更加显著，形成了数量众多的位错缠结，伴随着应变的持续作用，位错缠结程度加剧形成位错胞，在动态回复的作用下位错胞进而演化为亚晶晶界，形成了明显的胞状或块状的亚晶结构[12]，从而导致铁素体基体显著细化。其中等轴铁素体晶粒直径由变形前的 400nm 进一步细化至 200nm 左右。

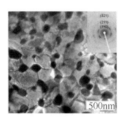

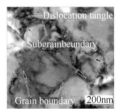

(a) LSP前SEM图　　(b) LSP前TEM图　　(c) LSP后SEM图　　(d) LSP后TEM图

图 6-8　超细晶粒高碳钢激光冲击前、后的微观组织形貌

（2）超细晶粒高碳钢 LSP 冲击后的力学性能

图 6-9 给出了超细晶粒高碳钢 LSP 冲击前、后微拉伸试样的工程应力-应变曲线。从图 6-9 可见，LSP 使超细晶粒高碳钢的抗拉强度和延伸率均呈现增大趋势，其中抗拉强度从 810MPa 增至 871MPa，屈服强度从 662MPa 增至 685MPa 左右，相应的增幅分别为 7.4% 和 3.5%；与此同时，对应的延伸率则从 18% 增至 20%。其原因在于，LSP 处理使冲击区域产生了严重的塑性变形，形成了很高的残余压应力。残余压应力的产生是由于激光冲击强化过程中等离子体充分吸收激光能量而迅速膨胀，并以冲击波的形式以超高应变速率作用于材料表面，使材料表面发

生大塑性变形。其力学效应表现为高脉冲能量激光诱导的冲击波峰值压力超过材料动态屈服强度，产生大量位错组织，引发应变硬化，使材料表面产生了一定厚度的残余压应力层[13]。该压应力层抑制了拉伸形变过程中产生的裂纹的扩展速度，同时引起裂纹的闭合效应，导致裂纹扩展的有效驱动力降低，因而延长了裂纹扩展寿命。在这些因素的共同作用下，超细晶粒高碳钢 LSP 处理后相应的强度指标和延伸率也得到一定的提高。

LSP 冲击前、后微拉伸试样的断口形貌如图 6-10 所示。从图 6-10 可以看出，LSP 冲击前断口形貌呈现出典型的韧性断裂特征，断面上密布着尺寸约 $1\mu m$ 的细小韧窝；LSP 冲击后断口形貌则为准解理和韧性混合型断裂特征，其中准解理断裂特征主要集中在试样表层。其原因在于 LSP 冲击处理使试样表层存在着一定深度的塑性变形层，其深度约 $20\mu m$，如图 6-10（b）所示。因此该塑性变形层的断口形貌明显异于铁素体基体，出现了许多解理面和解理台阶，呈现出典型的准解理断裂特征。LSP 冲击后断口形貌表现为韧性和准解理的混合断裂特征，该现象与 Lu[14] 等多道次 LSP 处理 LY2 合金的研究结果一致。从图 6-10（b）还可看出，LSP 处理后在超细晶粒高碳钢组织内部形成了梯度结构，即随着与冲击表面距离的减小，显微组织从位错变化（内部）到位错缠结和位错墙（次表层），乃至最后演变成亚晶和超细化晶粒（外表层）。引起该现象的原因在于，在激光冲击强化过程中的应变和应变率随着与冲击表面距离的增加而减小[12]。

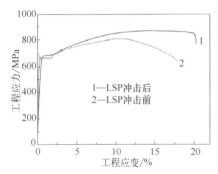

（a）LSP前的断口形貌　　（b）LSP后的断口形貌

图 6-9　超细晶粒高碳钢 LSP 冲击前、后微　　图 6-10　LSP 冲击前、后微拉伸试样的断口形貌
　　　　拉伸试样的工程应力-应变曲线

超细晶粒高碳钢 LSP 处理后的显微硬度曲线，如图 6-11 所示。从图 6-11 可见，LSP 处理使试样表面硬度值明显增加。冲击区域的硬度明显比基体的高，越靠近冲击中心区域，其硬度值增幅越明显。其中超细晶粒高碳钢微复相组织的硬度从 296HV（LSP 前）增至冲击中心区域的 376HV（LSP 后），增幅约为 27%。在 LSP 超高应变速率变形条件下金属表层发生了严重塑性变形，铁素体基体萌生出大量位错，位错滑移程度加剧，位错之间相互缠结形成位错胞，使位错运动十分困难。同时，在局部地区产生大量应力集中，导致材料出现明显的加工硬化，

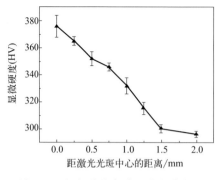

图 6-11　超细晶粒高碳钢激光冲击后
的显微硬度分布

表现为硬度值的明显提高。与此同时，铁素体基体组织进一步细化，渗碳体颗粒的破碎程度也更加完全、充分，渗碳体颗粒粒径也进一步减小，均匀、弥散分布在铁素体基体之上；随着冲击次数的增加还伴随着渗碳体发生部分溶解，导致铁素体基体中碳原子处于过饱和状态[15]。因此，在加工硬化、细晶强化以及固溶强化的共同作用下，超细晶微复相组织冲击中心区域的显微硬度显著升高。

6.2　分离式霍普金森压杆技术

科学工作者于高速切削、爆炸冲击等均发现绝热剪切带的形成，但这些方法不能有效地测试材料的动态载荷条件下屈服强度、抗拉强度等动态力学性能指标。而分离式霍普金森压杆（split hopkinson pressure bar，SHPB）技术有效地解决了这些问题。SHPB建立在两个基本假定之上：杆中应力波为一维弹性试件应力、应变沿长度均匀分布。凭借其加载方式简单、加载波形易测易控制、实验数据可靠而成为研究各种材料动态力学性能最基本的实验手段，而且在中等应变率（$10^2 \sim 10^4 \mathrm{s}^{-1}$）内的测试结果得到普遍认可。

6.2.1　分离式霍普金森压杆工艺

（1）分离式霍普金森压杆技术实验原理

分离式霍普金森压杆装置如图6-12所示，该装置的核心部分是入射杆和透射杆，试样位于两杆之间。子弹在高压气室中经高压气体推动被加速到一定速度 V_0，以此速度撞击入射杆产生入射弹性压力脉冲，初始压力脉冲经子弹自由端反射形成拉力弹性脉冲并回到入射杆端时，子弹对入射杆卸载，因而入射杆中应力波波长应为子弹长度的两倍。当应力波到达端面时应力波一部分被试样端面反射回入射杆形成反射应力波，另一部分则经试样进入透射杆形成透射应力波，透射应力波经缓冲器缓冲、消失。

SHPB系统中与时间 t 相关的入射应变波 $\varepsilon_\mathrm{t}(t)$、反射波 $\varepsilon_\mathrm{R}(t)$ 和透射应变波 $\varepsilon_\mathrm{r}(t)$ 可由压杆表面的电阻应变片测得，由一维弹性假定和应力均匀假定可得出压杆入射应力波 $\sigma_\mathrm{t}(t)$、反射应力波 $\sigma_\mathrm{R}(t)$ 和透射应力波 $\sigma_\mathrm{r}(t)$，关系如式（6-1）：

$$\varepsilon_\mathrm{t}(t) + \varepsilon_\mathrm{R}(t) = \varepsilon_\mathrm{r}(t), \sigma_\mathrm{t}(t) + \sigma_\mathrm{R}(t) = \sigma_\mathrm{r}(t) \tag{6-1}$$

利用所测入射波、透射波和反射波，在两个假定的前提下试件应变率 ζ、应

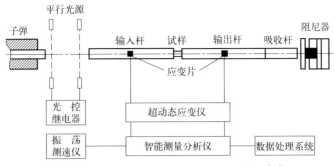

图 6-12　分离式霍普金森压杆原理示意图[16]

变 ε 和应力 σ 随时间关系分别为式（6-2）、式（6-3）、式（6-4）：$\sigma_t(t) - \sigma_R(t) - \sigma_r(t)$

$$\zeta(t) = \frac{c}{l_0}(\sigma_t(t) - \sigma_R(t) - \sigma_r(t)) = -\frac{2c}{l_0}\sigma_R(t) \tag{6-2}$$

$$\varepsilon(t) = \frac{c}{l_0}\int_0^t (\sigma_t(t) - \sigma_R(t) - \sigma_r(t))\mathrm{d}t = \frac{2c}{l_0}\int_0^t \sigma_R(t)\mathrm{d}t \tag{6-3}$$

$$\sigma(t) = \frac{A}{2A_0}E(\sigma_t(t) + \sigma_R(t) + \sigma_r(t)) = \frac{A}{2A_0}E\sigma_r(t) \tag{6-4}$$

上述三个公式中 c 为纵波在霍普金森压杆杆件中的弹性波速；A、E 分别为杆件的横截面面积与弹性模量，A_0 和 l_0 分别为试样初始横截面积和初始长度。由上述基本公式可知，当霍普金森压杆杆件不变时，试样应变速率、应变和应力大小与纵波弹性在杆件中弹性速度有很大关系。

目前，SHPB 在高应变速率变形实验中得到了广泛应用，它具有以下优点：

① SHPB 装置结构简单、操作方便。SHPB 装置包括气室、激光测速仪、杆件、应变波检测系统和数据处理系统，通过气室调控子弹速度，即可获得相应实验数据。

② 测量方法简单巧妙。动态加载条件下试样应力-应变关系很难测得，但 SHPB 通过测量入射杆和透射杆的应变，间接推导出试样的应力-应变关系，简单巧妙。

③ 应变速率范围。SHPB 常用应变速率范围为 $10^2 \sim 10^5 \, \mathrm{s}^{-1}$，而该范围恰是科研工作者所关心的流变应力随应变速率变化的重要范围。

④ 加载波形容易控制和测量。通过入射杆和透射杆上应变片很容易检测和表达加载于试样上的动态载荷，通过改变子弹的长度间接控制入射波形。

任何实验装置都不可能是完美无缺的，SHPB 装置主要有两个缺点：一种是波形的横向振荡影响实验数据的处理和结果的分析；另一种是试样与杆件之间的摩擦效应破坏了试样应力均匀。但只要采取一定的措施这两个缺点对实验数据和实验结果准确性的影响可以降低到最低。

（2）分离式霍普金森压杆技术的发展现状

1949 年由 Kolsky[17] 发明了分离式霍普金森压杆实验技术，距今已有 60 多年的历史了，该技术已经成为测量材料动态力学性能的主要手段之一。利用 SHPB 技术可获得对材料瞬间冲击加载强度、加载时间以及加载脉冲波形变化等诸多信息，一直以来被广泛用于材料的破碎、断裂行为以及力学性能和微观组织方面的研究，该技术能测试多种材料，例如橡胶、金属、岩石、陶瓷、混凝土、复合材料等，是测试材料在高应变率下动态力学响应的一种有效的实验手段。

目前，国内外许多科研单位及其科研工作者借助分离式霍普金森压杆（SHPB）实验技术对有色金属和黑色金属展开了一系列的实验研究。R. Kapoor[18] 等人在 200～250℃借助 SHPB 装置对超细晶 Al-1.5Mg 合金在高应变速率条件下的动态力学行为进行了研究，并且与低应变速率下的结果进行了对比。结果发现，动态压缩实验变形后，在 200℃时，当应变速率分别为 $0.002s^{-1}$、$2000s^{-1}$，超细晶 Al-1.5Mg 合金的平均晶粒尺寸分别约为 $0.44\mu m$、$0.35\mu m$；在 250℃时，当应变速率分别为 $0.002s^{-1}$、$2000s^{-1}$，超细晶 Al-1.5Mg 合金的平均晶粒尺寸分别约为 $1.25\mu m$、$0.48\mu m$。对比发现，在高应变速率变形条件下，超细晶材料进一步得到了细化。

Lemiale[19] 等人采用基于位错理论的黏塑性模拟预测了平均晶粒尺寸在 203～238nm 的超细晶铜高应变速率变形后的晶粒尺寸变化，并借助 Mishra 的实验结果加以验证，研究表明在高应变冲击该模型能有效地反映超细晶铜的动态力学行为特征，数值模拟结果表明在高应变冲击载荷作用下晶粒尺寸可进一步细化至 140～160nm。

B. H. Wang[20] 等人利用 Hopkinson 扭杆研究了同一化学成分的超细晶粒低碳钢（珠光体＋铁素体，晶粒尺寸为 $0.5\mu m$）和超细晶双相钢（铁素体＋马氏体，晶粒尺寸为 $1\mu m$）的组织响应和力学行为，进行动态扭转变形实验发现双相钢的最大剪切应力要比低碳钢低，但其断裂剪切应变较高。在经动态扭转变形的低碳钢的中部可以观察到宽度为 20～30μm 绝热剪切带，但在双相钢中却观察不到。同时对比研究了 ECAP 制备超细晶粒低碳钢退火 1h 和 24h 后的动态扭转变形行为，退火 1h 的试样中绝热剪切带的厚度约为 10μm，未经退火处理的超细晶粒钢绝热剪切带的厚度约为 5μm，退火 24h 的试样中则没有观察到绝热剪切带，剪切带内部的渗碳体球化完全，平均粒径为 0.03～0.06μm，众多细小的渗碳体颗粒有效地钉扎铁素体晶界使其不再继续长大。高应变率变形使铁素体晶粒尺寸由 0.2～0.3μm（退火 1h）进一步细化至 0.05～0.2μm，虽然这种现象只是发生在绝热剪切带内部，但是这意味着超细晶材料晶粒尺寸在高应变率作用下能进一步发生细化。

6.2.2 原始层片状珠光体钢 SHPB 后的组织性能

（1）原始层片状珠光体钢 SHPB 后的力学性能

① 应力-应变曲线。原始层片状珠光体试样受到动态冲击时的应力-应变曲线

如图 6-13 所示，随着弹体速度的增加，应力-应变曲线呈上升趋势，流变应力不断增大，最大流变应力随弹体速度增大而增大，且从应力-应变曲线上观察到明显屈服强度。

② 显微硬度表征。原始层片状珠光体试样动态压缩变形后冲击区域显微硬度及绝热剪切带硬度曲线如图 6-14 所示，基体组织显微硬度约为 226HV，距离绝热剪切带越近对应的显微硬度值越高，显微硬度在绝热剪切带内达到最大值。绝热剪切带内最大显微硬度随着弹体速度的增加而增加，但 20.5m/s 到 33m/s 显微硬度增幅并不大，弹体速度 33m/s 时绝热剪切带内显微硬度达到 292HV，比弹体速度 14.2m/s 时绝热剪切带内显微硬度增加 11.5%。33m/s 时绝热剪切带显微硬度比基体显微硬度增加 29.2%。冲击区域内由于塑性变形产生大量位错，特别是在绝热剪切带内，由于应变的高度集中，导致铁素体基体内大量位错塞积，产生加工硬化作用，所以绝热剪切带内硬度最大。

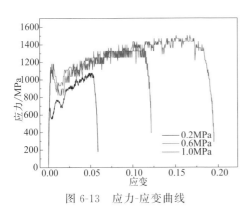

图 6-13　应力-应变曲线

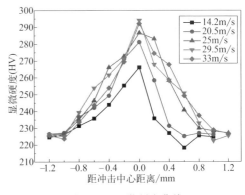

图 6-14　显微硬度曲线

③ 纳米压痕硬度表征。由于绝热剪切带宽度较小而显微硬度仪压痕较大，难以对绝热剪切带内的硬度变化作出精准表征，因此借助纳米压痕仪对绝热剪切带进行纳米压痕硬度表征。层片状珠光体组织载荷-位移曲线如图 6-15 所示。图 6-15 中最大载荷相同，卸载后位移不同。图 6-15（a）中绝热剪切带内两处纳米压痕卸载后卸载位移 h_f 分别为 107nm 和 108nm，基体处两点卸载位移 h_f 分别为 128nm 和 133nm，卸载位移越小硬度越大，因此绝热剪切带内的硬度高于基体组织。当 $V_0=29.5$m/s 时载荷-位移曲线如图 6-15（b）所示，绝热剪切带内两处卸载位移 h_f 分别为 96nm 和 102nm，基体卸载位移 h_f 分别为 128nm 和 130nm，绝热剪切带硬度同样高于基体组织。$V_0=20.5$m/s 与 $V_0=29.5$m/s 绝热剪切带内卸载位移相比后者大于前者，基体组织卸载位移相差不大，与显微硬度结果相符合。利用纳米压痕仪在层片状珠光体组织由绝热剪切带中心附近位置到绝热剪切带外沿直线每隔 0.5μm 测量纳米压痕硬度，弹体速度 $V_0=33$m/s，纳米压痕硬度曲线如

图 6-16 所示。纳米压痕硬度由绝热剪切带内到外呈下降趋势，层片状珠光体绝热剪切带内纳米压痕硬度为 5.15GPa。

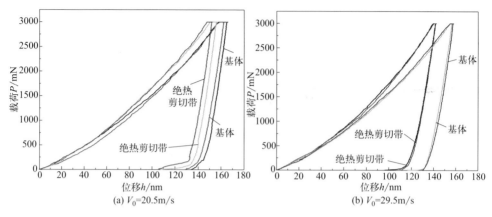

图 6-15　层片状珠光体组织载荷-位移曲线

（2）原始层片状珠光体钢 SHPB 后的微观组织

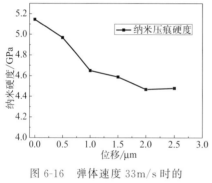

图 6-16　弹体速度 33m/s 时的
纳米压痕硬度曲线

① 原始组织微观形貌。实验用 T8 钢经热处理后原始试样的组织微观形貌如图 6-17 所示，层片间距约 150nm，片层厚度约 30nm。

② 横截面微观组织演变。不同应变速率下试样动态压缩变形后的组织形貌如图 6-18 所示。弹体速度为 25m/s 的试样微观组织形貌如图 6-18 （a）、（b） 所示，层片状渗碳体在应变作用下发生扭折弯曲变形，如图 6-18 （a） 中的 A 和 B 区域内。图 6-19

（b） 中从 A 区域到 B 区域（沿箭头方向）渗碳体形态为完全球化渗碳体—短棒状渗碳体—层片状渗碳体，呈 S 形扭折变形。图 6-18 （b） C 区域内层片状渗碳体在应变作用下发生断裂，但仍保持初始排布方式，渗碳体层片间距明显缩小。弹体速度

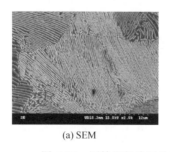

(a) SEM

(b) TEM

图 6-17　原始组织为层片状珠光体的 T8 钢

增加至 33m/s 时动态压缩变形区域微观组织形貌如图 6-18（c）和（d）所示，渗碳体球化程度进一步增加，图 6-18（d）A 区域渗碳体完全球化，B 区域片状渗碳体发生弯曲变形，渗碳体尺寸约 $0.5\sim5\mu m$，完全球化渗碳体颗粒进一步增多。图 6-18（d）虽有尺寸较大的层片渗碳体存在，但整体来看渗碳体尺寸明显比 25m/s 时小。

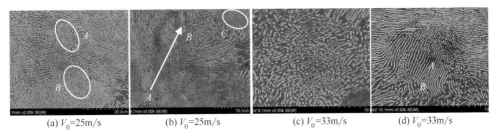

(a) V_0=25m/s　　(b) V_0=25m/s　　(c) V_0=33m/s　　(d) V_0=33m/s

图 6-18　动态压缩变形区域试样显微组织（SEM）

试样受到动态载荷冲击时塑性变形在极短的时间内结束（几十微秒到几百微秒），塑性功转化的热量使材料组织发生热软化，平均应变速率越高，塑性功越大，转化的热量越多，试样组织内部热软化作用将更突出，而热软化效应使塑性变形应变更加集中于试样局部区域，两者相互作用导致层片状渗碳体发生剧烈塑性变形，甚至绝热剪切带的形成。

动态载荷压缩变形后冲击面边缘组织形貌如图 6-19 所示，图 6-19（a）为弹体速度 25m/s 时试样微观组织形貌为典型剪切变形过渡区域，靠近冲击区域 [图 6-19（a）B 区域] 渗碳体多为短棒状，尺寸约 $0.5\sim1.5\mu m$。紧挨 B 区域内层片状珠光体间距相比于原始试样明显减小。弹体速度为 33m/s 时冲击区域边缘组织形貌如图 6-19（b）所示，层片状珠光体间距由 A 区域到 B 区域明显减小，C 区域层片状渗碳体开始球化，渗碳体颗粒粒径大小不一。

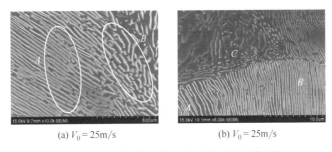

(a) V_0=25m/s　　　　(b) V_0=25m/s

图 6-19　动态压缩变形过渡区域试样显微组织

利用 TEM 进一步分析冲击区域内微观组织形貌如图 6-20 所示，弹体速度为 14.2m/s 时微观组织形貌如图 6-20（a）所示，层片状渗碳体在应变作用下发生弯曲变形，甚至断裂 [图 6-20（a）椭圆区域]。同时大量位错相互缠结（如箭头所指），分割铁素体基体。$V_0 = 25m/s$ 时绝热剪切带外部区域微观组织形貌如图 6-20（b）所示，连续的层片状渗碳体已不存在，大量高密度位错相互反应在晶粒内部形成胞状结构，或相互缠结对基体组织进行分割，在局部区域位错反应较为完全形成亚晶，位错缠结和位错胞发生动态回复后相邻亚晶晶界的位向差进一步增大形成大角度晶界，最终促进等轴铁素体的形成[21]。弹体速度增加到 $25m/s$ 时绝热剪切带内部组织微观形貌如图 6-20（c）所示，动态冲击变形中局部区域高应变使其温度迅速上升，产生的高密度位错相互缠结分割铁素体基体，形成亚晶晶界，而高度集中的应力会使亚晶进一步细化。当局部区域内温度急剧上升和应变高度集中时，促使动态再结晶的发生并最终形成超细晶组织［如图 6-20（c）所示］。弹体速度为 $33m/s$ 时绝热剪切带边界区域完全球化的渗碳体量进一步增加，较大颗粒粒径约为 $250nm$，较小颗粒粒径约为 $90nm$，但并未观察到明显的铁素体晶界，如图 6-20（d）所示。

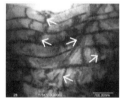 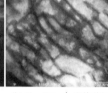 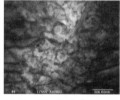 

(a) $V_0 = 14.2m/s$　　(b) $V_0 = 25m/s$ 绝热剪切　　(c) $V_0 = 25m/s$ 绝热剪切带　　(d) $V_0 = 33m/s$ 绝热剪切
　　　　　　　　　带边缘　　　　　　　　　　　　　　　　　　带边缘

图 6-20　动态压缩变形后试样微观组织形貌（TEM）

③ 纵截面微观组织演变。弹体速度为 $14.2m/s$ 时试样由冲击中心到边缘纵截面组织形貌如图 6-21（a）、（b）所示。图 6-21（a）中的 A 区域内层片状珠光体发生弯曲变形，局部区域渗碳体已开始球化。图 6-21（b）中的 A 区域和 B 区域层片状渗碳体发生扭折变形。试样在受到动态冲击时，塑性功在极短时间内释放出大量热量，而这些热量在极短时间内并不能被传导出去，使试样组织出现热软化现象，进而导致应变高度集中于局部区域，使该区域内层片状珠光体发生弯曲变形以适应剧烈塑性变形[22]。

弹体速度为 $20.5m/s$ 时由冲击中心到边缘纵截面组织形貌如图 6-21（c）、（d）所示，图 6-21（c）中的 A 区域内，渗碳体多为短棒状，已观察不到层片状渗碳体，但球化程度并不理想，B 区域内观察到完全球化渗碳体分布于铁素体基体上。图 6-21（d）矩形区域内观察到层片状渗碳体在应力应变作用下朝箭头所指方向周期性弯曲。

弹体速度继续升高时其微观组织形貌如图 6-22 所示。图 6-22（a）、（b）为弹体速度为 $25m/s$ 时试样微观组织形貌，图 6-22（a）中观察到完全球化的渗碳体颗粒与短棒状渗碳体交错分布，完全球化的渗碳体颗粒与短棒状渗碳体无论形状、

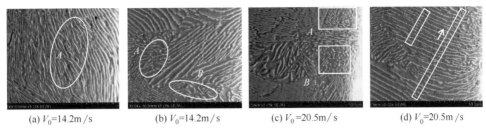

(a) V_0=14.2m/s　　(b) V_0=14.2m/s　　(c) V_0=20.5m/s　　(d) V_0=20.5m/s

图 6-21　动态压缩变形区域试样纵截面组织形貌

尺寸均相差较大，球化程度非常不均匀。图 6-22（b）中观察到层片状渗碳体周期性弯曲（如箭头所指处），局部区域存在完全球化的渗碳体。弹体速度为 29.5m/s时试样微观组织形貌如图 6-22（c）、（d）所示，与弹体速度为 25m/s 时相比渗碳体球化程度加剧，但渗碳体颗粒比较粗大，球化效果不理想 [如图 6-22（c）所示]，图 6-22（d）中渗碳体厚度存在明显差异，A 区域变形组织为精细片层组织，渗碳体片层厚度约为 $0.15\mu m$，部分渗碳体片层完全球化，但完全球化后的渗碳体仍为原来层片状渗碳体排布方向分布。B 区域变形组织为不规则弯曲变形组织，渗碳体片层厚度约为 $0.3\mu m$，该区域内渗碳体发生扭曲断裂。

弹体速度为 33m/s 时，试样微观组织形貌如图 6-22（e）、（f）所示，图 6-22（e）中观察到完全球化的细小渗碳体颗粒，粒径约为 100nm。交错分布在尺寸粒径较大的渗碳体颗粒与短棒状渗碳体之间。图 6-22（f）A 区域变形组织为精细片层组织，层片状渗碳体较细小，片层厚度约为 100nm，且片层之间平行分布，而相邻 B 区域内渗碳体片层厚度明显较大，在剪切应力作用下多发生弯曲变形，为不规则弯曲

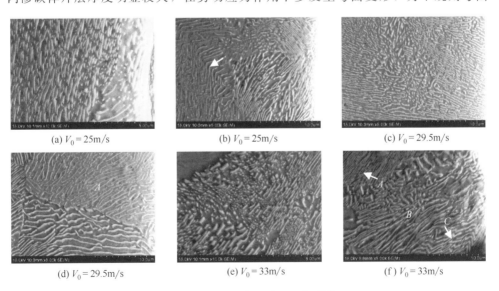

(a) V_0 = 25m/s　　　　　(b) V_0 = 25m/s　　　　　(c) V_0 = 29.5m/s

(d) V_0 = 29.5m/s　　　　　(e) V_0 = 33m/s　　　　　(f) V_0 = 33m/s

图 6-22　试样纵截面微观组织形貌

变形组织。C 区域内层片状渗碳体弯曲变形方向一致，变形组织为剪切带粗大片层组织。

比较图 6-22 (a)、(c)、(e) 可以确认随着弹体撞击瞬时速度的增加，局部区域内渗碳体球化程度逐渐加剧，渗碳体形态转变为：层片状—短棒状—椭圆状—完全球化。部分区域内片状渗碳体以扭折、周期性弯曲变形适应高度集中剪切应变［图 6-22 (b)、(d)、(f)］。随着弹体速度的升高，局部区域内塑性变形所产生的热量与剪切应变越来越大，铁素体晶粒内产生大量高密度位错，为碳原子的扩散提供了快速通道。该过程中渗碳体形状和尺寸不一导致碳原子浓度失衡，粒径较小处铁素体内碳原子浓度较高，通过位错不断向粒径较大渗碳体附近的铁素体内扩散，并在位错周围聚集形成 Cottrell 气团，这是一个能量降低的过程，导致渗碳体的溶解[23]。剧烈塑性变形时铁素体发生动态回复和动态再结晶，铁素体内过饱和碳原子析出粒径更小的渗碳体颗粒，如图 6-22 (e) 所示。

6.2.3　原始粒状珠光体钢 SHPB 后的组织性能

（1）原始粒状珠光体钢 SHPB 后的力学性能

① 应力-应变曲线。原始组织为粒状珠光体的高碳钢经高应变速率变形条件下的应力-应变曲线如图 6-23 所示。从图中可以观察出，粒状珠光体钢在每一个应变速率条件下的应力-应变曲线都呈上升趋势。随着应变速率的增加，粒状珠光体钢的流变应力也随之增大。

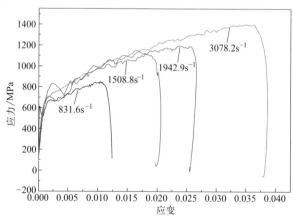

图 6-23　粒状珠光体钢在不同应变速率条件下的应力-应变曲线

当应变速率为 831.6s^{-1} 时，粒状珠光体钢的流变应力约为 850MPa；当应变速率为 1508.8s^{-1} 时，粒状珠光体钢的流变应力值增至 1100MPa，较 831.6s^{-1} 时的应力值增加了 29％；当应变速率为 1942.9s^{-1} 时，粒状珠光体钢的流变应力值增至 1200MPa，较 831.6s^{-1} 时的应力值增加了 41％；当应变速率为 3078.2s^{-1} 时，流变应力增至 1400MPa，较 831.6s^{-1} 时的应力值增加了 64％，此时动态强度是静态强度（598MPa）的 2.3 倍左右。这表明粒状珠光体钢的强度指标随着应变速率的增大而相应提高，可见粒状珠光体钢具有正的应变率敏感性[24]。这是由材料在高应变速率变形条件下动态载荷所导致的应变硬化而引起的，即在塑性变形的过程中，位错大量增殖，发生不同滑移系的交叉滑移，晶体内位错密度迅速增高，反过来阻碍位错的运动，使变形困难，必须在更高的应力下才能使位错滑移运动[25]。

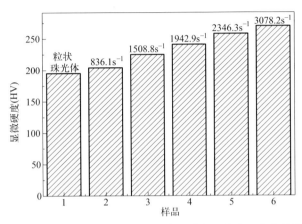

图 6-24　粒状珠光体钢在不同应变速率下冲击区域中心部位的硬度值

② 硬度表征。原始组织为粒状珠光体的高碳钢经不同应变速率条件下冲击区域中心部位的硬度如图 6-24 所示。从图中观察到，原始粒状珠光体钢的硬度值为 195HV，当应变速率为 3078.2s^{-1} 时，硬度值由原始态的 195HV 增至 270HV，提高了 38% 左右。随着应变速率的增大，其硬度值也随之增大。当应变速率从 831.6s^{-1} 分别增至 1508.8s^{-1}、1942.9s^{-1}、2346.3s^{-1} 和 3078.2s^{-1} 时，硬度值分别从 204HV 增至 225HV、241HV、258HV 和 270HV，增幅分别为 10%、7%、7% 和 5%。其硬度增大的原因主要可能是在变形的过程中，产生了塑性变形，组织内部萌生了大量的位错，位错大量增殖，形成高密度的位错，位错发生堆积进一步形成位错缠结和位错胞，最终都会阻碍位错的运动，从而使材料出现加工硬化、硬度值升高。随着应变速率的增大，其显微硬度值也随之增大。

（2）原始粒状珠光体钢 SHPB 后的微观组织

① 扫描电镜微观组织。原始组织为粒状珠光体的高碳钢经不同应变速率下动态压缩变形后的截面微观组织形貌如图 6-25 所示。从图中可以观察到，应变速率为 831.6s^{-1} 时，动态冲击试样的边缘区域出现了厚度约为 15μm 的变形层，如图 6-25（a）直线左侧区域所示，冲击区域内的渗碳体颗粒的尺寸明显比基体组织中的要细小许多，该区域的渗碳体颗粒粒径约为 1μm。由动态冲击边缘向中心区域渗碳体颗粒的尺寸呈增大的趋势。

当应变速率为 $3078.2s^{-1}$ 时，剧烈动态应变使试样塑性变形区域进一步增加，冲击边缘区域的变形层深度进一步加深，厚度约为 $25\mu m$，如图 6-25 （b）直线右侧区域内，可观察到碎化完全的细小渗碳体颗粒粒径约为 $0.5\mu m$，与图 6-25 （a）相比完全球化的渗碳体区域增加，粒径更加细小。说明随着应变速率的增加，变形层的厚度也随之增大，渗碳体颗粒碎化的程度也随之增加。微观组织发生这种变化是由于在高速加载冲击的过程中，试样被压缩，试样局部区域产生剧烈的大塑性变形，动态应变高度集中，导致冲击区域的组织内渗碳体碎化程度更加明显。

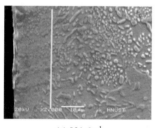 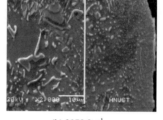

(a) $831.6s^{-1}$ (b) $3078.2s^{-1}$

图 6-25　粒状珠光体钢 SHPB 动态压缩变形后的形变层

原始组织为粒状珠光体的高碳钢经不同应变速率下动态压缩变形后的组织形貌如图 6-26 所示。从图中可以观察到，随着应变速率的增加，渗碳体得到了明显细化。当应变速率为 $831.6s^{-1}$ 时，组织中的渗碳体颗粒发生细化，存在尺寸较大的渗碳体颗粒如图 6-26 （a）中椭圆 A 区域所示，还存在一些相对小的渗碳体颗粒如图 6-26 （a）中椭圆 B 区域所示；组织中还存在一些较大的短棒状的渗碳体颗粒粒径约为 $2.5\mu m$，还有一些碎化较完全的渗碳体颗粒粒径约为 $0.5\mu m$，当发现应变速率较低时，组织中渗碳体颗粒的尺寸很不均匀。如图 6-26 （b）所示，经应变速率为 $1508.8s^{-1}$ 动态压缩后，渗碳体在动态应变的作用下进行碎化，较 $831.6s^{-1}$ 时相比，渗碳体颗粒碎化程度增大，大部分渗碳体颗粒粒径约为 $2\mu m$，少数渗碳体颗粒粒径较小约为 $1.5\mu m$。当应变速率为 $1942.9s^{-1}$ 时，与 $1508.8s^{-1}$ 时相比，渗碳体颗粒碎化的比较完全，短棒状的渗碳体颗粒明显比图 6-26 （b）中的渗碳体颗粒数量少，如图 6-26 （c）中椭圆区域所示，大部分渗碳体颗粒平均尺寸约为 $1.5\mu m$，但是还存在少量较大的渗碳体颗粒粒径约为 $2\mu m$，组织中渗碳体颗粒碎化的程度不同，组织细化不均匀。随着应变速率的进一步增大，当应变速率为 $2346.3s^{-1}$ 时，与 $1508.8s^{-1}$ 时相比，组织中渗碳体碎化的程度进一步加大，渗碳体碎化程度更加明显，大部分的渗碳体颗粒粒径变得更小，如图 6-26 （d）中椭圆 A 区域所示，组织中几乎已经没有短棒状的渗碳体颗粒存在，如图 6-26 （d）中椭圆 B 区域所示，大多渗碳体颗粒平均晶粒尺寸约为 $1\mu m$。当应变速率达到 $3078.2s^{-1}$ 时，由于应变速率的增大，在动态压缩实验的过程中，试样受到的冲击塑性变形程度更大，渗碳体颗粒碎化更加完全，渗碳体颗粒粒径更小，如图 6-26 （e）中椭圆区域所示，碎化后的细小渗碳体颗粒粒径约 100nm，大颗粒渗碳体粒径约 500nm。

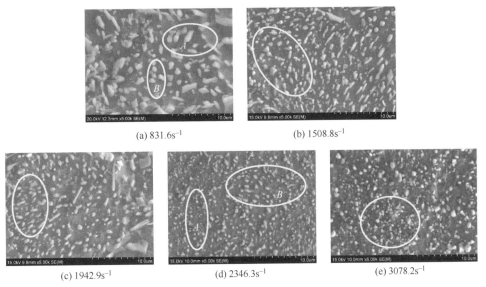

(a) 831.6s^{-1}　　　　　　　　　(b) 1508.8s^{-1}

(c) 1942.9s^{-1}　　　　(d) 2346.3s^{-1}　　　　(e) 3078.2s^{-1}

图 6-26　粒状珠光体钢不同应变速率变形后的微观组织照片（SEM）

　　微观组织出现差异的主要原因在于高速冲击变形后，粒状珠光体钢组织中的铁素体基体结构发生变化，组织在一定程度上得到细化，部分短棒状的渗碳体也随之碎化，从而导致渗碳体颗粒细化。另外，随着应变速率的增加，试样局部区域内产生塑性变形，由塑性变形过程中产生的热量和剪切应变越来越大，组织会发生绝热升温，产生热激活的过程[26]。形变初期，铁素体基体中产生大量的位错，随着动态应变的进一步增大，位错密度不断增加，随着位错相互反应进一步发生位错缠结，位错缠结形成位错胞或位错墙，铁素体基体进一步得到细化，同时在这个过程中，渗碳体中的碳原子沿位错向铁素体中扩散，并且与位错结合，形成 Cottrell 气团[27]，在发生剧烈的塑性变形时，铁素体发生了动态再结晶，组织出现了不同程度的晶粒细化，具体表现为随着应变速率的不断增大，晶粒的细化程度也越高，组织也越均匀。

　　② 透射电镜微观组织。原始组织为粒状珠光体的高碳钢经不同应变速率变形条件下动态压缩试验后的微观组织形貌如图 6-27 所示。当应变速率为 831.6s^{-1} 时，可以观察到铁素体基体晶粒细化，渗碳体颗粒大小也发生了变化，组织中还有部分渗碳体颗粒是由于受到应变分布不均匀的作用而发生变形，形成短棒状的渗碳体颗粒，如图 6-27（a）中箭头所示；渗碳体颗粒粒径大部分在 0.5～1.0μm 之间，如图 6-27（a）中椭圆区域所示。经过应变速率为 1508.8s^{-1} 动态压缩后，被拉长的渗碳体颗粒开始变小，渗碳体均匀分布在铁素体基体上，渗碳体颗粒粒径约为 500nm，铁素体基体中分布的位错开始增多，位错密度显著提高，位错开

始滑移，位错相互反应形成了位错缠结和位错胞，如图 6-27（b）所示，局部区域位错相互反应比较完全已经形成亚晶，由于发生动态再结晶使相邻亚晶晶界进一步变大，形成了等轴铁素体［如图 6-27（b）中椭圆区域所示］，铁素体基体组织得到细化，等轴铁素体的平均尺寸约为 700nm。当应变速率达到 1942.9s^{-1} 时，渗碳体颗粒的平均晶粒尺寸约为 400nm，在组织表面还可以看到很多亚晶结构，亚晶大小约为 350nm；和应变速率 1508.8s^{-1} 相比，局部区域内塑性变形的更加剧烈，局部区域内应变高度集中，位错缠结更加的厉害，如图 6-27（c）中 A 区域所示，局部区域的铁素体基体被拉长；如图 6-27（c）中 B 区域所示，产生的高密度位错相互缠结形成位错胞，进一步分割铁素体基体，局部区域内形成的等轴铁素体晶界明显。

(a) 831.6s^{-1} (b) 1508.8s^{-1}

(c) 1942.9s^{-1} (d) 2346.3s^{-1} (e) 3078.2s^{-1}

图 6-27　粒状珠光体钢不同应变速率变形后的微观组织形貌（TEM）

当应变速率为 2346.3s^{-1} 时，随着应变速率的进一步增大，位错缠结更加厉害，铁素体基体上的高密度位错进行相互反应，并反应完全进一步形成亚晶界，如图 6-27（d）中箭头所示。形成亚晶界后，铁素体基体得到进一步的细化，铁素体晶粒尺寸约为 600nm，而渗碳体颗粒的粒径变得更小，渗碳体颗粒粒径约为 350nm，如图 6-27（d）所示。当应变速率为 3078.2s^{-1} 时，随着应变速率的进一步增加，塑性变形进一步加剧，铁素体基体内都已经萌生了大量的高密度位错，形成大量的位错胞，如图 6-27（e）中箭头所示，组织中已无大粒径的渗碳体颗粒存在，少量存在的渗碳体颗粒粒径已经很小，尺寸约为 250nm，铁素体基体被分割成晶粒尺寸更小的铁素体晶粒，如图 6-27（e）中 A 区域所示，铁素体晶粒尺寸约为 500nm。

其产生原因是随着应变速率的增大，局部区域内由于塑性变形产生的热量越来越大，产生的剪切应变也越来越大，在短时间内铁素体晶粒内部萌生了大量的位错，使位错密度显著增大，随着应变的进一步增大，位错缠结加剧，铁素体基体被分割，与此同时，位错缠结进一步形成位错墙和位错胞。随着位错缠结和位错胞的滑移进一步形成亚晶晶界，应变速率进一步增大，应变继续增大，在此作用下亚晶晶粒动态再结晶，最后形成新的晶粒。在此过程中渗碳体的形状大小都不一样，这样会使碳原子浓度失衡，在渗碳体粒径较小附近的铁素体基体内碳原子的浓度较高，渗碳体中的碳原子沿着位错向铁素体中扩散，为碳原子的扩散提供了快速通道，碳原子由浓度高的地方向浓度低的地方扩散，这是一个能量降低的过程，最终导致渗碳体的溶解，从而使铁素体基体和渗碳体颗粒得到细化[28]。

6.2.4　两道次 ECAP 珠光体钢 SHPB 后的组织性能

（1）ECAP 变形两道次后微观组织形貌

ECAP 变形两道次后试样微观组织形貌如图 6-28 所示，图 6-28（a）中渗碳体片层发生严重塑性变形和熔断，渗碳体的球化程度加剧，组织中渗碳体以短棒状或哑铃状形式存在。图 6-28（b）中沿晶界分布的大颗粒渗碳体具有一定的方向性，其长度可达 200nm，小的渗碳体颗粒球状特征明显，粒径在 30nm 左右 [图 6-28（b）中 A 所示]。同时铁素体晶粒被拉长，在铁素体基体上观察到大量的位错和位错缠结 [图 6-28（b）中 B 所示]。这些位错为碳原子扩散提供了快速通道，使渗碳体中的碳原子不断扩散进入位错，在位错周围聚集形成 Cottrell 气团，促使渗碳体溶解。随着小曲率半径渗碳体的不断溶解，铁素体内碳原子的含量趋于饱和。当铁素体发生动态回复和动态再结晶时，由于位错密度降低，碳原子以渗碳体的形式重新在铁素体内析出[29]。再析出的细小渗碳体颗粒发生 Ostwald 熟化，使颗粒尺寸略有增大的同时数量会逐渐减少。

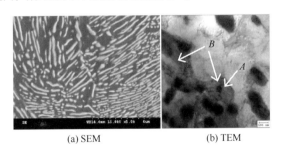

(a) SEM　　　　　　　　　(b) TEM

图 6-28　两道次 ECAP 试样微观组织形貌

（2）SHPB 后微观组织形貌

ECAP 变形两道次后的试样经动态压缩变形，其微观组织形貌如图 6-29 所示。弹体速度为 14.2m/s 时渗碳体形态多为大颗粒椭圆状、短棒状，曲率半径较大，如图 6-29（a）所示。弹体速度为 20.5m/s 时局部区域内椭圆状、短棒状渗碳体颗粒减少，发生球化的渗碳体数量增加，如图 6-29（b）所示。弹体速度为 25m/s 时微观组织形貌如图 6-29（c）所示，与图 6-29（a）相比，渗碳体球化效果较明显，大尺寸短棒状和椭圆状渗碳体几乎不存在，铁素体基体上分布粒径较小的完全球化渗碳体颗粒。冲击速度进一步增加到 33m/s 时其微观组织形貌如图 6-29（d）所示，完全球化的细小渗碳体颗粒粒径约为 100nm，大颗粒渗碳体粒径约为 500nm，已发生球化的渗碳体颗粒尺寸呈双峰分布。

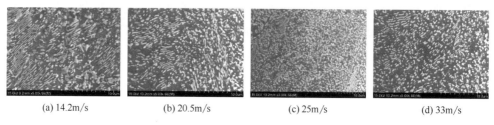

| (a) 14.2m/s | (b) 20.5m/s | (c) 25m/s | (d) 33m/s |

图 6-29　ECAP 两道次试样动态压缩变形后微观组织形貌

渗碳体球化程度随着弹体速度的增加而加剧，这是由于动态载荷加载过程中，局部区域内应变高度集中，晶体内被导入大量位错缺陷。随着弹体速度的增加局部区域内应变也随之升高，塑性变形释放的热量增加，热软化效应更加明显，碳原子在铁素体晶粒内的位错周围聚集形成气团，随着铁素体晶粒的动态软化回复再结晶，渗碳体又在晶内重新析出[30]。

6.2.5　四道次 ECAP 珠光体钢 SHPB 后的组织性能

（1）四道次 ECAP 珠光体钢 SHPB 后的力学性能

① 应力-应变曲线。超细微复相组织试样受到动态冲击时的应力-应变曲线如图 6-30 所示，随着弹体速度的增加，应力-应变曲线呈上升趋势，流变应力不断增大，最大流变应力随弹体速度增大而增大。图 6-30 中的应力-应变曲线上观察到明显屈服强度，但弹体速度相同时层片状珠光体的屈服强度明显低于超细晶组织，应变的增加主要是由于 V_0 的增加导致弹性波速的增加。弹体速度相同时超细微复相组织的最大流变应力高于层片状珠光体组织（图 6-13）。在高应变速率变形条件下材料微观组织发生剧烈变形，局部变形将大部分塑性功（90% 以上）转化为热量使该区域内温度骤然升高，出现热软化现象[31]。随着加载速率的增加，试样的热软化和塑性逐渐增加，材料塑性增加则是由于热软化效应的增加所致，与 Gho-mi 等的实验结果相一致。超细晶组织的最大流变应力高于层片状珠光体组织。超细晶塑韧性高于层片状珠光体组织，具有较强的变形能力，从而导致试样在动态变形过程中产生很强的加工硬化效应，从而使超细晶组织最大流变应力高于层片

状珠光体组织。

　　试样在变形过程中会同时出现应变硬化和热软化现象，在塑性变形之初加工硬化占据主导作用致使流变应力迅速增加达到峰值，随后由于塑性变形释放的热量未能及时传导出去，出现热软化现象，使流变应力有所下降；随着应力波的传播，局部区域内应变高度集中，应变硬化效应和热软化效应交替作用，应力-应变曲线呈波浪式，该现象也有可能是由波形的振荡引起，但流变应力总体趋势还是一直呈上升趋势；当应变进一步增加时，由于局部绝热以及机械失稳最终导致应力显著下降，即发生应力破坏，应力破坏时的应变即为出现绝热剪切带的临界应变[32]。

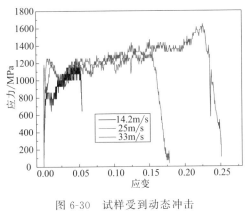

图 6-30　试样受到动态冲击
时的应力-应变曲线

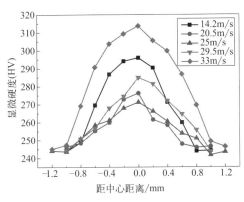

图 6-31　由冲击中心区域绝热剪切
带到基体显微硬度

　　② 显微硬度表征。超细微复相组织试样经动态压缩变形后由冲击中心区域绝热剪切带到基体显微硬度如图 6-31 所示，基体显微硬度值约 245HV。由基体组织到绝热剪切带显微硬度值逐渐升高，在绝热剪切带内显微硬度值达到最高。当弹体速度升高时，绝热剪切带的显微硬度值并未一直升高，速度从 14.2m/s 到 25m/s 绝热剪切带显微硬度值呈下降趋势，由 295HV 降至 268HV。弹体速度为 29.5m/s 时绝热剪切带显微硬度值回升至 284HV，仍低于速度为 14.2m/s 时绝热剪切带显微硬度值。但弹体速度为 33m/s 时绝热剪切带显微硬度为 314HV，相比基体组织显微硬度增加 27.6%。弹体速度为 20.5m/s、25m/s、29.5m/s 时绝热剪切带显微硬度虽高于基体组织，但增幅不大。绝热剪切带内显微硬度值下降主要是由于铁素体基体在高度集中的剪切应力作用下发生晶格畸变，同时部分渗碳体溶解，加速渗碳体的球化，一般来说球状渗碳体粒径越小，强度、硬度越低，导致显微硬度下降。随着 V_0 的升高，铁素体基体逐渐开始发生动态回复，形成更加细小的等轴铁素体晶粒，产生细晶强化作用，使现微硬度值呈现上升趋势[33]。当 V_0 进一步增大时，应变高度集中于热剪切带内，导致铁素体晶粒在发生动态回

复后仍会有大量位错，这对于显微硬度的升高仍具有一定的作用。

③ 纳米压痕硬度表征。超细晶组织载荷-位移曲线如图 6-32 所示，$V_0 =$ 20.5m/s 时绝热剪切带内纳米压痕卸载位移分别为 97nm 和 106nm，基体组织卸载位移分别为 125nm 和 124nm。$V_0 = 29.5$m/s 时绝热剪切带内卸载位移分别为 107nm 和 113nm，基体组织卸载位移分别为 123nm 和 121nm。$V_0 = 20.5$m/s 或 $V_0 = 29.5$m/s 时绝热剪切带硬度均高于基体组织，基体组织硬度差别不大，而 $V_0 = 29.5$m/s 时绝热剪切带内两处卸载位略高于 $V_0 = 20.5$m/s，表明 $V_0 =$ 20.5m/s 时绝热剪切带内硬度略高于 $V_0 = 29.5$m/s。与超细晶组织显微硬度的表征结果是相一致的。

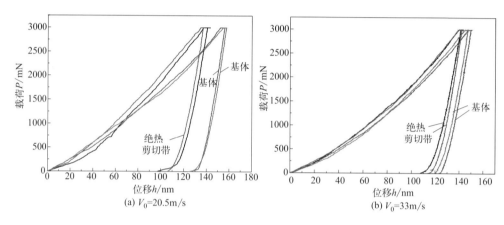

图 6-32 超细微复相组织载荷-位移曲线

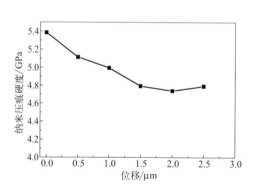

图 6-33 弹体速度为 33m/s 时超细微复相组织纳米压痕硬度

利用纳米压痕仪在超细晶组织由绝热剪切带中心附近位置到绝热剪切带外沿直线每隔 0.5μm 测量纳米压痕硬度，弹体速度 $V_0 = 33$m/s，纳米压痕硬度曲线如图 6-33 所示。纳米压痕硬度由绝热剪切带内到外呈下降趋势，超细晶组织绝热剪切带内纳米压痕硬度为 5.34GPa，绝热剪切带外超细晶组织纳米压痕硬度也略高于层片状珠光体组织。因为超细晶组织在高应变速率变形条件下，塑性应变在局部区域内高度集中，进一步细化等轴铁素体和完全球化的渗碳体颗粒，产生细晶强化作用。这与显微硬度的结果是相吻合的。

（2）四道次 ECAP 珠光体钢 SHPB 后的微观组织

① 横截面微观组织。ECAP 变形四道次后的试样经动态压缩变形后，其微观组织形貌如图 6-34 所示。如图 6-34 （a）所示，弹体速度为 14.2m/s 时观察到形变带，宽度约 $3\mu m$，形变带内渗碳体颗粒粒径与两侧边缘区域内渗碳体颗粒粒径相比明显较小，说明局部区域内高度集中的应变使完全球化的渗碳体颗粒进一步细化。如图 6-34 （b）所示，弹体速度为 25m/s 时观察到局部区域内等轴铁素体发生畸变，晶粒被拉长，球化的渗碳体颗粒仍沿铁素体晶界分布，称为形变带[34]。弹体速度增至 33m/s 时观察组织形貌如图 6-34 （c）所示，完全球化的渗碳体颗粒进一步细化，小的完全球化渗碳体颗粒粒径约为 40nm，大的完全球化渗碳体颗粒粒径约为 300nm。超细微复相组织受到动态压缩变形后，局部区域内塑性功释放的热量和高度集中的应变相互作用拉长等轴铁素体，等轴铁素体内高密度位错形成亚晶分割铁素体晶粒，铁素体发生动态回复和动态再结晶形成晶粒尺寸更加细小的等轴铁素体晶粒，同时纳米级渗碳体颗粒沿铁素体晶界析出。

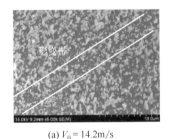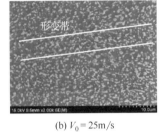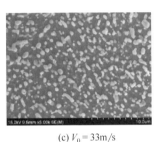

(a) V_0 =14.2m/s　　　　　　(b) V_0 =25m/s　　　　　　(c) V_0 =33m/s

图 6-34　试样动态压缩变形区域横截面微观组织形貌

进一步明确动态载荷下试样微观组织演变，借助透射电镜观察其微观组织形貌如图 6-35 所示。弹体速度为 25m/s 时局部区域内等轴铁素体在剪切应力作用下发生晶格畸变，铁素体晶界被拉长呈矩形，宽度约 200nm，如图 6-35 （a）所示，同时完全球化的渗碳体形状发生变化呈椭圆状，该区域称为形变带。形变带外微观组织形貌如图 6-35 （b）所示，发现铁素体晶界有被拉长趋势，但并未形成形变带。速度增加至 33m/s 时局部区域微观组织形貌如图 6-35 （c）所示，随着弹体速度的升高局部区域内塑性变形更加剧烈，大量位错塞积于铁素体基体内 ［图 6-35（c）］，促使发生晶格畸变铁素体晶粒发生动态回复和动态再结晶，形成晶粒尺寸更加细小的等轴铁素体[35]。同时铁素体动态回复过程中晶粒内碳原子再析出晶粒尺寸约为 40nm 的细小渗碳体颗粒，形成晶粒尺寸更加细小的超细微复相组织，该区域称为绝热剪切带。图 6-35 （d）为绝热剪切带边缘区域微观组织形貌，与速度 25m/s 时形变带类似，间接证明了动态加载过程中应变高度集中于局部区域，导致该区域内产生剧烈塑性变形，最终形成绝热剪切带。

② 纵截面微观组织。ECAP 变形四道次后的试样纵截面微观组织形貌如

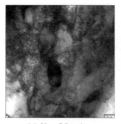  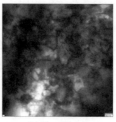 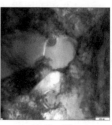

(a) $V_0 = 25m/s$ (b) $V_0 = 25m/s$ (c) $V_0 = 33m/s$ (d) $V_0 = 33m/s$

图 6-35　透射电镜试样微观组织形貌

图 6-36 所示。图 6-36（a）为弹体速度 25m/s 时微观组织形貌，渗碳体颗粒仍沿铁素体晶界分布，而右边等轴铁素体晶粒并未发生晶格畸变，说明试样受到动态冲击时剪切应力集中于局部区域；图中完全球化的细小渗碳体颗粒与较大的渗碳体颗粒交错分布，细小渗碳体颗粒区域内铁素体晶粒尺寸明显小于较大渗碳体颗粒区域。图 6-36（b）为弹体速度 33m/s 时观察纵截面微观组织形貌，由边缘到内部渗碳体颗粒粒径呈现增加趋势，细小渗碳体颗粒粒径约为 40nm，较大渗碳体颗粒粒径约为 90nm。

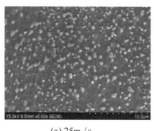 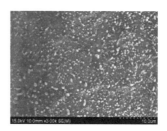

(a) 25m/s   (b) 33m/s

图 6-36　试样纵截面微观组织形貌

参 考 文 献

[1] Fairand B P, Clauer A H. Laser generation of high-amplitude stress waves in materials [J]. Applied Physics, 1979, 50 (3): 1497-1502.

[2] Gerland M, Hallouin M. Comparison of two new surface treatment processes, laser induced shock waves and primary explosive: application of fatigue behavior [J]. Material Science and Engineering: A, 1992, 156 (2): 175-182.

[3] 李伟, 李应红, 何卫锋, 等. 激光冲击强化技术的发展和应用 [J]. 激光与光电子学进展, 2008, 12: 15-19.

[4] Hackel L L, Harris F. Contour Forming of metals by laser peening [P]. Patent Number: US6410884, 2002-06-25.

［5］　朱向群，周明，戴起勋，等. 奥氏体不锈钢表面激光冲击晶粒超细化的研究［J］. 中国机械工程，2005，16（17）：1581-1585.

［6］　Lu J Z，Luo K Y，Zhang Y K，et al. Grain refinement of LY2 aluminum alloy induced by ultra-high plastic strain during multiple laser shock processing impacts ［J］. Acta Materialia，2010，58（11）：3984-3994.

［7］　Lu J Z，Luo K Y，Zhang Y K，et al. Grain refinement mechanism of multiple laser shock processing impacts on ANSI 304 stainless steel ［J］. Acta Materialia，2010，58（16）：5354-5362.

［8］　贺甜甜. 超高应变速率条件下超细晶粒高碳钢的组织演变与性能研究［D］. 河南科技大学，2012.

［9］　黄青松，李龙飞，杨王玥，等. 共析钢的过冷奥氏体动态相变和组织超细化［J］. 金属学报，2007（07）：724-730.

［10］　Xiong Y，Sun S H，Li Y，et al. Effect of warm cross-wedge rolling on microstructure and mechanical property of high carbon steel rods ［J］. Materials Science & Engineering：A，2006，431（1）：152-157.

［11］　熊毅，李鹏燕，陈路飞，等. 激光冲击处理超细晶粒高碳钢的微观组织和力学性能［J］. 材料研究学报，2015，29（06）：469-474.

［12］　Lu J Z，Luo K Y，Zhang Y K，et al. Grain refinement of LY2 aluminum alloy induced by ultra-high plastic strain during multiple laser shock processing impacts ［J］. Acta Materialia，2010，58（11）：3984-3994.

［13］　孔德军，张永康，鲁金忠，等. 激光冲击处理 Ni 基高温合金的性能［J］. 材料研究学报，2006（05）：492-495.

［14］　Lu J Z，Luo K Y，Zhang Y K，et al. Effects of laser shock processing and strain rate on tensile property of LY2 aluminum alloy ［J］. Materials Science & Engineering：A，2010，528：730-735.

［15］　熊毅，何红玉，罗开玉，等. 激光冲击次数对高碳珠光体钢组织和显微硬度的影响［J］. 中国激光，2013，40（04）：104-108.

［16］　Zhao H. Material behaviour characterisation using SHPB techniques，tests and simulations ［J］. Computers and Structures，2003，81（12）：1301-1310.

［17］　Kolsky H. An investigation of mechanical properties at very high strain rates ［J］. Proceedings of the Physical Society London，1949，B62：676-700.

［18］　Kapoor R，Singh J B，Chakravartty J K. High strain rate behavior of ultrafine-grained Al-1.5Mg ［J］. Materials Science and Engineering：A，2008，496（1-2）：308-315.

［19］　Lemiale V，Nairn J，Hurmane A. Material point method simulation of equal channel angular pressing involving large plastic strain and contact through sharp corners ［J］. Computer Modeling in Engineering and Sciences，2010，70（1）：41-66.

［20］　Wang B H，Lee S，Kim Y C，et al. Microstructural development of adiabatic shear bands in ultra-fine-grained low-carbon steels fabricated by equal channel angular pressing ［J］.

Materials Science and Engineering：A，2006，441（1-2）：308-320.

[21] 冀建平. 高应变速率45钢绝热剪切变形特征 [J]. 失效分析与预防，2008，3（2）：6-9.

[22] 郭志强. 高应变速率下超细晶粒高碳钢微复相组织的动态响应及微观组织演变 [D]. 洛阳：河南科技大学，2013.

[23] 黄青松，李龙飞，杨王玥，等. 共析钢的过冷奥氏体动态相变和组织超细化 [J]. 金属学报，2007，43：724-729.

[24] Wei Q，Cheng S，Ramesh K T，et al. Effect of nanocrystalline and ultrafine grain sizes on the strain rate sensitivity and activation volume：fcc versus bcc metals [J]. Materials Science and Engineering：A，2004，381（1-2）：71-79.

[25] 何红玉. 超细晶粒高碳钢的制备与组织性能研究 [D]. 洛阳：河南科技大学，2014.

[26] Duan C Z，Wang M J. Some metallurgical aspects of chips formed in high speed machining of high strength low alloy steel [J]. Script Materialia，2005，52（10）：1001-1004.

[27] Wilde J，Cerezo A，Smith G D W. Three-dimensional atomic-scale mapping of a Cottrell atmosphere around a dislocation in iron [J]. Scripta Materialia，2000，43（1）：39-48.

[28] 刘涛，杨王玥，陈国安，等. 共析钢温变形过程的组织球化与超细化 [J]. 北京科技大学学报，2008，30（6）：604-609.

[29] 陈伟，李龙飞，杨王玥，等. 过共析钢温变形过程中的组织演变 I. 铁素体的等轴化及 Al 的影响 [J]. 金属学报，2009，45（2）：151-155.

[30] 熊毅，陈正阁，厉勇，等. 温变形高碳钢中超微细复相组织的特征及性能 [J]. 材料热处理学报，2008，29（2）：66-70.

[31] 尤振平，米绪军，惠松晓，等. Ti5Mo5V2Cr3Al 合金中绝热剪切带的微观结构演化 [J]. 稀有金属材料工程，2011，40（7）：1184-1187.

[32] Yang Y，Wang B F，Hu B，et al. The collective behavior and spacing of adiabatic shear bands in the explosive cladding plate interface [J]. Materials Science & Engineering：A，2005，398：291-296.

[33] Hsiao W Y，Wang S H，Chen C Y，et al. Effects of dynamic impact on mechanical properties and microstructure of special stainless steel weldments [J]. Materials Chemistry and Physics，2008，111：172-179.

[34] Xue Q，Gray G T. Development of adiabatic shear bands in annealed 316L stainless steel：Part Ⅱ. TEM studies of the evolution of microstructure during deformation Localization [J]. Metallurgical and Materials Transactions：A，2006，37：2447-2458.

[35] Hwang B，Lee S，Kim Y C. Microstructural development of adiabatic shear bands in ultra-fine-grained low-carbon steels fabricated by equal channel angular pressing [J]. Materials Science & Engineering：A，2006，441：308-320.

第7章 超细晶粒高碳钢的其他制备技术与组织性能

前面几章我们介绍了一些在工业上广泛使用的超细晶粒高碳钢的制备技术，如：大塑性变形、高应变速率变形等。大塑性变形是指金属材料在大的外部压力作用下发生剧烈塑性变形，从而将材料的晶粒尺寸细化到亚微米或纳米量级的一种工艺。强应变大塑性变形可以在低温条件下使金属材料的微观结构得到明显的细化，从而大大提高其强度和韧性。高应变速率变形是一种在应变速率超过 $10^2 s^{-1}$ 时对材料表面进行强化的技术，利用该技术在材料表面构建了纳米梯度结构，显著提高了材料的强度、硬度、耐磨性以及抗疲劳性能。除了工业上使用的超细晶粒高碳钢制备技术外，还有一些在实验室广泛研究的超细晶粒高碳钢的其他制备技术，如表面机械研磨、高压扭转、循环热处理、落球法、TMCP 等。本章将重点对这些技术进行介绍，为超细晶粒高碳钢在工业上的应用提供理论依据和技术支撑。

7.1 表面机械研磨细化技术

表面机械研磨（surface mechanical attrition treatment，SMAT）是由卢柯院士提出[1] 的一种先进的金属材料表面处理技术，此技术通过对材料表面进行高频、高速、无特定方向的重复撞击，使材料表面在短时间内产生强烈塑性变形，晶粒逐渐细化至纳米量级。表面机械研磨技术具有很多优点：在常温下就可以进行实验，操作简单、安全；它与表面涂层或沉积技术，如物理气相沉积、化学气相沉积或电镀相比价格更低、无污染、效率高，且还节约能源；通过表面机械研磨处理后的材料形成的梯度纳米结构没有明显的界面，材料的基体与表层纳米结构结合得较好，不会因为外在因素的变化而发生分层。因此，表面机械研磨技术提高了材料表面的强度、硬度、韧性、耐磨性等多方面性能，对材料的后续处理十分有利[2]。

7.1.1 表面机械研磨工艺原理

图 7-1 为表面机械研磨工艺示意图。机械研磨设备是由超声振动发生器以及腔体两部分构成。当对选择的样品进行表面机械研磨工艺处理时，需要先将被加工样品固定在腔体上部。弹丸的种类和特性取决于待加工样品的特性，通常弹丸材料可以为不锈钢、玻璃或陶瓷等，直径为 1～10mm 之间。当处于工作状态时，整个设备会随着超声发生器振动，从而使弹丸在容器内发生共振，其频率一般为 50～20kHz。通过改变小球尺寸、振动频率可以调整弹丸速率及能量。此外，由于处理环境的不同，表面机械研磨可以考虑在真空、氮气或氩气下处理。

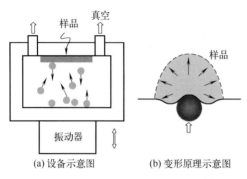

(a) 设备示意图　　(b) 变形原理示意图

图 7-1　表面机械研磨工艺示意图[3]

表面机械研磨大大增强了表面特性而不改变表面成分，能够获得材料表面特定结构和性能要求。由于表面机械研磨简单灵活，成本低廉，因此这种新技术在工业应用中非常有价值。同时，表面机械研磨还可以研究塑性变形引起的晶粒细化过程，由于从处理面到深层的应力和应变速率是逐渐减小的梯度变化，到基体时减小为零，可以观察在不同应力水平下的微观结构特征，以揭示在纳米状态下的晶粒细化机制。

表面机械研磨技术主要工艺参数包括金属球撞击能量、频率和方向。大能量金属球有助于形成金属材料表面的塑性变形结构。提高金属球的撞击能量和频率，可以增加塑性变形层厚度。在采用表面机械研磨技术处理时，金属球是以随机的运动方向对金属材料表面进行作用的，这种运动方式有助于在金属材料表面的不同方向上制造出小的塑性变形区域，并使材料整体的塑性变形呈现无取向分布。金属材料本身的特性会对表面机械研磨技术的处理结果产生重要影响。金属材料的本质特性包括材料的层错能、晶体结构和取向等。金属材料的晶粒取向也会对表面机械研磨技术的处理结果产生影响。在同样的外加载荷作用下，晶粒取向不同，其所能开动的滑移系数不同，所能产生的位错及孪晶的数量和方向也不同[4]。

7.1.2 表面机械研磨高碳钢的微观组织

Liu 等[5] 研究了 Fe-0.89C 经过机械研磨后纳米晶的形成过程。经过 360ks 研磨，在颗粒的外表面区域形成了一种致密、均匀且高硬度（HV 值达到 12GPa）结构，具有更强的耐硝酸酒精腐蚀能力。该结构旁边依次是变形区和原始组织

（图 7-2）。延长研磨时间到 1800ks 使粉末完全转变为具有高硬度的致密、均匀结构。在研磨 360ks 的粉末表面附近区域观察到各种类型的位错结构，包括高密度的缠结位错和位错胞。发现位错胞的平均尺寸通常略大于 100nm，而形成亚晶也具有相同的尺寸。图 7-3 为位错阵列的代表性 TEM 显微照片。

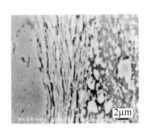

图 7-2 球磨 360ks 的 Fe-0.89C 球状体
粉末的典型横截面 SEM 图像

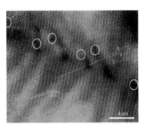

图 7-3 表示位错阵列形成位
错胞和亚晶界的 TEM 图像

Umemoto 等[6] 对 0.004%～0.89% 的碳钢进行试验研究，试样在切割前进行热处理，以获得各种微结构，如珠光体、球状体、马氏体、铁素体。不同碳含量粉末经机械研磨后的微观组织图如图 7-4 所示，无论碳含量多少，所有球磨颗粒横截面都可以观察到两种不同的区域：一种是球磨颗粒近表层形成的均匀且观测不到原始组织的区域；另一种是在球磨颗粒内部形成的变形组织区域。TEM 观察表明前一种组织是纳米晶铁素体，硬度约为 10GPa，而内部变形结构的硬度约为 5GPa。球磨过程中颗粒表面附近发生的剧烈塑性变形导致原始组织消失。较长的研磨时间使晶粒尺寸减小并增加了均匀特征组织占比，从而形成了均匀的纳米晶体结构。对于研磨时间为 1800ks 的 Fe-0.89C 合金，晶粒尺寸为 4.7nm。Fe-0.004C 合金研磨 720ks 时晶粒尺寸为 15nm。TEM 观察中的 SAD 结果说明只有

(a) 铁素体 Fe-0.004C,180ks　　(b) 铁素体 Fe-0.03C,180ks　　(c) 马氏体 Fe-0.1C,360ks

(d) 渗碳体 Fe-0.44C,720ks　　(e) 渗碳体 Fe-0.89C,360ks　　(f) 珠光体 Fe-0.89C,360ks

图 7-4 不同碳含量粉末经机械研磨后的微观组织图

铁素体存在，渗碳体消失。Fe-0.89C 试样中的纳米晶硬度最高可达 13.5GPa。

机械研磨球磨颗粒在 873K 下时效处理 3.6ks 后的微观结构如图 7-5 所示，经过适当研磨时间的球磨颗粒具有两个不同区域，即纳米晶铁素体区域和加工硬化区域，且在时效处理过的试样中也观察到了这两个不同区域。加工硬化区的组织为含有球状渗碳体的再结晶铁素体，其晶粒尺寸较大，同时少碳合金中的再结晶铁素体的晶粒尺寸也较大。即使在 873K 下时效处理 3.6ks 后，纳米晶区域仍显示出非常细小的微观结构。渗碳体颗粒分布在纳米铁素体区域中，铁素体晶粒长大，平均晶粒尺寸约为 50nm。

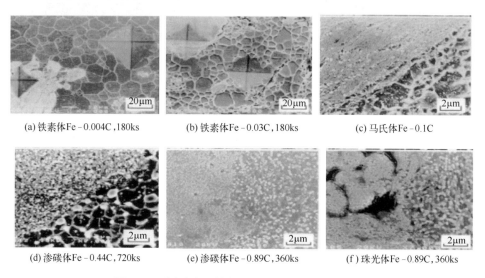

(a) 铁素体Fe-0.004C,180ks (b) 铁素体Fe-0.03C,180ks (c) 马氏体Fe-0.1C

(d) 渗碳体Fe-0.44C,720ks (e) 渗碳体Fe-0.89C,360ks (f) 珠光体Fe-0.89C,360ks

图 7-5 不同碳含量粉末经时效处理后的微观组织图

人们普遍认为，大变形是球磨形成纳米结构的必要条件。变形中有许多参数，如应力模式（剪切、压缩、拉伸等）、应变程度、应变速率、温度等，但控制纳米结构形成的主要因素仍不清楚。在实际变形中，由于这些因素相互作用，很难区分它们各自的影响。高剪切变形是纳米结构形成的必要条件，摩擦可以诱导磨损表面形成纳米结构。近年来的研究表明，轮轨接触区严重的塑性变形导致了轨道表层纳米结构的形成。球磨是一个包含多种应变模式的复杂变形过程，这可能会促进纳米结构的形成。微观组织观察结果显示了球磨过程中纳米晶的微观结构演变。球磨初期，随着球磨时间的延长，铁素体晶粒中位错密度增大，形成胞状结构。随着进一步变形，相邻胞间的位错增大，位错胞的尺寸减小。有人提出，当位错胞中的位错密度达到一个临界值时，将发生从位错胞到纳米晶的过渡，以降低系统的能量，这种转变包括动态回复和动态连续再结晶，这是球碰撞导致材料温升引起的。由于球碰撞发生在非常短的时间内，且碰撞时粉末接触面积小，因此应变率足够高。高应变速率（决定位错生成速率）不仅导致位错密度提高，而且导致温度升高。当两个符号相反的位错在同一滑移面上相遇时，它们相互湮灭，位错能（主要是弹性能）耗散为热量。由于位错胞边界的位错密度远高于晶粒内部的位错密度，所以位错的湮灭主要发生在位错胞边界上。当高应变率研磨时，位错胞的热积累足够高，位错胞的温升急剧升高，不仅可以诱导动态回复，而且还可以诱导动态连续再结晶。因此，球磨颗粒近表层形成了纳米晶铁素体结构。此外，在低温球磨法合成纳米晶锌的研究中，从能量变化的角度考虑了在低球磨温度下（液氮温度下球磨）会发生动态再结晶，这种动态再结晶导致形成与原始取向不同的纳米晶。

7.1.3 表面机械研磨高碳钢的力学性能

徐颖、刘志刚等[7]利用球磨法在 Fe-0.89C 钢中制备了纳米晶铁素体。图 7-6 显示了纳米晶铁素体和加工硬化铁素体的维氏硬度。两种组织的维氏硬度差异很大，在加工硬化区约为 4GPa，在纳米晶区约为 10GPa。在显微组织发生变化的边界处，硬度发生了剧烈的变化。维氏硬度随球磨时间的变化如图 7-7 所示。研磨 36ks 后，加工硬化区的维氏硬度从 2.2GPa 增加到 3.7GPa，进一步研磨至 720ks 维氏硬度不会改变，并且在 1800ks 研磨后加工硬化铁素体区消失。相比之下，纳米晶铁素体区在研磨 360ks 后维氏硬度高达 9.5GPa，进一步研磨至 1800ks 纳米晶铁素体区的维氏硬度基本不变。值得注意的是，这两种显微组织在硬度上有很大的差别，表明两种组织的强化机制不同。

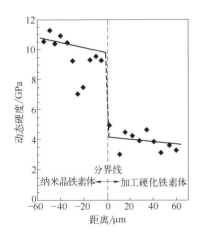

图 7-6 纳米晶铁素体和加工硬化铁素体显微组织和动态显微硬度分布

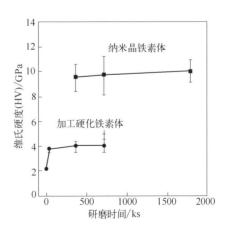

图 7-7 纳米晶铁素体和加工硬化铁素体维氏硬度随研磨时间的变化

采用球磨法制备了碳含量从 0.004% 到 0.89%（共析成分）不等的纳米晶铁素体。球磨过程中同时发生渗碳体的溶解。进一步的变形使整个试样形成均匀的纳米晶铁素体结构。通过球磨形成的纳米晶铁素体具有相当高的硬度（随碳含量的增加从 8～13GPa 不等）。这归因于纳米晶铁素体的形成，而不是由于渗碳体的溶解导致碳的固溶强化。纳米晶铁素体 873K 时效后晶粒细化，并在含碳合金中析出细小的渗碳体颗粒。

7.2　高压扭转细化技术

高压扭转（high pressure torsion，HPT）是由苏联学者 TaHaro 等人于 20 世纪 50 年代末首先提出并进行实验、理论研究，而后逐步应用于实际生产中的。苏联学者在 YNM-30 万能材料试验机上对高压扭转复合加载成形方法进行了实验研究。到 20 世纪 90 年代，这种方法被 Valiev 等人改进并用于研究材料大变形下的相变以及大的塑性变形后组织结构的变化，并发现经过高压下的严重扭转变形后，材料内部形成了大角度晶界的均匀纳米结构，材料的性能也发生了质的变化，从而使其成为制备块体纳米材料的一种新方法且被认为是最有希望实现工业化生产的有效途径之一。综合国内外学者的研究表明高压扭转具有许多优势，如促使变形均匀、降低变形抗力、增加变形量等[8]。

高压扭转是一种特殊的大塑性变形技术。这种方法在试样的高度方向施加一个压力，同时在截面径向上通过摩擦作用施加一个扭转力，材料在轴向受压变形、切向剪切变形，最终得到极细、均匀的晶体结构。目前通过高压扭转方法能使金属材料晶粒细化至微米级、纳米级并且组织均匀化的效果，从而改善了金属材料各方面的性能。由此得到的亚微米、纳米结构材料可广泛应用于各行业领域，包括：航空航天、交通运输、电子技术、医疗器械及体育器材、军事领域等。

7.2.1　高压扭转工艺原理

高压扭转是在轴向压缩的同时在横截面上施加扭矩，就可以变摩擦阻力为摩擦动力，从而既实现了一定的扭转变形，又实现了简单压缩变形，导致材料内部晶粒发生破碎和晶格畸变，形成缺陷密度较高的亚晶结构，达到细化晶粒的效果。相比于传统的塑性加工方法，高压扭转能显著提高变形后材料内部变形的均匀化程度，降低变形过程中材料的变形抗力，从而增加材料的变形量[7]。

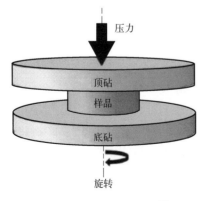

图 7-8　高压扭转原理图[9]

高压扭转工艺原理[9] 如图 7-8 所示，主体由上、下两个相互对称且接触表面粗糙的模具组成。高压扭转过程中上模下行对试样上端面施加既定压力后，下模按设定速度匀速转动，通过模具与试样端面施加的巨大摩擦力所产生的扭矩使试样发生显著的压缩和剪切变形。大量的试验证明压头扭转 1/2 转之后，试样的内部微观结构就已经发生了显著的变化。高压扭转使试样在压头旋转产生的高压力、摩擦力和剪切力的共同作用下得到超细晶材料。按照应变量的计算公式，试样边缘部分应变量最大，而试样中心的应变量为零，所以加工后试样的边缘部分晶粒细小，中心晶粒依然不变。然而大量的研究表明，试样经过若干转的高压扭转后，不但试样中心的组织细化，而且中心与半径方向上其他位置的组织结构相似，即整个试样的组织结构比较均匀。显微硬度的测试结果也证实此方法制备的纳米组织结构是均匀的。

　　如图 7-9 所示，高压扭转所用的模具可分为三种：无约束型、半约束型和约束型。无约束型模具结构如图 7-9（a）所示，上下模具相互对称，采用此类型模具进行扭转时，由于模具在周向上对材料没有限制，金属能沿着周向自由流动，从而使试样在扭转过程中不断减薄。半约束型模具结构如图 7-9（b）所示，上下模具相互对称，采用该类型模具扭转时，试样在模具中具有较好的流动性，同时模具也能提供较大的背压。该方法允许部分金属以飞边的形式流出，能保证试验的可操作性。约束型模具结构如图 7-9（c）所示，试样在变形过程中受到模具多个方向的约束作用，故变形前后试样尺寸几乎不发生变化。这种工艺被视为理想的高压扭转工艺，但由于该工艺受所需成形力过大，试样与模具之间易打滑以及试样变形后难以取出等因素的限制，这种工艺很难实现。

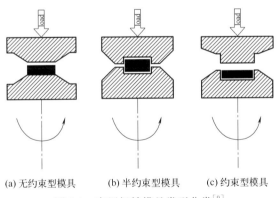

(a) 无约束型模具　　(b) 半约束型模具　　(c) 约束型模具

图 7-9　高压扭转模具类型分类[9]

　　高压扭转适用于生产轴对称件，最终零件的微观组织和力学性能主要受高径比、扭转角速度、挤压速度、静水压力、摩擦系数、温度等工艺参数影响。高压扭转过程中由于模具旋转和摩擦力的作用，导致工件受到强烈的剪切作用，从而使工件尽管产生大塑性变形而不破裂。在样品处理过程中，工件的预变形程度与 Von Mises 等效应变有关，Von Mises 等效应变（ε_{vm}）由工件厚度、工件半径和旋转次数决定。

$$\varepsilon_{vm} = \frac{2\pi r n}{t\sqrt{3}} \qquad (7\text{-}1)$$

式中，r 是半径；t 是高压扭转圆盘的厚度；n 是旋转次数。由于工件厚度和半径是固定的，所以旋转次数决定试样的 Von Mises 等效应变量。随着旋转次数增加，试样晶粒尺寸不断减小，但由于试样强化作用有限，晶粒尺寸等不再随旋转次数的增加而发生明显的变化。

同时高压扭转能降低成形力，且随摩擦的增大，成形力降得越低，可见摩擦系数和转动速度是决定成形力降低程度的主要因素，摩擦越大，则角速度的作用越明显[8]。

7.2.2　高压扭转高碳钢的微观组织

Hohenwarter 等[10] 利用高压扭转工艺在珠光体钢轨中制备出了纳米晶组织。试验材料为 R260（S900A）珠光体钢。从钢轨上取得的棒材沿轧制方向加工成直径为 26mm、厚度为 8mm 的钢盘（图 7-10）。样品在 5.6GPa 的压力下进行室温下的高压扭转变形试验，循环次数依次为 1、2、3。

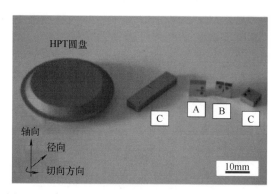

图 7-10　高压扭转盘、坐标系和盘中取向不同的样品

根据 ASTM E-399 测定标准，制备了具有三种不同裂纹方向的致密拉伸（CT）试样。对于取向 A，裂纹扩展方向平行于切向；对于取向 B，裂纹扩展方向平行于轴向；对于取向 C，裂纹扩展方向平行于径向。径向方向指向圆盘中心，而切向方向是在特定半径下，裂纹沿圆盘圆周方向的切向扩展方向。CT 试样宽度为 5.2mm，初始裂纹长度为 2.6mm，厚度为 2mm。此外，对于取向 C，制备了单边切口弯曲（SENB）试样。试件宽度为 6mm，初始裂纹长度为 3mm，厚度为 3mm。试样在应力为 20～40MPa m$^{1/2}$ 的循环压-压加载下均出现疲劳裂纹，这与试样的硬度有关。

图 7-11 为 R260 钢不同等效应变下的微观组织形貌图。试件的取向如图 7-11

（a）中的坐标轴所示。图 7-11（a）显示了未变形的珠光体原始组织，由嵌入铁素体基体中的渗碳体片层组成，片层间距约为 200nm。随着应变的增加，渗碳体片层排列在剪切面上，平行于切向方向，片层间距减小。在高应变条件下［图 7-11（c）］，大部分珠光体组织有序排列，仅有部分区域珠光体无序排列。从图 7-11（c）中还可以看出，局部渗碳体片层严重弯曲和断裂。当应变足够高（$\varepsilon_V M = 16$），整个珠光体组织沿切向排列，部分渗碳体片层破碎成单个渗碳体颗粒。对图 7-11（a）和（b）中的组织进行 TEM 分析，结果如图 7-12 所示。图 7-12（a）中可观察到清晰的层状结构，最小的片层间距约为 $10\sim15nm$。图 7-12（b）显示了片层组织已经破碎成更小的碎片，晶粒尺寸稍大于层状结构，并向等轴结构转变。

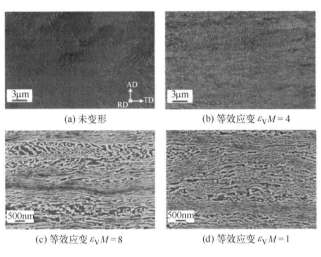

(a) 未变形　　　　　　　　　(b) 等效应变 $\varepsilon_V M = 4$

(c) 等效应变 $\varepsilon_V M = 8$　　　　(d) 等效应变 $\varepsilon_V M = 1$

图 7-11　R260 钢不同等效应变下的 SEM 形貌图

Ivanisenko 等[11] 对工业碳钢 UIC 860V ［0.6%～0.8%（质量分数）C，0.8%～1.3%（质量分数）Mn，0.1%～0.5%（质量分数）Si，0.04%（质量分数）P（max），0.04%（质量分数）S（max）其余为 Fe］进行研究。该材料的制备方法是将热轧钢在 950℃ 下正火 30min，随后在空气中冷却，得到均匀的珠光体组织。从棒上切下 0.3mm 厚

(a) 未断裂区域　　　　(b) 断裂区域

图 7-12　高应变条件下（$\varepsilon_V M = 16$）
样品的 TEM 图

度的试样，在准静压为 7GPa 的条件下，进行高压扭转应变。试样放置在上部不动、下部低速（角速度为 1r/min）的铁砧上。高压扭转试验的循环次数 n 依次为 1、1.5、2、3、5、7，对应的剪切应变 γ 依次为 62、94、125、200、300、430。

试样原始组织为等轴珠光体，平均晶粒尺寸约为 $14.2\mu m$［图 7-13（b）］。随

着应变的增加，等轴珠光体沿平行于剪切面方向被拉长 [图 7-13 (b)]。在循环次数为 5 的样品中观察到两个分界明显的区域 [图 7-13 (c)]。离样品中心较近的试样组织为细长的珠光体晶粒，在偏离中心处呈现出平行于剪切面的纤维组织结构。对样品进行切削发现纤维区组织比珠光体硬度更高，且在腐蚀过程中，纤维组织区域耐腐蚀并变得有光泽，而珠光体区域呈黑色的片层结构。这些有光泽区域的腐蚀性能类似于碳钢淬火获得的马氏体[12] 以及铁轨表面的白蚀区[13]。在循环次数为 7 的样品中只观察到纤维组织区域 [图 7-13 (d)]。在样品边缘，纤维形成漩涡。根据公式 (7-1)，与样品中心距离的增加对应着剪切应变的增加，因此白蚀区域对应的应变程度高于黑蚀区域。

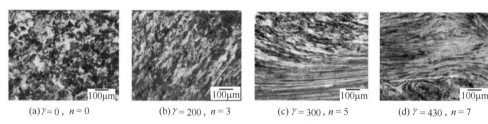

(a)$\gamma=0$, $n=0$　　(b)$\gamma=200$, $n=3$　　(c)$\gamma=300$, $n=5$　　(d)$\gamma=430$, $n=7$

图 7-13　UIC 860V 钢高压扭转变形前后的显微组织图

　　扫描电镜可以更详细地观察片层结构。原始组织中平均片层间距为 (250 ± 3.1) nm [图 7-14 (a)]，铁素体和渗碳体片层厚度分别为 210nm 和 40nm。随着应变的增加，材料微观结构的演变取决于珠光体在剪切面上的取向；片层与剪切方向的倾斜角越小，其变形就越强 [图 7-14 (b～d)]。与此同时，平行于剪切面方向的片层间距减小，而垂直方向的片层间距增大。原始组织中不利取向的片层发生弯曲 [图 7-14 (b)，(c)]。在循环次数为 2 时，观察到如图 7-13 (c) 所示的

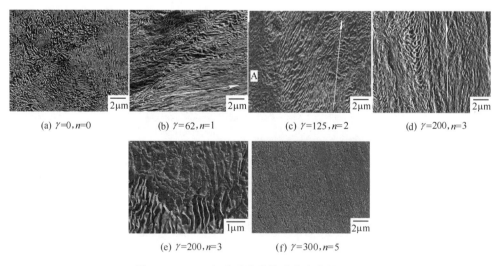

(a) $\gamma=0, n=0$　　(b) $\gamma=62, n=1$　　(c) $\gamma=125, n=2$　　(d) $\gamma=200, n=3$

(e) $\gamma=200, n=3$　　(f) $\gamma=300, n=5$

图 7-14　HPT 变形对渗碳体形貌变化的 SEM

白亮区。当循环次数为 3 时，只观察到平行和垂直于剪切方向的两种类型珠光体片层 [图 7-14（d）]，且白蚀区占比增加，出现在距离样品中心 3mm 处 [图 7-14（d）]。图 7-14（e）显示了珠光体与白蚀区的边界。当循环次数≥5 时，试样组织主要是耐蚀的拉长纤维组织结构 [图 7-14（f）]，该结构具有光滑均匀的组织结构，并且没有片层渗碳体出现。

7.2.3　高压扭转高碳钢的力学性能

Ivanisenko 等[11] 研究发现显微硬度与剪切应变的关系如图 7-15 所示。硬度的增加有三个阶段：在 $62 < \gamma < 100$ 的应变范围内，硬度值基本保持在初始水平（4GPa）；在 $100 < \gamma < 300$ 的应变范围内，硬度增加到 10GPa；随后继续缓慢增加，在 $\gamma = 430$ 时达到最大值 11～12GPa。

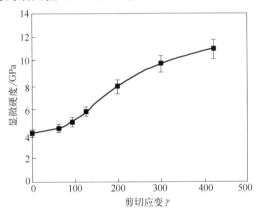

图 7-15　UIC860V 钢随剪切应变变化的显微硬度

Kammerhofer 等[14] 发现高压扭转变形使最初随机取向的珠光体结构发生了显著变化，形成了由铁素体和渗碳体交替排列的纳米结构片层。此外，大塑性变形工艺导致了微观组织的细化，在 $\gamma = 28$ 下，渗碳体片层间距由原始的 200nm 减少到 20nm。同时，原始渗碳体片层区域减少到几个纳米。晶粒细化导致强度的显著增加，硬度测量证实了这一点（图 7-16）。

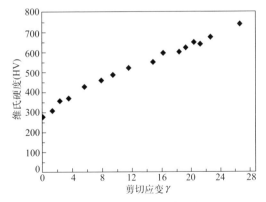

图 7-16　高压扭转过程中随剪切应变变化的维氏硬度

此外，Kammerhofer 等[14] 还研究了退火工艺对断裂韧性的影响（图 7-17），经过 420℃、2h 退火，维氏硬度从原始态的 750HV 降至 600HV，剪切方向的断

裂韧性由原始态的 $3MPa \cdot m^{1/2}$ 增加至 $12MPa \cdot m^{1/2}$，同时强度依然保持在 $2000MPa$。随着退火温度增加至 $600℃$ 时，硬度逐渐降低，断裂韧性从 $4MPa \cdot m^{1/2}$ 提高至 $46.1MPa \cdot m^{1/2}$，同时强度下降至 $1100MPa$。合适的退火温度导致断裂韧性明显提高，强度略有下降，但在较低的退火温度下，仍存在部分变形组织，这对裂纹的扩展行为和力学性能的各向异性有重要影响。通过提高退火温度，有可能产生完全球化的组织，从而获得各向异性的力学性能。由于微观组织粗化导致的强度下降被断裂韧性的显著提高所减弱。

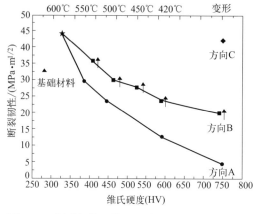

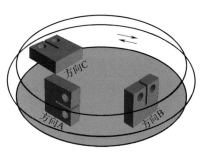

图 7-17　断裂韧性和维氏硬度随退火温度的变化　　图 7-18　高压扭转试验中试样取向示意

　　大塑性变形材料的显著特点是有裂纹存在、应力集中、存在各向异性断裂行为。微观组织排列影响整体断裂行为。对于平行于排列组织结构的裂纹，断裂阻力非常低，导致出现非常低的断裂韧性值。通过试验和数值计算表明[15]，裂纹扩展的初始阶段发生在平行于纳米结构的排列方向，这个方向上的断裂韧性也是最低的。然而，当加载方向平行于微观组织排列方向时，断裂韧性较高。对于加载方向平行于微观组织排列方向时，必须区分裂纹扩展方向平行还是垂直于微观结构排列方向，对应于图 7-18 所示中的试样取向 B 和取向 C。因此，取向 C 具有最高的断裂韧性值，其中，裂纹平面和裂纹前端都与微观组织的排列方向平行。即使应变最高时，取向 C 的断裂韧性值大于未变形珠光体的断裂韧性，归因于渗碳体片层的分层与剪切断裂。对于取向 B，重度变形时在预期的裂纹扩展方向上的韧性是无法测量的，主要是因为裂纹向微观组织的排列方向偏移。与取向 A 相比，取向 B 的断裂韧性由于裂纹偏转而增强。综上，高压扭转后，重度变形的珠光体的断裂韧性具有一个弱取向（取向 A）和两个强取向（取向 B 和 C）。

7.2.4　高压扭转次数对超细晶粒高碳钢组织和性能的影响

　　Ivanisenko 等[11] 研究了高压扭转次数从 1 到 7（剪切应变从 62 到 430）范围

内的微观结构演变，对应的等效应变 $\varepsilon = 36 \sim 245$。根据 Edelstein[16] 和 Valiev 等[17] 的研究，大塑性变形过程中纳米结构形成分为三个阶段。如图 7-19 和表 7-1 所示，第一阶段对应于位错胞结构的形成。进一步增加应变导致位错胞中位错数量增加。在第三阶段位错胞边界位错的重排和湮没导致了高角度晶界的形成。Ivanisenko 等的研究中发现纳米结构的形成也有三个阶段。然而它们在某种程度上与纯金属的情况不同，主要的区别之一是由于两相的存在造成变形的非均匀性。

当循环次数为 $1 \sim 1.5$（$\gamma = 62 \sim 100$）时，纳米结构形成过程的第一阶段完成，形成胞状结构，40%渗碳体发生溶解，但仍可通过扫描电镜观察到片层结构。在第二阶段，对应于循环次数 $1.5 \sim 3$（$\gamma = 100 \sim 200$），观察到纤维结构的白蚀区从样品边缘向其中心扩散 [图 7-14（c）、（d）]。但这个过程中变形是不均匀的，平行于剪切平面的片层比垂直于剪切方向的片层明显伸长。白蚀区首先在那些平行于剪切方向的渗碳体中形成 [图 7-14（c）、（d）]。腐蚀后观察到的纤维结构与材料的耐蚀性有关，而耐蚀性取决于碳浓度。而碳浓度在渗碳体溶解前的片层间较低，这些区域的屈服应力可能超过具有胞状结构的珠光体区域屈服应力的 3 倍。这是由硬度的不同和公式（7-2）估计得出的。铁素体晶粒细化至 100nm 后，屈服应力增加至 1GPa[18]。铁素体的固溶硬化可估计[19] 为：

$$\Delta\sigma_y = kc \tag{7-2}$$

式中，$\Delta\sigma_y$ 为屈服应力的变化；k 为 1%（质量分数）合金元素溶解后铁素体屈服强度的增量；c 为合金元素在铁素体中的溶解浓度。对于 $c = 0.4\%$（质量分数）（即 50%渗碳体溶解），$\Delta\sigma_y = 1.9$GPa；对于 $c = 0.8\%$（质量分数）（100%渗碳体溶解），$\Delta\sigma_y = 3.6$GPa。固溶碳含量为 50%的纳米铁素体的屈服应力估计在 $3 \sim 5$GPa 范围内，与渗碳体相当。由于纤维结构区域的硬度较高，局部变形产生在边界上 [图 7-14（b）、（c）]。

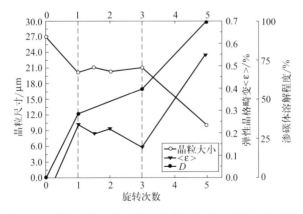

图 7-19　循环次数与渗碳体溶解程度和微观组织的关系图

表 7-1　UIC 860V 钢在高压扭转下的变形阶段

纳米结构的阶段	变形范围（扭转次数）	位错结构和晶界的演化	渗碳体片层结构演化	碳化物的溶解程度
第一阶段	（$\gamma<100$） $\gamma=62\sim100$ （$n=1\sim1.5$）	形成位错胞初始应变从 0.2%减少到 0.10%	对于有利取向（平行于剪切面）：片层间间距变薄、减小垂直于剪切面：片层间间距增加，发生弯曲、断裂	40%
第二阶段	$\gamma=100\sim200$ （$n=1.5\sim3$）	位错胞转变为长度100nm、直径 15nm 的拉长纳米结构，首先出现在平行于剪切面的区域同时纳米结构区域扩展	片层变薄，出现具有纤维结构的白亮层	60%
第三阶段	$\gamma=200\sim300$ （$n=3\sim5$）	形成晶粒尺寸为10nm 的均匀纳米结构	纤维结构均匀，无片层结构	100%

在纳米结构形成的第三阶段，对于循环次数 3～5（$\gamma=200\sim300$），纳米晶体结构均匀化。当这一阶段完成时，试样由平均晶粒尺寸为 10nm 的纳米晶结构组成。残余渗碳体的溶解加快，微应变增加，进一步的拉伸不会导致组织发生明显变化，显微硬度呈现稳定趋势。

7.3　循环热处理细化技术

晶粒细化可以同时提高材料的强度和韧性，是开发新一代高性能材料的重要途径。1966 年，Grang 等发现循环热处理可细化钢中的奥氏体晶粒。循环热处理工艺将钢快速加热到单相奥氏体区进行短时奥氏体化处理，在奥氏体晶核形成后快速冷却，抑制奥氏体晶粒长大，从而细化奥氏体晶粒，并重复这个过程，从而通过相变优化钢的组织[20]。

循环热处理是将工件加热到正常淬火温度，然后迅速转到盐浴炉内冷却到 Ar_1 以下 30～50℃，如此反复循环，最后一次在 Ac_1 以上温度淬火。采用循环热处理可以细化晶粒，使组织更加均匀，提高材料的综合性能。

7.3.1　循环热处理工艺原理

循环热处理是选择能够形成奥氏体所必要的最低的温度和最短的保温时间，或在不保温的条件下进行奥氏体化。在此条件下，由于重结晶奥氏体晶粒细化作用以及快速加热情况下铁素体晶粒有转变为多个奥氏体晶粒的倾向，而使晶粒显著细化。在奥氏体晶粒形成后立即冷却以避免已形成的晶粒长大，再经过多次循环就获得了超细晶粒[21]。处理过程中充分利用了快速加热和循环处理两方面的作用，快速进行加热，生成大量奥氏体晶核，出现并得到细小的晶粒；这个过程进行速度越快，温差越大，其得到的细化效果越好。循环热处理工艺的主要环节是奥氏体加热速度、加热温度、冷却速度和循环次数，并随钢种和改善性能的重点不同而不同。

循环热处理工艺能有效地细化晶粒，获得均匀而细小的等轴晶，使单位体积内晶界面积显著增高，相应地能降低引起晶界脆性的杂质元素在晶界上的浓度，从而循环热处理能有效地减小或消除钢的热脆性和冷脆性，尤其是回火脆性倾向[22]。循环热处理还可以改善钢的强度和韧性，提高疲劳强度、耐腐蚀性，延长钢件的使用寿命。

7.3.2　循环热处理工艺对高碳钢微观组织的影响

吕知清等[23] 将 ϕ15mm×120mm 的 Fe-0.8C 钢材，在 1173K 下保温 30min 使其奥氏体化，在 923K 下保温 30min，然后风冷至室温，形成珠光体组织，将转化后的钢材进行不同次数的热循环处理，即循环 1 次、3 次、5 次和 7 次；将试件置于温度为 1034K（高于 A_1 温度 1003K）的电阻炉中并保温 5min，然后风冷（风冷速度为 2K/s）至 953K 并保温 3min；最后将处理后的试件风冷至室温，图 7-20 为循环热处理曲线。

1 次循环热处理试样的 TEM 微观组织形貌如图 7-21 所示。在 1043K（5min）和 953K（3min）短时间循环内，珠光体中的渗碳体仍未完全溶解。当试样温度高于 A_1 时，铁素体向奥氏体转变，渗碳体片层开始溶解为奥氏体，而奥氏体中的渗碳体溶解过程较慢[24]。在高于 A_1 温度（1043K）的短时间内，渗碳体片层破碎（图 7-21）。在此温度下，渗碳体停止溶解，破碎的片层部分转变为渗碳体颗粒（图 7-21）。在 1 次循环的热处理过程中，在片层末端出现球化的渗碳体颗粒，这说明球状渗碳体主要是由片状渗碳体转变而来的。

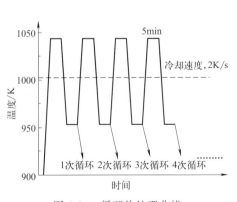

图 7-20　循环热处理曲线

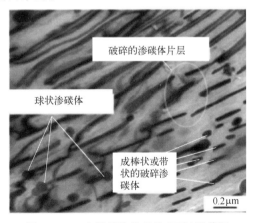

图 7-21　1 次循环热处理后 TEM 形貌图

不同循环次数的热处理试样的 SEM 形貌如图 7-22 所示，所有试样中均未出现网状渗碳体。从图 7-22（a）中可以看出，片层渗碳体部分转变成球状渗碳体，主要保留片层结构，使得 1 次循环热处理的球化率难以计算。在 1 次循环热处理过程中，由于渗碳体溶解不完全而导致的一些碎片以短棒或长条带的形式出现[图 7-22（a）]。由图 7-22（b）可以看出，在 3 次循环的热处理过程中，片层渗碳体大部分变成了球状渗碳体，少数渗碳体球化不完全，且球化率在 90% 以上。在 5 次循环和 7 次循环的热处理过程中，渗碳体完全球化[图 7-22（c）和（d）]。5 次循环热处理的球状渗碳体平均尺寸小于 7 次循环热处理渗碳体的平均尺寸。

图 7-23 显示了渗碳体的平均尺寸和较大颗粒占比与循环热处理次数的关系。较大颗粒占比等于粒径大于平均粒径的颗粒数与总统计数之比。随着循环热处理次数的增加，渗碳体的平均粒径和较大颗粒占比增加，7 次循环热处理的较大颗粒占比小于 6%。1 次循环热处理的平均尺寸最小，但球化率最低。5 次循环热处理后渗碳体完全球化，渗碳体平均尺寸为 0.49μm，较大颗粒占比小于 4%。

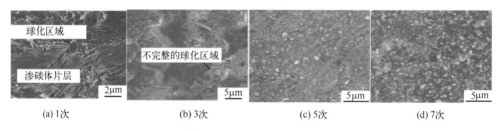

(a) 1次 (b) 3次 (c) 5次 (d) 7次

图 7-22   不同循环热处理次数试样的 SEM 形貌图

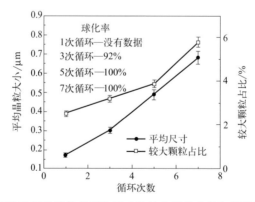

图 7-23   不同循环次数下渗碳体的平均尺寸和较大颗粒占比与循环热处理次数的关系

7.3.3 循环热处理工艺对高碳钢力学性能的影响

Fe-0.8C 钢经不同循环热处理后，通过拉伸试验后得到的应力-应变曲线如图 7-24 所示，试样循环热处理前后的力学性能（UTS、YS、延伸率）如图 7-25 所示。经循环热处理后的应力-应变曲线与具有珠光体组织的原始试样相比出现了明显的屈服点，并在一定程度上出现了不连续的屈服现象。根据多晶屈服理论，出现明显的屈服点是由于位错在铁素体晶界上堆积，以及位错在铁素体晶粒中的活化导致的。而在循环热处理试样中，片状珠光体中的铁素体被脆性渗碳体片层隔开，由于不能多向自由滑移变形，铁素体不具备协同变形的能力。因此，片状珠光体组织塑性不高，在应力-应变曲线上也没有明显的屈服点。经循环热处理后，试样的强度降低，延伸率提高。这是由片层渗碳体球化造成的，弥散的渗碳体颗粒对细晶铁素体的塑性有显著的影响[25]。经循环热处理后，试样的延伸率明显提高（图 7-25），原始试样的延伸率约为 8％，经过 1 次循环热处理后的延伸率为 25.4％，经过 5 次循环热处理后延伸率达到最高值 33.9％，而经过 7 次循环热处理后延伸率则下降至 30％，这主要是由随着循环热处理次数的增加，球状渗碳体尺寸增大导致的。

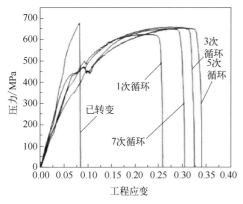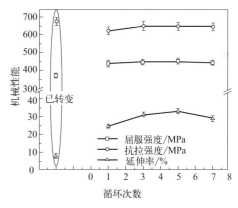

图 7-24　循环热处理试样的应力-应变曲线　　图 7-25　循环热处理试样的力学性能

　　珠光体钢组织特征受化学成分和热处理工艺的影响较大。变形试样的抗拉强度为 680MPa，1 次循环热处理试样的抗拉强度下降至 620MPa，3 次循环热处理试样的抗拉强度上升至 650MPa。球化试样的力学性能受铁素体晶粒和奥氏体晶粒尺寸、铁素体晶界角度和奥氏体颗粒分布等因素的影响。在相同成分下，颗粒状珠光体塑性较好，但强度低于片层状珠光体。经过 1 次、3 次、5 次、7 次循环热处理后，屈强比分别为 0.70、0.69、0.70、0.69。

　　原始片层珠光体组织的断口为解理断裂 [图 7-26（a）]。这导致原始试样的塑韧性较差（延伸率仅为 8％）。经过 3 次循环热处理后，出现许多细小韧窝以及少量断裂的片层状渗碳体 [图 7-26（b）]。试样的塑韧性明显提高，延伸率达到 32％左右。在高应变下，韧窝的数量和深度增加，表明渗碳体片层具有高的球化率。经过 5 次循环热处理后，整个断口都被细小的韧窝占据，表现为微孔聚集性断裂特征 [图 7-26（c）]。经过 5 次、7 次循环热处理后片状珠光体消失，断裂方式由球化渗碳体和铁素体主导（图 7-22）。

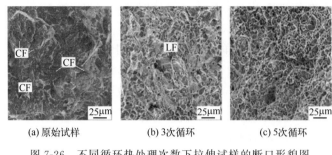

(a) 原始试样　　　　　(b) 3次循环　　　　　(c) 5次循环

图 7-26　不同循环热处理次数下拉伸试样的断口形貌图

7.4　落球法细化技术

纳米晶材料由于具有纳米范围内的晶粒尺寸导致各种不同寻常的性能，其越来越受到人们的关注。表面自纳米化在不改变材料整体结构和化学成分的基础上，在金属材料表面制备一定厚度的梯度纳米结构层。落球法[26] 作为表面自纳米化方式的一种，采用落球冲击试验机将一个施加载荷的球落到一个平整的大块样品的表面上，材料表面发生强烈的塑性变形，表层组织不断地细化进而形成纳米结构。利用落球法在金属材料表面形成的梯度纳米结构具有变形前后材料的外形尺寸基本不变、晶粒尺寸沿厚度方向逐渐增大、纳米结构表层与基体之间不存在界面、操作方法简单等特点。

7.4.1　落球法工艺原理

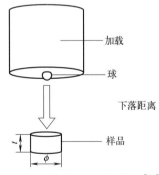

图 7-27　落球法试验示意图[26]

采用落球法细化晶粒的原理（图 7-27）与球磨法细化晶粒的原理相似。落球法采用对球加载一定的重量后落在试样表面的方法，使试样表面发生严重塑性变形，产生大量缺陷，如位错、孪晶和层错等；当位错密度增加到一定程度时，位错发生湮没、重组，形成具有亚微米或纳米尺度的亚晶。另外表面温度也在不断升高，表面具有高变形储存能的组织发生再结晶，形成纳米晶，整个过程不断发展，最终形成晶体学取向呈随机分布的纳米晶组织[27]。

7.4.2　落球法对高碳钢微观组织和力学性能的影响

研究表明[26]，对共晶钢进行落球法试验后，得到了与球状研磨粉中观察到的纳米晶结构相似的微观结构和硬度。TEM 观测结果证实了晶粒尺寸为 100nm 量级的纳米晶铁素体的形成。图 7-28 为 Fe-0.89C 片状珠光体钢经过落球法试验后的 SEM 形貌图，其中图 7-28（a）为施加载荷为 3kg、加载 50 次的珠光体组织横截面图。沿着样品表面可见厚度约为 $10\mu m$ 的暗层（在光学显微镜下显示为白色），在该层下方可以清楚地观察到层状珠光体发生明显的塑性变形（称为加工硬化区）。此外还发现暗层由平均尺寸约为 20nm 的等轴或细长晶粒组成，显微硬度约为 9.4GPa，硬度远高于加工硬化区（4.5GPa）。利用球磨法细化 Fe-0.89C 珠光体钢组织也得到相似的结果。球磨法中在球磨颗粒近表层发现暗层，在颗粒内部发现加工硬化区。暗层包含晶粒尺寸约为 20nm 的等轴或拉长晶粒，显微硬度在 9.4GPa[28,29]。因此，可以认为落球法观察到的暗层由纳米晶铁素体构成。形成的纳米晶铁素体不仅出现在试样表层，在距离试样表层十几微米处也同样发现了纳米晶铁素体 [图 7-28（b）]。通常纳米晶铁素体区平行于试样表层，由剧烈的塑性变形产生。由于落球法中试样与球之间的摩擦导致试样表层的变形程度并不总是最大的，这也解释了为什么在试样内部会形成纳米晶铁素体。

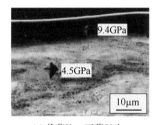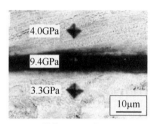

(a) 载荷3kg，下落50次　　　　(b) 载荷5kg，下落10次

图 7-28　Fe-0.89C 片状珠光体钢在不同条件落球试验后的 SEM 组织图

图 7-29 显示了落球法试验 25 次后的珠光体组织的暗场图像和电子衍射花样。图 7-29（a）的暗场图像（铁素体（110）晶面）表明铁素体粒径为 100nm。从电子衍射花样中仅观察到体心立方铁素体的衍射环，并未发现渗碳体的衍射环，表明渗碳体大部分溶解于铁素体基体中。此外连续的衍射环说明铁素体晶粒取向随机。

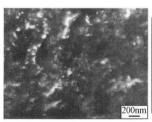

图 7-29　Fe-0.89C 片状珠光体钢的暗场图像和电子衍射花样

落球法处理的球状组织结构与上述片层珠光体具有相似的组织演变规律。图 7-30（a）显示了加载重量为 2kg，落球试验次数为 50 次的球状渗碳体钢的微观组织。沿着样品表面可以看到均匀纳米晶结构层，该区域的显微硬度为 8.8GPa，远高于内部加工硬化区的硬度（5.5GPa）。该区域中硬度最高可达 9.6GPa，与球磨法得到的结果相似（9.5GPa），平均晶粒尺寸约为 20nm。同时在该纳米晶区很难观察到渗碳体颗粒，但在加工硬化区仍可看到未变形的球状渗碳体颗粒。此外，在加载重量为 4kg，落球试验次数为 50 次的试样内部也观察到了均匀的纳米晶区

[图 7-30（b）]。在该区域可以看到许多相互平行的波状带和球状渗碳体。靠近中心的波状带密度更高，看起来它们彼此结合在一起。观察到的微观结构与相应的球磨[32]样品非常相似。球磨初始阶段，在球磨颗粒近表面形成了亚微米波状带结构。随着球磨时间的增加，波带状结构体积分数增加，形成了均匀的纳米晶铁素体。随着球磨时间继续增加至 1800ks，渗碳体完全溶解，试样中形成了均匀的纳米晶结构。

 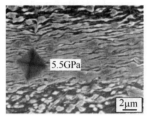

(a) 载荷2kg,下落50次　　　　　(b) 载荷4kg,下落50次

图 7-30　Fe-0.89C 球状渗碳体钢在不同条件落球试验后的 SEM 组织图

7.5　TMCP 制备超细晶粒高碳钢的组织性能

除了上述的冷轧变形、等通道角挤压和温楔横轧等大塑性变形工艺，本节介绍一种新发展的热机械控制工艺（TMCP），通过控制轧制温度和轧后冷却速度，以及冷却的开始温度和终止温度，从而控制高碳钢高温的奥氏体组织形态以及相变过程，以达到控制高碳钢的组织类型、形态和分布，提高高碳钢的组织性能。

7.5.1　温变形对高碳钢组织性能的影响

本节首先采用物理模拟与实际组织观察相结合的方法来定性描述试验用钢在珠光体（$\alpha+\theta$）区域的组织演变，并通过测试硬度的方法来估测不同变形条件下的强度指标，作为对高碳珠光体钢在温变形过程中微观组织演变和力学性能预测的初步探索。随后介绍了高碳钢温变形后组织的特征及性能和 GCr15 钢温变形退火后的组织演变。

（1）高碳珠光体钢温变形后的组织性能预测

图 7-31 和图 7-32 所示为温压缩变形结束立即淬火后的试样显微组织中渗碳体颗粒尺寸和球化率与 Z 参数之间的关系，前者的变量参数是温度（K），而后者变量则是应变速率（s^{-1}）。从图 7-31 中可以看出，随着变形温度的升高，球化的渗碳体颗粒粒径和对应的球化比例也随之增加；图 7-32 中则表明随着应变速率的增加，渗碳体颗粒球化比例也越来越大，而对应的渗碳体颗粒尺寸则越来越小。对上述两图中的数据回归分析，可得如下表达式：

$$d_\theta = 1.11 - \frac{868.82}{T} \tag{7-3}$$

$$f_\theta = 154.66 - \frac{103853.39}{T} \tag{7-4}$$

$$d_\theta = 0.148 - 0.015\ln\dot{\varepsilon} \tag{7-5}$$

$$f_\theta = 57.283 + 3.598\ln\dot{\varepsilon} \tag{7-6}$$

上述四式其线性相关系数均在 0.99 以上。

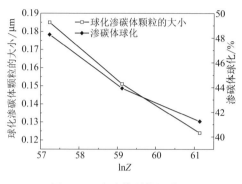

图 7-31　渗碳体颗粒尺寸和
球化率与温度的关系曲线

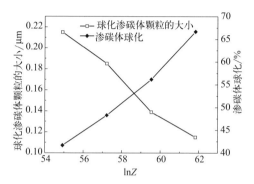

图 7-32　渗碳体颗粒尺寸和
球化率与应变速率的关系曲线

图 7-33 为温压缩变形结束保温一段时间后显微组织中渗碳体颗粒粒径和铁素体晶粒尺寸的变化与 Z 参数之间的关系，其变量参数为应变速率。从图 7-33 中可以看出，随着应变速率的增加，渗碳体颗粒粒径随之减小，铁素体晶粒直径则略微增大。

图 7-34 为温变形试样在温度 670℃、变形速率 $1s^{-1}$、真应变 1 的条件下，变形结束保温不同时间后试样微观组织中渗碳体颗粒粒径和铁素体晶粒尺寸的变化曲线。可见，随着保温时间的延长，渗碳体颗粒和铁素体晶粒均呈现出长大趋势，其中铁素体晶粒在 1～100s 内长大速度极为缓慢（0.3～0.4μm），而在 100～1000s 这段时间内铁素体晶粒迅速长大，后者（1000s）的晶粒尺寸（0.8μm）几乎为前者（100s）晶粒尺寸（0.4μm）的两倍之多。对上述两图中的数据进行回归分析，可得如下表达式：

$$d_\theta = 0.15 - 0.025\ln\dot{\varepsilon} \tag{7-7}$$

$$d_\alpha = 0.379 + 0.033\ln\dot{\varepsilon} \tag{7-8}$$

$$d_\theta = 88.5t^{0.175} \tag{7-9}$$

$$d_\alpha = 287.4t^{0.123} \tag{7-10}$$

除了式（7-10）的线性相关系数仅在 0.9 左右，其余各式的线性相关系数均在 0.95 以上。根据上述 8 个方程就可以定量地描述试验用钢在温压缩变形条件下微观组织的演变过程以及相应组成相的尺寸。

在上式中，d_θ 为渗碳体颗粒的粒径；f_θ 为球化率；T 为温度；$\dot{\varepsilon}$ 为应变速率；d_α 为铁素体的晶粒尺寸；t 为保温时间。

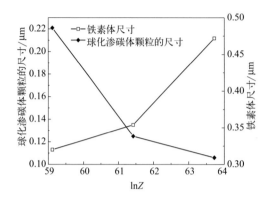

图 7-33　铁素体晶粒尺寸和渗碳体颗粒粒径与应变速率的关系

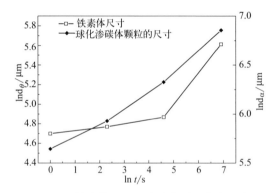

图 7-34　铁素体晶粒和渗碳体颗粒静态长大

对于铁素体组织而言，有描述屈服强度与晶粒直径关系的 Hall-Petch 关系式和描述屈服强度与位错密度的 Bailey-Hirsch 关系式；对于珠光体组织来说，除了珠光体片层间距对屈服强度有影响外，影响因素还有渗碳体的体积分数、块尺寸、奥氏体晶粒尺寸、层状取向性和合金元素等。在贝氏体组织中，影响强度的因素有板条尺寸、位错密度、间隙固溶原子、置换固溶原子、碳化物等；影响马氏体板条强度的组织因素则有板条尺寸、碳化物间距、位错密度、间隙固溶原子以及置换固溶原子等。

目前所提及到的力学性能预报模型多集中在低碳及低碳微合金钢方面[30]，国外以 Esaka 等人为代表的用于计算 C-Mn 钢的显微组织与力学性能之间关系的数学模型和以 Kwon 等人为代表的用于计算微合金钢的显微组织与力学性能之间关系的数学模型，这些工作在描述显微组织与力学性能之间对应关系时，对 Hall-Petch 关系式进行了改进，并运用了混合定律，使预报值更合理，且进一步提高了预报精度。在这方面，国内学者也展开了广泛研究，取得了一定的成果[31]。余宗森等人采用多元回归的方法建立起了 20 号钢力学性能和化学成分的关系；王明俊等人采用类似的方法建立起了不同规格的 20MnSi 螺纹钢筋力学性能与化学成分的关系；赵明纯等人建立起了 X60 管线钢工艺参数和力学性能之间的关系；赵辉等人在分析钢的化学成分和强化因素后建立了低碳钢的力学模型；冯贺滨等人在现场实验的基础上建立了高碳钢高速线材在控轧控冷生产中组织转变和力学性能关系的模型，该模型计算结果与实际测量值比较吻合。但对于温变形后高碳钢的组织与性能方面的定量关系，还少有报道。

对于单相珠光体组织，Marder 等人[32] 建立了屈服强度和抗拉强度与珠光体层片间距（S_0）的关系式用来预测其力学性能，其相关表达式如下所示：

$$\sigma_s = 139 + 46.5 S_0^{-1} \tag{7-11}$$

$$\sigma_b = -85.9 + 262 S_0^{-1/2} \tag{7-12}$$

试验用钢原始珠光体层片间距在 $0.15\mu m$ 左右，将该值代入上式可知，试验用钢的屈服强度的计算值仅为 439MPa，相应的抗拉强度计算值则为 590MPa。采用微拉伸试样测得其屈服强度约为 490MPa，所对应的抗拉强度则高达 750MPa 左右。对比上述各值可知，对于单一珠光体组织而言，其屈服强度表达式理论预测值与实际测量值较为接近，合金元素 Cr 的加入使试验用钢的抗拉强度明显得到提高。

经多种方式温变形之后，试验用钢的显微组织发生变化，层片状珠光体组织演变为球状渗碳体颗粒和铁素体基体，从而引起相应的力学性能发生改变，故上式已经不能适用该情况。Syn 等人[33] 研究了系列超高碳钢显微组织与力学性能之间的对应关系，得到了屈服强度与渗碳体颗粒尺寸和铁素体晶粒尺寸之间的关系式如下所示：

$$\sigma_s = 310 \lambda_\theta^{-1/2} + 460 d_a^{-1/2} \tag{7-13}$$

式（7-13）实际上是用 Hall-Petch 关系分别表征了渗碳体颗粒尺寸（λ_θ）及铁素体晶粒尺寸（d_a）与其相应的屈服强度之间的关系式，而超高碳钢显微组织则是由渗碳体颗粒和铁素体基体相所组成，该复相组织的屈服强度即为两部分组成相之和。但在用该式表征温楔横轧试件表层和单轴温压缩变形后试样心部显微组织的强度指标时，发现所得值明显低于式（7-13）所计算的值。以温楔横轧试件表层为例，表层渗碳体颗粒尺寸约为 $0.1\sim0.2\mu m$，而相应的等轴铁素体晶粒尺寸则在 $0.4\mu m$ 左右，采用上式计算得该部位的屈服强度应在 $1420\sim1700$MPa 左右，而实际拉伸试样测得该处的屈服强度仅为 600MPa 左右。因此，采用上式已不适合预测高碳钢复相组织的强度指标，但是可以借鉴该式修正两个常数，采用原始珠光体屈服强度值和温楔横轧表层的屈服强度值，可以得到修正以后的屈服强度关系式如下所示：

$$\sigma_s = 190\lambda_\theta^{-1/2} + 174d_\alpha^{-1/2} \qquad (7\text{-}14)$$

众所周知，金属材料的硬度值与其抗拉强度存在着一定的比例关系，因为硬度值是由起始塑性变形抗力和继续塑性变形抗力决定的，材料的强度越高，塑性变形抗力越高，硬度值也就越高。因此，可以从测试硬度的角度入手，来表征某一部位显微组织对应的抗拉强度。因抗拉强度与维氏硬度值存在着如下所示的经验关系式：

$$HV \approx 0.3\sigma_b \qquad (7\text{-}15)$$

根据上式就可以估算出相应的抗拉强度。

预测高碳珠光体钢经单轴温压缩变形保温一定的时间后相应的抗拉强度值如图 7-35 所示。从图 7-35 可以看出，随着保温时间的延长，试验用钢对应的强度指标均呈现出下降趋势，此现象可以从相应的组织状态来解释。变形结束保温 1s 时，此时渗碳体颗粒粒径和铁素体晶粒尺寸都较小，细晶强化的作用在这里得到充分体现。随着保温时间的延长，相应的渗碳体颗粒粒径和晶粒尺寸都逐渐长大，静态回复或静态再结晶等软化过程进行的程度也较完全，变形产生的位错和亚结构也逐渐消失，该微观组织的变化反映在性能指标上就是强度指标均下降，且相应的屈强比从保温 1s 时的 0.93 降至 1000s 时的 0.68。

应变速率对强度指标的影响如图 7-36 所示。从图中可以看出，随着应变速率的增加，其抗拉强度值随之降低，而相应的屈服强度则呈上升趋势，之所以呈上述变化趋势，其原因在于渗碳体颗粒尺寸的大小和分布程度的不均匀性以及铁素体晶粒尺寸的不同，低应变速率时显微组织里面还有不少渗碳体片层存在，渗碳体球化程度也不均匀；而在高应变速率情况下，渗碳体片层球化比例加大，渗碳体颗粒尺寸也越来越小。在低应变速率下片状珠光体的存在有效地提高了对应的抗拉强度，而此时由于渗碳体颗粒分布的不均匀使屈服强度明显降低；在高应变速率下渗碳体片层球化程度较为充分完全且渗碳体颗粒粒径也明显变细，渗碳体颗粒分布程度较前者更为均匀，但由于片状珠光体的大量消失，抗拉强度呈下降趋势，此时渗碳体颗粒弥散分布在铁素体基体上，在承受外力作用变形时，能有效地钉扎晶界使变形难以发生，第二相粒子的强化作用得到了充分的体现，因此屈服强度明显高于低应变速率情况下的屈服强度，对应的屈强比也由 $0.1s^{-1}$ 时的 0.70 增至 $10s^{-1}$ 时的 0.91。

值得注意的是，当应变速率从 $1s^{-1}$ 增至 $10s^{-1}$ 时，其屈服强度值变化不大。究其原因可能是因为在上述两种状态下，渗碳体颗粒粒径相差不大，均在 $0.1\mu m$ 左右，球化率仅从 $1s^{-1}$ 时的 61.7% 增至 $10s^{-1}$ 时的 69.6%，相应的铁素体晶粒直径从 $0.35\mu m$ 增至 $0.47\mu m$，在本实验条件下渗碳体颗粒粒径及分布均匀程度对材料屈服强度的影响较大。

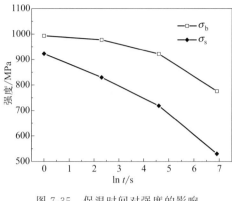

图 7-35　保温时间对强度的影响　　　　图 7-36　应变速率对强度的影响

（2）高碳钢温变形后组织的特征及性能

高碳钢温压缩变形之后，珠光体组织形态的变化主要表现为渗碳体层片的变形，而渗碳体片层的变形又主要表现为渗碳体片层的球化。图 7-37 所示为温变形过程中试样心部渗碳体片层的球化情况。变形结束后立即淬火的试样渗碳体片层形貌虽已完全消失，且都已球化完全，但其球化程度不均匀，如图 7-37（a）所示；低应变速率（0.1s^{-1}）条件下还存在着少许长条状渗碳体片层，同时球化的渗碳体片层以渗碳体链的形式存在，依稀可分辨出渗碳体片层原来的排布方向，如图 7-37（c）所示；而相应的高应变速率（10s^{-1}）情况下，渗碳体片层球化程度较前者更充分完全，且球化的渗碳体颗粒粒径也越小，已经很难分辨出渗碳体片层原来的排布方式，如图 7-37（b）所示。随着保温时间的延长，球化的渗碳体颗粒将遵循 Ostwald 熟化机制进行不同程度的长大[34]，渗碳体颗粒尺寸约在 0.6μm，如图 7-37（d）所示；保温时间的延长同时也使渗碳体球化程度更为充分完全，如图 7-37（a）和（b）所示。

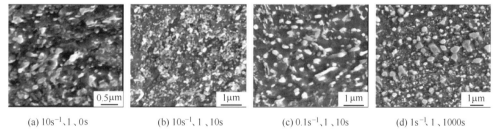

(a) 10s^{-1}、1、0s　　　(b) 10s^{-1}、1、10s　　　(c) 0.1s^{-1}、1、10s　　　(d) 1s^{-1}、1、1000s

图 7-37　不同应变速率、真应变、保温时间温变形后试样心部渗碳体片层的组织演变

变形过程中存在的形变不均匀性也直接影响着渗碳体片层的球化情况。高应变速率（10s^{-1}）条件下，试样边缘还保持着完好的珠光体层片，保温 10s 后，珠光体层片开始球化，且局部已球化完全，而大部分珠光体层片状形态仍保持完好，如图 7-38（a）所示；随着应变速率（1s^{-1}）的降低，珠光体片层形貌已基本消

失，球化程度较前者也越来越充分完全，只不过局部还存在少许的珠光体团，如图 7-38（b）所示。杨平等人[35]在与本实验相近的条件下在低碳钢中也观察到了类似的实验现象。Chattopadhyayhe 和 Sellars 认为[36]，在变形过程中整个珠光体的球化过程均由碳原子的有效扩散系数所控制。由于低应变速率下应变量分布情况较高应变速率下更为均匀，大变形使试样边缘引入了大量的位错及空位等缺陷，在随后的保温过程中，这些缺陷为碳原子的扩散提供了高速率通道，因此加速了渗碳体的球化过程；而高应变速率情况下试样边缘应变量比低应变速率情况下小，变形产生的位错及空位等缺陷的数量明显少于低应变速率情况下，因此不能为碳原子扩散提供众多的通道，渗碳体球化程度明显弱于低应变速率条件下。

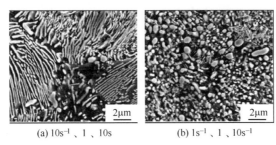

(a) 10s⁻¹、1、10s   (b) 1s⁻¹、1、10s⁻¹

图 7-38 不同应变速率、真应变、保温时间温变形后试样边缘渗碳体片层的组织形貌

    铁素体基体也要产生不同程度的塑性变形来协调渗碳体片层的变形。图 7-39 所示为温变形过程中铁素体基体的形态变化。可以看出，在试样心部都能得到超细铁素体晶粒，且随着保温时间的延长，铁素体晶粒尺寸逐渐增大，但仍在亚微米量级。在高应变速率（10s⁻¹）情况下，此时 Z 参数已达到 10^{16} 量级，已远远大于铁素体发生动态连续再结晶的临界 Z 参数值[37][38]，变形结束后立即淬火的试样中超细铁素体组织形态不规整，且铁素体之间的晶界不明显，球化的渗碳体颗粒也杂乱地分布在铁素体晶界上或晶内，铁素体晶粒尺寸约为 $0.2\mu m$ [图 7-39（a）]；保温 10s 后，超细铁素体组织形态多为等轴状，且晶界清晰、光滑平整，无位错塞积和锯齿状晶界存在，球化完全的渗碳体颗粒大都分布在铁素体晶界上，且保温 10s 之后铁素体晶粒尺寸并没有迅速长大，晶粒尺寸约在 $0.2\sim0.4\mu m$ 之间 [图 7-39（b）]。应变速率对铁素体晶粒尺寸的影响较小，当应变速率从 $0.1s^{-1}$ 增加到 $10s^{-1}$，保温时间均为 10s 时，超细铁素体晶粒尺寸均在 $0.3\mu m$ 之间 [图 7-39（b）、（c）]；Fujioka[39] 以及孙祖庆[40] 等在与本实验情况相近的条件下在低碳钢中也得到了大量被大角晶界包围的超细铁素体晶粒，也归结为动态连续再结晶的结果。因此有理由认为，在该温变形过程中获得的超细铁素体晶粒也是动态连续再结晶的结果。可以预测，如果进一步加大变形量，那么该动态连续再结晶过程将充分进行，相应的大角晶界的比例也将进一步增加。当保温时间延长至 1000s 时，如前所述，此时球化完全的渗碳体颗粒进行了不同程度的长大，

渗碳体颗粒尺寸在 $0.6\mu m$ 左右 ［图 7-39（d）］，致使其渗碳体颗粒在铁素体基体上弥散分布的程度降低，钉扎铁素体晶界的能力进一步削弱，使铁素体晶粒粒径迅速长大至 $0.8\mu m$ 左右，且球化完全的渗碳体颗粒基本上都分布在铁素体晶界上，铁素体晶粒几乎全为等轴状 ［图 7-39（d）］。

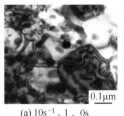   

(a) $10s^{-1}$、1、0s　　　(b) $10s^{-1}$、1、10s　　　(c) $0.1s^{-1}$、1、10s　　　(d) $1s^{-1}$、1、1000s

图 7-39　不同应变速率、真应变、保温时间温变形后试样心部铁素体的组织演变

高碳珠光体钢经过单轴温压缩变形随即在变形温度保温一段时间后，试样中心区域的显微硬度与变形参数 ［保温时间（t，s）、应变（ε，真应变）、应变速率（$\dot{\varepsilon}$，s^{-1}）］ 之间的关系分别如图 7-40～图 7-42 所示，其相应的拟合关系式分别如式（7-16）～式（7-18）所示。在 943K、应变速率 $1s^{-1}$、变形量（真应变）为 1 的条件下，变形结束后随着保温时间的延长，试验用钢的硬度不断下降，如 7-40 所示，当保温时间从 1s 增加到 10s 时，硬度值变化不大，仅从 298HV 降低至 293HV；随着保温时间从 10s 增至 100s 时，硬度值降低，速度明显加快，从 293HV 降至 277HV；当保温时间从 100s 增加到 1000s 时，硬度值从 277HV 迅速降低至 233HV。这是因为随着保温时间的延长，变形过程中产生大量的位错缺陷以及亚结构在随后的保温过程中发生静态回复或静态再结晶，位错密度和相应的亚结构数量进一步减少，而相应的铁素体基体也从 $0.2\mu m$ 左右增至 $0.8\mu m$ 左右，渗碳体颗粒粒径也长大至 $0.2\mu m$ 左右，如图 7-39（d）和图 7-37（d）所示。

根据 Hofer 和 Hintermann 提出的理论[41]，影响显微硬度的三个主要因素为晶粒大小、位错密度以及位错的可动性。随着晶粒尺寸的增大和位错密度的降低，原来被弥散分布的渗碳体颗粒有效钉扎住的位错也由于大渗碳体颗粒的长大和小渗碳体颗粒的消失而增加了可移动性，从而使显微硬度呈现下降的趋势。应变量和应变速率与显微硬度的关系如图 7-41 和图 7-42 所示。随着应变量和应变速率的增加，硬度值也呈降低趋势。这是因为随着这两者变形参数的增加，渗碳体球化率随之增大，故随着渗碳体球化量的增加，硬度值明显下降。心部区域层片状珠光体残余量越多，其硬度值也就越高。一般而言，在成分相同的情况下，粒状珠光体较片状珠光体强度、硬度低但塑性较好[42]。在应变速率 $0.1s^{-1}$、应变量为 1 的情况下，随着变形温度的增加，其硬度值从 328HV 降低至 294HV，变形温度越高，原子的扩散能力越强，变形所产生的亚结构和位错也易发生再结晶过程，上述软化过程发生的直接后果就是导致显微硬度的下降。变形结束后的保温时间、应变量和应变速率与试样心部显微硬度的拟合关系式如下所示，其相关性系数均高达 0.99 以上。

$$f(\mathrm{HV}) = -2.53(\lg t)^3 + 1.65(\lg t)^2 - 3.92\lg t + 298 \tag{7-16}$$

$$f(\mathrm{HV}) = -53.5\varepsilon + 345.92 \tag{7-17}$$

$$f(\mathrm{HV}) = -16.25\lg\dot{\varepsilon} + 292.03 \tag{7-18}$$

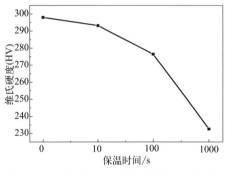

图 7-40　显微硬度与保温时间的关系曲线

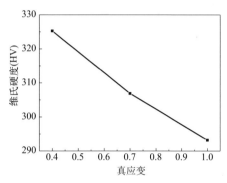

图 7-41　显微硬度与应变的关系曲线

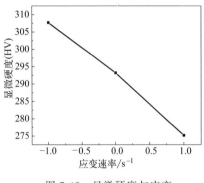

图 7-42　显微硬度与应变
速率的关系曲线

（3）　GCr15 钢温变形及退火后的组织演变

GCr15 钢温轧后的微观组织如图 7-43（a）所示。渗碳体片层发生断裂和弯曲，片层渗碳体碎片在温轧过程中球化，形成一些粒状渗碳体。图 7-43（b）显示了 GCr15 钢退火后的微观组织形貌。渗碳体在退火过程中球化，铁素体形成规则的等轴晶，最终获得沿细小铁素体晶界分布的亚微米级渗碳体结构的超细晶材料，铁素体平均晶粒尺寸小于 $1\mu m$，从而通过温轧＋退火工艺成功制备了超细晶 GCr15 钢。利用能量色散 X 射线光谱法（EDS）分析了铬元素的分布。对图 7-43（b）中区域Ⅰ和区域Ⅱ检测碳化物和铁素体的 Cr 含量，结果在图 7-44（a）和（b）中给出，对应碳化物和铁素体。可以看到 Cr 集中在渗碳体中，含量远高于铁素体。Cr 分布可能对热处理过程中的后续相变有很大影响。

随着加热时间的延长和加热温度的升高，奥氏体晶粒长大。将 GCr15 钢分别在 1073K 和 1123K 下加热不同时间，然后水淬，以揭示奥氏体晶粒尺寸。图 7-45（a）～（d）显示了试样水淬后的晶界以及其尺寸变化。在 1123K 下加热时，延长加热时间晶粒明显长大，而在 1073K 下加热时，可以看到晶粒长大趋势较弱。

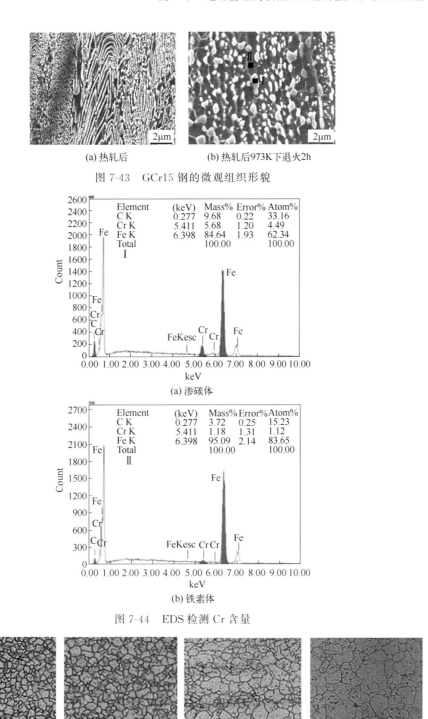

(a) 热轧后　　　　　　　(b) 热轧后973K下退火2h

图 7-43　GCr15 钢的微观组织形貌

(a) 渗碳体

(b) 铁素体

图 7-44　EDS 检测 Cr 含量

(a) 1073K,3 min　　(b) 1073K,9 min　　(c) 1123K,2 min　　(d) 1123K,9 min

图 7-45　加热后水淬试样的电化学腐蚀晶界以及其尺寸变化

图 7-46（a）～（d）显示了试样在 1073K 下加热不同时间，随后空冷得到的微观组织形貌。在较短的加热时间内获得铁素体基体上均匀分散的粒状渗碳体，当试样加热至 7min 时，开始出现层片状渗碳体［约 1.8％（体积分数）］［图 7-46（c）］。而层片状渗碳体［仅约 3.4％（体积分数）］随着加热时间延长至 9min 没有明显增加［图 7-46（d）］

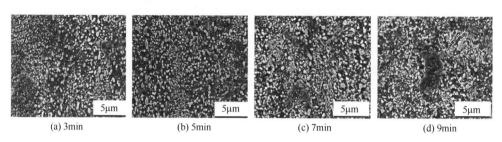

(a) 3min　　　　(b) 5min　　　　(c) 7min　　　　(d) 9min

图 7-46　试样在 1073K 下加热不同时间空冷后的微观组织形貌

图 7-47（a）～（d）显示了 GCr15 钢在 1123K 下加热不同时间（2min、2.5min、6min 和 9min），随后空冷得到的微观组织形貌。如图 7-47（a）所示，当加热 2min 时，获得铁素体基体上的细小粒状渗碳体的微观结构；当加热至 2.5min 时，层片状渗碳体［约 3.4％（体积分数）］开始出现，如图 7-47（b）所示。随着加热时间延长到 6min，层状渗碳体的量大大增加，获得了约 45.4％的层片状渗碳体，如图 7-47（c）所示。当加热时间延长至 9min 时，试样的几乎所有区域（约 95.3％）都由层片状渗碳体组成，如图 7-47（d）所示。

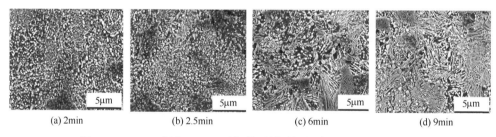

(a) 2min　　　　(b) 2.5min　　　　(c) 6min　　　　(d) 9min

图 7-47　GCr15 钢在 1123K 下加热不同时间空冷后的微观组织形貌

为什么试样在 1073K 下加热时间短于 7min 或在 1123K 下加热时间短于 2.5min 才能得到粒状珠光体？一个可能的原因是需要更长的时间来完成奥氏体化，当短时间加热时，试样没有完全奥氏体化，因此粒状珠光体是初始结构；另一个可能的原因是抑制了正常层片状珠光体的形成，试样的奥氏体化在较短的加热时间内完成，粒状珠光体是新形成的。

为了解决这个问题，观察 GCr15 钢水淬后的微观结构并测量了其硬度。图 7-48 显示了 GCr15 钢在 1073K 下加热 3min 水淬后的微观结构。可以看出 GCr15 钢水淬后得到了马氏体，而不是珠光体，并且存在一些未溶解的碳化物。

对应再加热时间的硬度如图 7-49 所示。在
1073K 下再加热 3min，在 1123K 下再加热
2min，试样的硬度可达 67HRC 以上，且硬度
随着加热时间的延长而保持恒定，这意味着奥
氏体化过程完成，碳化物溶解可在短时间内达
到平衡状态。在 1123K 下加热的水淬试样的
硬度略高于 1073K 下加热的试样，这可能是
因为在 1123K 下溶解到奥氏体中的碳化物略
多。碳化物在更高的温度下溶解得更快，当加

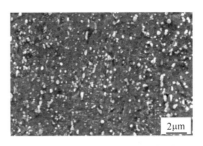

图 7-48　GCr15 钢 1073K 加热
3min 水淬后微观组织形貌

热温度提高到 1123K 时，完成奥氏体化所需的时间更短。这些结果表明奥氏体化
过程已经完全完成，并且在空冷过程中新形成了粒状渗碳体，抑制了正常层片状
珠光体的形成。

　　图 7-49 显示了对应不同加热时间的平均晶粒尺寸。当在 1073K 和 1123K 下延
长加热时间时，晶粒尺寸显示出近似线性的增加。晶粒生长速率在 1123K 下比在
1073K 下大得多，并且最小奥氏体化时间约为 2min，试样在 1123K 下加热时最小
奥氏体化时间更短。然而，在 1073K 下加热过程中 Cr 合金超细晶钢的晶粒生长速
率比 F.L.Lian 等[43] 报道的普通过共析钢的晶粒生长速率小得多，尽管在 1073K
下加热 9min 后，试样的平均晶粒尺寸仅约 4.96μm，比在 1023K 下加热 9min
（约 7.2μm）的普通过共析超细钢小得多。随着温度的升高，获得了更大的晶粒生
长速率，在 1123K 下加热 9min 后，平均晶粒尺寸约为 8.36μm。

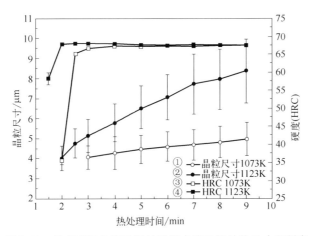

图 7-49　具有不同加热时间的试样水淬后的晶粒尺寸和硬度

　　根据图 7-46、图 7-47 的微观组织形貌以及图 7-49 中的晶粒尺寸曲线，当晶粒
尺寸小于约 4μm 时，在珠光体转变中抑制了正常层片状珠光体的形成，而当晶粒
尺寸大于该值时，层片状珠光体逐渐形成。因为当试样在 1073K 下加热 9min 时，

平均晶粒尺寸更小，所以在图 7-46（d）中仅形成少量的层片状渗碳体。因此，铬合金钢中层片状珠光体转变的临界晶粒尺寸约为 $4\mu m$。

图 7-50（a）显示了粗晶粒 GCr15 钢中层片状珠光体生长前沿的碳梯度。珠光体转变是扩散转变，因此，成分梯度［如 7-50（a）中的实线所示］对于层状珠光体的生长是必要的。在奥氏体中，铁素体带（$C\gamma^{\gamma/\alpha}$）附近的碳含量高于渗碳体（$C\gamma^{\gamma/渗碳体}$）带附近的碳含量，因此在奥氏体中碳原子将从铁素体前沿扩散到渗碳体前沿。然而，许多研究表明，晶界扩散系数远大于体积扩散系数[43,44]，晶界扩散控制着超细晶材料的扩散过程[45,46]。晶粒细化增加了晶界的总量，因此碳原子在超细晶钢中的扩散速率大大增加。一些研究表明，在热变形超细晶钢中，碳的扩散可以达到毫秒量级[46]。碳扩散的加速削弱了层状珠光体生长前沿的碳梯度［如图 7-50（a）中虚线所示］，层状渗碳体的形成受到限制[43,47]。因此，渗碳体在超细晶钢中形成粒状结构，这是加速碳原子通过晶界扩散而形成的［图 7-50（b）］。

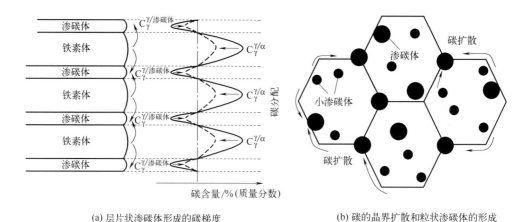

(a) 层片状渗碳体形成的碳梯度　　　(b) 碳的晶界扩散和粒状渗碳体的形成

图 7-50　渗碳体的形成

7.5.2　重度温轧退火对高碳钢组织性能的影响

（1）高碳钢重度温轧退火的渗碳体球化机制

图 7-51 为超细铁素体基体中球状渗碳体颗粒的形成机制[48]。在重度温轧过程中，由于溶质原子的不均匀局域扩散，如图 7-51（a）所示，原始试样的渗碳体片层发生变形并形成扭结状特征。变形为球化提供了必要的驱动力，因为它产生了一些特征（如扭结），这些特征由于化学势沿其表面的变化而促进了 C 的扩散。扭结的形成导致片层完全碎裂，如图 7-51（b）所示。图 7-51（c）为典型扭结的形态。这些扭结和碎裂的片层是严重变形的珠光体的特征。值得一提的是，如果变形温度足够高，由于碳在高温下产生的缺陷中扩散，也可能形成具有上述典型

特征的稀疏球体。当这些试样经过退火时，这些破碎的片层通过改变扭结处的曲率半径开始呈椭球体的形状，如图 7-51（d）所示。碳原子的扩散取决于片层的曲率半径，这种曲率相关的扩散在球化过程中起着关键作用。

片层的扭结具有不同的曲率［图 7-51（c）］，与靠近片层平坦部分相比，在附近的铁素体区域诱导更高的平衡碳浓度。表面化学势是曲率半径的敏感函数，因此产生碳含量扩散的推力。根据 Gibbs-Thompson 方程，化学势的差异按照式（7-19）产生扩散的热力学驱动力[49]

$$\ln \frac{a_{\mathrm{c}}}{a_{\mathrm{e}}} = \frac{2\gamma V_{\mathrm{m}}}{RTr} \qquad (7-19)$$

式中，a_{c} 为颗粒/基体界面的活度；a_{e} 为平衡活度；γ 为界面能；V_{m} 为颗粒的摩尔体积；R 为气体常数；T 为温度；r 为颗粒半径。由于铁素体晶粒内部存在较高的缺陷密度，C 在这些高能组态中以更高的速率扩散，导致扭结迅速溶解，这是在重度温轧过程中产生的。球化演化可以通过两种不同的机制来实现。一种是在较高温度下变形时直接形成球体，另一种是在延长退火处理期间通过 C 原子的扩散使碎片状渗碳体球化。

 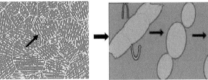 

(a)原始试样结构　　(b)重度变形珠光体　　(c)典型扭结的形态　　(d)超细晶铁素体基体中的
纳米球状渗碳体

图 7-51　球化机制的示意图

（2）渗碳体球化对高碳钢力学性能的影响

图 7-52 分别显示了高碳钢经过重度温轧变形后在 823K 和 873K 退火不同时间（0h 到 2h）后的室温拉伸曲线。原始试样（As-received）表现出加工硬化，导致其具有中等强度和延伸率。而对于重度温轧变形后在 823K 退火 0h（WR823-0H）试样，由于超细晶铁素体的形成和位错的存在，屈服强度大幅度提高（约为原始试样的 2.6 倍），然而，均匀延伸率下降了近 43%。屈服强度的提高由霍尔-佩奇关系得到，$\sigma_{\mathrm{y}} = \sigma_{\mathrm{i}} + kd^{-1/2}$，其中，$\sigma_{\mathrm{y}}$ 是屈服强度；σ_{i} 是摩擦应力；d 是晶粒尺寸；k 是强化系数。变形后的试样经 1h 和 2h 的退火处理，以促进渗碳体的球化，延伸率显著增加，如图 7-52（a）所示。更长的退火时间可以归因于更高的球化程度。然而，与退火 2h 的试样相比，退火 1h 的试样表现出更高的屈服强度，这是由于其晶粒尺寸较小和较小的铁素体软化程度。除了强度和塑性外，评价球化处理过程中韧性的变化也很重要。

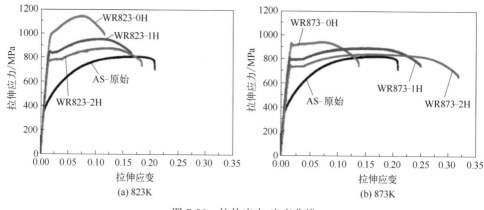

图 7-52　拉伸应力-应变曲线

热变形和 873K 退火试样的工程应力-应变曲线如图 7-52（b）所示。重度温轧变形后在 873K 退火 0h（WR873K-0H）试样的屈服强度（913MPa）明显高于原始试样（368MPa，20%），但断裂延伸率（13.8%）较低。随后的 873K 退火处理使延性显著提高，但强度却随之降低。重度温轧变形后在 873K 退火 1h（WR873K-1H）试样的强度和塑性同时得到提高。重度温轧变形后在 873K 退火 2h（WR873K-2H）试样在接近完全球化后，强度（特别是屈服强度）和塑性达到了极好的结合。

值得注意的是，所有经过热机械处理的试样都表现出屈服点延伸率（YPE），如拉伸应力-应变如图 7-52 所示。这种类型的 YPE 在变形后的退火处理后更清楚地被识别出来。在具有球状渗碳体颗粒的共析钢中出现 YPE 已有报道[50]。YPE 的出现可以归因于球化过程中游离 C 的存在，这些游离 C 不能扩散到铁素体晶粒内的形核位置。这些自由的 C 原子很容易扩散到位错的核心，阻碍它们的运动[51]。Rastegari 等人提出，YPE 现象也可能是由于铁素体的超细晶粒尺寸导致的高的铁素体晶界密度[52]。

为了阐明上述讨论，图 7-53 给出了试样拉伸试验后的断口形貌。由于珠光体的片层形貌和解理脊的形成，原始试样主要显示出脆性断裂，如图 7-53（a）所示。WR823-0H 试样断口主要由解理脊和少数韧窝组成。虽然韧窝的出现标志着韧性断裂，但解理脊数量较多，试样主要表现为脆性断裂，如图 7-53（b）所示。此外，较小的韧窝深度解释了该试样较低的延展性。WR823-2H 试样的断口形貌中形成了大量的韧窝，这些特征表明韧性断裂，这是由于试样中存在大量的球状渗碳体颗粒而导致的。然而，也发现了一些脆性断口，其特征是平面以及韧窝。WR873-2H 试样的断口分析显示，由于接近完全的球化，出现了大量的韧窝和杯状断口，从而表明纯韧性断裂，孔洞的形核和逐渐长大，然后孔洞的结合导致杯状断口，这时典型的表现为韧性断口的特征，如图 7-53（d）所示。

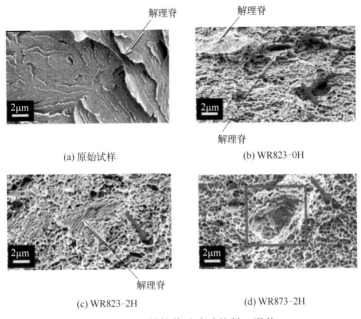

图 7-53　试样拉伸试验后的断口形貌

7.5.3　循环变形对高碳钢组织性能的影响

（1）珠光体钢宏观循环应力-应变曲线

珠光体钢应力-应变曲线如图 7-54（a）所示[53]。图中点 o、a、b、c 和 d 的数据采集时间为 600s，其余的为 90s，可以看出珠光体钢连续屈服后产生高的加工硬化，在拉伸载荷卸载过程中，观察到偏离胡克线，表现出包申格效应。这意味着压缩塑性流动开始于卸载阶段，即使外部拉伸应力仍然存在。然后，压缩塑性流动在外部压缩载荷下继续进行，如果我们根据该曲线确定 0.2％的抗压验证应力，绝对值将远小于卸载开始时的拉应力，这表明包申格效应很大。图 7-54（b）绘制了拉伸和压缩下 0.5％应变时的真实应力与循环次数的函数关系，从该图可以看出循环软化很明显。Tsuzaki[54] 等人研究了珠光体钢在不同温度下的循环拉伸-压缩变形，并确定了两个温度区域：循环软化（300～375K）和动态应变时效引起的循环硬化（423～640K）。目前在室温下的结果与 Tsuzaki 等人的工作非常一致，表明动态应变时效的影响可以忽略。

（2）中子衍射分布特征

图 7-55（a）给出了在轴向和径向获得的中子衍射分布特征。渗碳体具有正交晶体结构，其体积分数较低（14％），因此其衍射强度明显弱于铁素体。渗碳体晶格平面指数如图 7-55（b）所示。通过对渗碳体峰进行分析，不仅在保温状态（600s）下，而且在加载过程中，虽然这些峰没有铁素体峰精确，但从轴向和径向

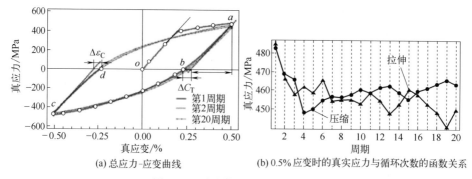

(a) 总应力-应变曲线　　　　　(b) 0.5%应变时的真实应力与循环次数的函数关系

图 7-54　珠光体钢应力-应变曲线

获得的衍射轮廓几乎相同，说明织构很弱。

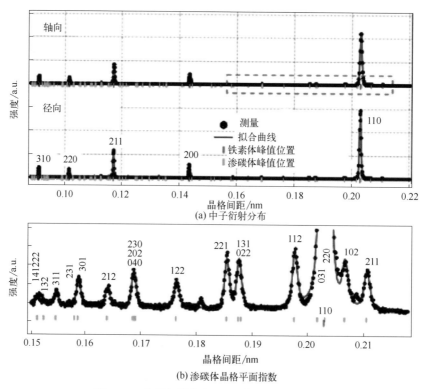

(a) 中子衍射分布

(b) 渗碳体晶格平面指数

图 7-55　中子衍射分布和渗碳体晶格平面指数

图 7-56（a）和图 7-56（b）比较了加载前和加载后第一个循环中＋0.5％应变（拉力）时的衍射分布。从图 7-56 中可以看出，图 7-56（a）中所有可见峰在轴向均向间距较宽的方向移动，图 7-56（b）中所有可见峰在径向均向间距较窄的方向移动，且图 7-56（a）中的位移量几乎是图 7-56（b）的 3 倍，表明了泊松效应。泊松比约为 0.3，但随晶体取向略有变化。

图 7-57 比较了加载前和＋0.5％应变时沿轴向获得的铁素体（200）衍射分布，其中峰值中心和最大强度分别归零和归一。如图 7-57 所示，拉伸变形为 0.5％时，衍射峰变宽，这是由铁素体基体位错密度的增加所致。铁素体-渗碳体界面的位错堆积会导致局部应力集中甚至断裂，堆积的位错将载荷转移到渗碳体相，导致铁素体相和渗碳体相之间的应力分配（相应力产生）。Sadamatsu 和 Higashida[55] 将内应力（相应力）分布计算为堆积在界面处的单个位错的应力/弹性应变场的叠加，发现在渗碳体中产生拉伸相应力，在铁素体中产生压缩相应力。

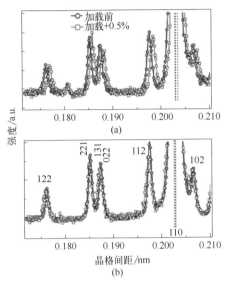

图 7-56　（a）加载前的衍射剖面和
（b）第一个循环中的衍射剖面

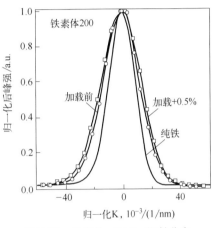

图 7-57　铁素体（200）衍射分布

（3）相应变和循环软化的变化

图 7-58 显示了相应变与外部应力的关系。铁素体相的实验误差小于标绘标记的尺寸。晶格应变的实验误差是通过 Rietvled 分析软件从晶格常数的拟合误差中计算。在变形初期，铁素体和渗碳体都经历了弹性变形，在图中形成直线。最终，随着外部载荷的增加铁素体晶格应变停止增加，而渗碳体晶格应变迅速增加，这表明铁素体相开始塑性变形，而渗碳体相继续弹性变形。正如 Tomota[56,57] 等人所报道的，珠光体的加工硬化主要是由于铁素体和渗碳体之间的应力分配，即类似于许多复合材料的载荷传递机制。值得注意的是，在从张力卸载后的无应力点后铁素体是压缩的，而渗碳体是拉伸的。对于压缩后的卸载，观察到完全相反的行为，与先前的研究非常一致。在图 7-58（a）和（b）中铁素体和渗碳体的两条曲线的交点的外部应力分别为－280MPa（C1）、－280MPa（C2）和 270MPa（T2）。在这些应力下，铁素体的晶格应变等于渗碳体的晶格应变，因此没有应力

分配。在图 7-58（a）中的第一个循环之后，相应变随着拉伸-压缩变形有节奏地变化，如图 7-58（b）和（c）所示。

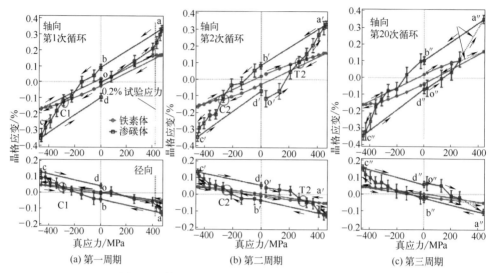

(a) 第一周期　　　　　　(b) 第二周期　　　　　　(c) 第三周期

图 7-58　轴向和径向上的相应变与外部应力的关系

由拉伸或压缩试验的几何形状，包括 $\sigma_{11}=\sigma_{22}$，两个晶格（弹性）应变分量足以使用各向同性弹性理论的通用胡克方程，两个晶格（弹性）应变分量足以确定每个阶段的平均应力水平，如下所示：

$$\sigma_{11}^{F}=\sigma_{22}^{F}=\frac{E}{(1+v)(1-2v)}\{(1-v)\varepsilon_{11}^{F}+v(\varepsilon_{22}^{F}+\varepsilon_{33}^{F})\} \qquad (7-20)$$

$$\sigma_{33}^{F}=\frac{E}{(1+v)(1-2v)}\{(1-v)\varepsilon_{33}^{F}+v(\varepsilon_{22}^{F}+\varepsilon_{11}^{F})\} \qquad (7-21)$$

式中，E 和 v 分别为杨氏模量和泊松比。同样的关系也适用于渗碳体，用中子衍射测定的杨氏模量和泊松比：铁素体分别为 242GPa 和 0.28；渗碳体分别为 189GPa 和 0.30。杨氏模量 E 通过轴向弹性区域的最小二乘拟合确定，使用图 7-58 所示的真实应力对晶格应变的数据。

$$\sigma_{ij}^{\text{appl}}=\sigma_{ij}^{F}(1-f)+\sigma_{ij}^{\text{Cem}}f \qquad (7-22)$$

σ_{ij}^{F}、σ_{ij}^{Cem}、$\sigma_{ij}^{\text{appl}}$ 分别指铁素体、渗碳体和外部应力中的应力分量，以及 f 是渗碳体的体积分数。通过式（7-21）和式（7-22）计算相位和施加应力，如图 7-59 所示，其中，实验值通过应变计获得，计算值与实验值吻合较好。

图 7-60 为 ±0.5％应变时相应变的变化，显示为拉伸-压缩循环次数的函数，渗碳体相的应变变化不大，但铁素体相的应变随着循环次数的增加而减小。通过式（7-21）计算，得到循环变形过程中 +0.5％应变时的相应力变化，如图 7-61 所示。

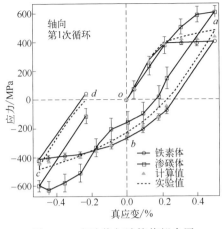

图 7-59　实验值与计算值拟合图

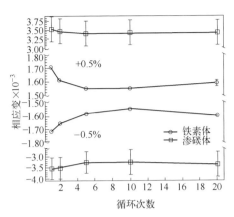

图 7-60　拉伸-压缩循环次数的函数

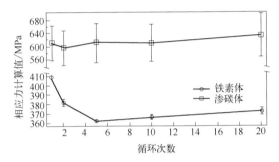

图 7-61　＋0.5％应变时的相应力变化

（4）半高宽随循环变形的变化

塑性变形珠光体钢的线变宽有几个原因，因此很难简单地用卷积全轮廓拟合（CMWP）法通过曲线拟合来确定位错密度。由于应变幅值很小，片层间距很小，晶粒尺寸的影响可以忽略。换句话说，半高宽（FWHM）的变化将提供位错密度的粗略估计。因此，采用 FWHM 讨论了铁素体相的循环软化行为。为这次讨论计算了 FWHM/FWHM$_0$ 的相对变化，其中 FWHM$_0$ 是变形前的 FWHM。图 7-62（a）和（b）分别示出了在第一和第二循环期间获得的铁素体（200）晶面半高宽的结果。在屈服开始后，发现 FWHM/FWHM$_0$ 几乎线性增加至点 a，然后通过点 b 卸载和压缩至点 G1 时减少，并随着压缩变形再次增加至图 7-62（a）中的点 c。随后，在图 7-62（b）中，FWHM/FWHM$_0$ 随着卸载和再加载张力降低至 $H2$ 点，然后随着拉伸变形增加至点 a'。因此，FWHM/FWHM$_0$ 的增加和减少在拉伸-压缩变形循环中重复。

图 7-63 显示了在拉伸或压缩后，空载状态（$\sigma_A = 0$）下（200）衍射峰的 FWHM/FWHM$_0$ 随循环次数的变化。FWHM/FWHM$_0$ 随着循环次数的增加而

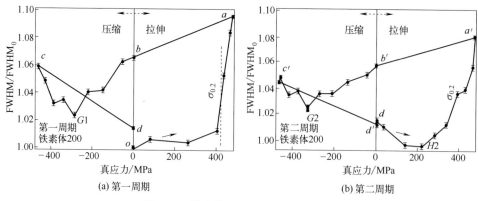

(a) 第一周期 (b) 第二周期

图 7-62 铁素体（200）半高宽的结果

降低，表明位错密度降低。在相同条件下，随着循环次数的增加，（110）衍射峰表现出相似的趋势。也可以假定，$FWHM/FWHM_0$ 随着其他峰的循环变形而降低。

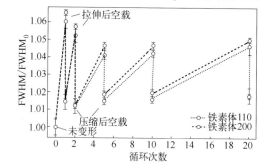

图 7-63 （200）衍射峰的 $FWHM/FWHM_0$ 随循环次数的变化

7.5.4 形变诱导相变对高碳钢组织性能的影响

（1）过冷奥氏体动态相变和组织超细化

黄青松等[58] 通过热模拟试验机对共析钢进行了单轴热压缩试验，获得了亚微米级别（200～600nm）铁素体等轴晶粒和纳米级渗碳体颗粒的复相组织。共析钢过冷奥氏体形变过程的组织演变主要经历了四个基本的动态过程：奥氏体晶界的铁素体相变、珠光体相变、片层渗碳体的熔断球化及熟化，和伴随着铁素体的回复再结晶等轴化的同时铁素体晶内细小渗碳体颗粒的再析出。

共析钢过冷奥氏体动态相变的基本规律为：随着应变的增加，沿原始奥氏体晶界形成的铁素体在珠光体生长前沿形核、珠光体向原始奥氏体晶内推进，直至动态相变完成。片层珠光体形成后，渗碳体会不断发生熔断球化和铁素体的回复再结晶等轴化。渗碳体球化存在两种机制：一种是片层渗碳体不断发生熔断球化，由于 Gibbs-Thomson 效应，形成较粗大的渗碳体颗粒，分布在铁素体晶界上；另一种则是铁素体再结晶等轴化过程中渗碳体的溶解与再析出，形成细小纳米级渗碳体颗粒，这些颗粒分布在由这两种机制形成的晶粒中，在两种类型的渗碳体颗粒之间和每种类型的渗碳体颗粒内部都发生了熟化过程。

另外，陈伟等[59]发现过共析钢过冷奥氏体变形过程的组织演变规律。过共析钢过冷奥氏体在变形过程中通过动态转变形成超细化复相组织，主要包括动态相变和珠光体动态球化两个过程。这两个过程在变形过程中并不是相互独立的，而是同时进行的。形变初期，过冷奥氏体发生动态相变，在其晶界上直接形成珠光体，并向两侧晶内生长；随着应变的进行，过冷奥氏体动态相变进行的同时已形成的珠光体发生动态球化，最终导致超细化复相组织的形成；而在珠光体动态球化过程中主要涉及片层渗碳体球化、铁素体基体的动态回复和动态再结晶等轴化，以及渗碳体粒子的溶解再析出等过程。由于过冷奥氏体变形过程中，涉及动态相变和动态球化等过程，且动态相变形成的珠光体团径和片层间距细小，片层取向混乱，在相变的同时珠光体又经历变形，因而很难清楚研究珠光体动态球化所涉及的各个过程。

（2）超高碳钢形变诱导相变组织超细化

张占领等[60]发现超高碳钢在奥氏体和渗碳体两相区大变形后奥氏体晶粒细化，积累了很高的畸变能和空位、位错等晶体缺陷。当冷却到 $750 \sim 800 ℃$ 后继续变形时，在变形过程中其变形间隙会发生共析转变。由于奥氏体中缺陷密度较高，形成不规则的层片状珠光体，片层间距、大小不均匀。在珠光体经受变形过程中，大量小曲率半径的渗碳体片发生弯曲、扭折，同时积累更高的畸变能。根据 Gibbs-Thompon 方程，不同曲率片层附近铁素体内的平衡碳浓度有显著差异，小曲率半径片层附近的铁素体平衡碳浓度高于大曲率半径片层附近的平衡碳浓度，靠近片层扭折处的铁素体平衡碳浓度比靠近平台部位的高得多。这种碳浓度差引起的碳原子扩散使珠光体中渗碳体片熔断、球化。渗碳体片球化成颗粒的驱动力为渗碳体与铁素体基体界面面积的减小，即体系界面能的降低。根据亚稳相的热力学平衡特征，析出小的渗碳体可以释放界面能和界面应力，导致体系自由能下降，使之趋于平衡态。当应变量较大时，渗碳体粒子弥散分布在细小的铁素体基体上，或钉扎在铁素体晶界上。

此外，动态相变过程中的碳有效扩散系数明显高于普通等温过程中碳有效扩散系数，导致动态相变完成时间显著缩短。在随后的片层状珠光体球化过程中，形变过程中产生的相界面、高密度位错和空位等缺陷为碳原子的扩散提供了一个高速率扩散通道，使碳原子的有效扩散系数显著增大，从而促进了间隙碳原子的扩散，使球化过程明显短于相同温度和相同原始片层间距下的等温球化退火。

另一方面，根据形变诱导相变理论，形变过冷奥氏体的缺陷密度增加，变形能储存量增大，铁素体临界形核功减小，形核率升高[61]。在共析转变温度 A_1（800℃）以下变形使形变诱导铁素体在奥氏体晶界、晶内形变带处形核析出，并使铁素体析出的碳在铁素体奥氏体界面或铁素体奥氏体界面高度富集。这些高碳区在随后等温（等温变形）或冷却时成为颗粒状渗碳体的有利形核位置，易析出短棒状和颗粒状渗碳体。由于能量趋低原理，这些短棒状和颗粒状渗碳体在等温过程中逐渐球化。另外，渗碳体有可能在过冷奥氏体中极高密度的位错处领先形核，长大成接近球形[62]。铁素体进一步长大，包围这些颗粒状渗碳体，或渗碳体周围的奥氏体析出新的铁素体包围这些渗碳体，最终形成细小弥散球状碳化物均匀分布在超细铁素体晶界、晶内的组织。

参 考 文 献

[1] Surface nanocrystallization （SNC) of metallic materials-presentation of the concept behind a new approach [J]. Journal of Materials Science & Technology，1999 （03）：193-197.

[2] 吴建军，李阳，孙德明. 金属材料表面自纳米化研究进展 [J]. 热处理技术与装备，2013，34 （01）：41-45.

[3] Lu K，Lu J. Nanostructured surface layer on metallic materials induced by surface mechanical attrition treatment [J]. Materials Science & Engineering：A，2004：375-377.

[4] 张辉，宫梦莹. 金属材料表面机械研磨技术机理及研究现状 [J]. 鞍钢技术，2018 （06）：1-6.

[5] Liu Z G，Fecht H J，Xu Y，et al. Electron-microscopy investigation on nanocrystal formation in pure Fe and carbon steel during ball milling [J]. Materials Science & Engineering：A，2003，362 （1）：322-326.

[6] Umemoto M，Liu Z G，Masuyama K，et al. Nanostructured Fe-C alloys produced by ball milling [J]. Scripta Materialia，2001，44 （8）：1741-1745.

[7] Xu Y，Liu Z G，Umemoto M，et al. Formation and annealing behavior of nanocrystalline ferrite in Fe-0. 89C spheroidite steel produced by ball milling [J]. Metallurgical and Materials Transactions：A，2002，33 （7）：2195-2203.

[8] 薛克敏，张君，李萍，等. 高压扭转法的研究现状及展望 [J]. 合肥工业大学学报：自然科学版，2008 （10）：1613-1616，1621.

[9] 陈科. 锆合金高压扭转工艺有限元模拟及试验研究 [D]. 秦皇岛：燕山大学，2018.

[10] Hohenwarter A，Taylor A，Stock R，et al. Effect of large shear deformations on the fracture behavior of a fully pearlitic steel [J]. Metallurgical and Materials Transactions：A，2011，42 （6）：1609-1618.

[11] Ivanisenko Y，Lojkowski W，Valiev R Z，et al. The mechanism of formation of nanostructure and dissolution of cementite in a pearlitic steel during high pressure torsion [J]. Acta Materialia，2003，51 （18）：5555-5570.

[12] Petzow G. Aetzen. Stuttgart：Gebrueder Borntraeger Berlin，1994.

[13] Lojkowski W，Djahanbakhsh M，Burkle G，et al. Nanostructure formation on the surface

of railway tracks [J]. Mater. Sci. Eng.: A, 2001, 303 (1): 197-208.

[14] Kammerhofer C, Hohenwarter A, Scheriau S, et al. Influence of morphology and structural size on the fracture behavior of a nanostructured pearlitic steel [J]. Materials Science & Engineering: A, 2013, 585: 190-196.

[15] Fischer F D, Daves W. A possible origin of surface cracks in rails [J]. Proceedings of the Institution of Mechanical Engineers Part F Journal of Rail and Rapid Transit, 2011, 225 (F6): 605-611.

[16] Edelstein A S, Cammarata R C. Nanomaterials: synthesis, properties, and applications [M]. Bristol: Institute of Physics Publishing, 1996.

[17] Valiev R Z, Ivanisenko Y V, Rauch E F, et al. Structure and deformaton behaviour of armco iron subjected to severe plastic deformation [J]. Acta Materialia, 1996, 44 (12): 4075-4712.

[18] Malow T R, Koch C C. Mechanical properties in tension of mechanically attrited nanocrystalline iron by the use of the miniaturized disk bend test [J]. Acta Materialia, 1998, 46 (18): 6459-6473.

[19] Gol′dstein M I, Litvinov V S, Bronfifin B M. Physical metallurgy of high-strength alloys [J]. Moscow: Metallurgia, 1986.

[20] 庞卓锐. 循环热处理对超高强钢的组织和性能的影响 [D]. 上海: 上海交通大学, 2020.

[21] 张炎, 崔金鹤, 孙玉福. 循环热处理和合金化对 ADI 性能的影响 [J]. 铸造技术, 2006 (02): 122-124.

[22] 张树松, 仝爱莲. 钢的强韧化机理与技术途径 [M]. 北京: 兵器工业出版社, 1995.

[23] Lv Z Q, Wang B, Wang Z H, et al. Effect of cyclic heat treatments on spheroidizing behavior of cementite in high carbon steel [J]. Materials Science & Engineering: A, 2013, 574 (1): 143-148.

[24] Saha A, Mondal D K, Maity J. Effect of cyclic heat treatment on microstructure and mechanical properties of 0.6% (mass%) carbon steel [J]. Materials Science & Engineering: A, 2010, 527 (16-17): 4001-4007.

[25] Xiong Y, He T T, Guo Z Q, et al. Mechanical properties and fracture characteristics of high carbon steel after equal channel angular pressing [J]. Materials Science & Engineering: A, 2013, 563 (15): 163-167.

[26] Umemoto M, Huang B, Tsuchiya K, et al. Formation of nanocrystalline structure in steels by ball drop test [J]. Scripta Materialia, 2002, 46 (5): 383-388.

[27] 刘刚, 雍兴平, 卢柯. 金属材料表面纳米化的研究现状 [J]. 中国表面工程, 2001 (03): 5-9.

[28] Liu Z G, Hao X J, Masuyama K, et al. Nanocrystal formation in a ball milled eutectoid steel [J]. Scripta Materialia, 2001, 44 (8): 1775-1779.

[29] Umemoto M, Liu Z G, Hao X J, et al. Formation of Nanocrystalline Ferrite through

Rolling and Ball Milling [J]. Journal of Metastable & Nanocrystalline Materials，2001，10：167-174.

[30] Kwon O. A Technology for the prediction and control of microstructural changes and mechanical properties in steel [J]. ISIJ International，1992，32 (3)：350-358.

[31] 赵永涛. 基于神经网络的高速线材力学性能预报 [D]. 武汉：武汉科技大学，2002.

[32] Marder A R，Bramfitt B L. Effect of morphology on the strength of pearlite [J]. Metallurgical Transactions：A (Physical Metallurgy and Materials Science)，1976，7：365-372.

[33] Lesuer D R，Syn C K，Whittenberger J D，et al. Microstructure-property relations in as-extruded ultrahigh-carbon steels [J]. Metallurgical and Materials transactions：A，1999，30 (6)：1559-1567.

[34] 陈国安，杨王玥，孙祖庆. 中碳钢过冷奥氏体形变过程中的组织演变 [J]. 金属学报，2007，43 (1)：27-34.

[35] 杨平，高鹏，崔凤娥. 低碳钢压缩变形时的形变不均匀性及其对铁素体转变的影响 [J]. 塑性工程学报，2004，11 (3)：15-20.

[36] Chattopadhyay S，Sellars C M. Kinetics of pearlite spheroidization during static annealing and during hot deformation [J]. Acta Metallurgica，1982，30 (1)：157-170.

[37] Glover G，Sellars C M. Recovery and recrystallization during high temperature deformation of Iron [J]. Metallurgical Transactions，1973，4 (3)：765-775.

[38] Kelly G L，Beladi H，Hodgson P. Ultrafine grained ferrite formed by interrupted hot torsion of plain carbon steel [J]. ISIJ International，2002，42 (12)：1585-1590.

[39] Niikura M，Fujioka M，Adachi Y，et al. New concepts for ultra refinement of grain size in super metal project [J]. Journal of Materials Processing Technology，2001，117 (3)：341-346.

[40] 李龙飞，杨王玥，孙祖庆. 低碳钢在 Ac1 点以下温度变形时的铁素体动态再结晶 [J]. 金属学报，2003，39 (4)：419-425.

[41] 黄子勋，吴纯素. 电镀理论 [M]. 北京：中国农业机械出版社，1981.

[42] 林慧国，傅代直. 钢的奥氏体转变曲线——原理、测试与应用 [M]. 北京：冶金工业出版社，1988.

[43] Lian F L，Liu H J，Sun J J，et al. Ultrafine grain effect on pearlitic transformation in hypereutectoid steel [J]. Journal of Materials Research，2013，28 (5)：757-765.

[44] Bokstein B，Razumovskii I. Grain boundary diffusion and segregation in interstitial solid solutions based on bcc transition metals：carbon in niobium [J]. Interface Science，2003，11 (1)：41-49.

[45] Ivanisenko Y，Maclaren I，Sauvage X，et al. Shear-induced $\alpha \rightarrow \gamma$ transformation in nanoscale Fe-C composite [J]. Acta Materialia，2006，54：1659-1669.

[46] 翁庆宇. 超细晶钢 [M]. 北京：冶金工业出版社，2003.

[47] Liu Y，He T，Peng G，et al. Pearlitic transformations in an ultrafine-grained hyperutec-

toid steel [J]. Metallurgical and Materials Transactions：A，2011，42（8）：2144-2152.

[48] Prasad C，Bhuyan P，Kaithwas C，et al. Microstructure engineering by dispersing nano-spheroid cementite in ultrafine-grained ferrite and its implications on strength-ductility rela-tionship in high carbon steel [J]. Materials and Design，2017，139：324-335.

[49] Moon J，Jeong H，Lee J，et al. Particle coarsening kinetics considering critical particle size in the presence of multiple particles in the heat-affected zone of a weld [J]. Materials Science and Engineering：A，2006，483：633-636.

[50] Zheng C，Li L，Yang W，et al. Microstructure evolution and mechanical properties of eu-tectoid steel with ultrafine or fine（ferrite＋cementite）structure [J]. Materials Science and Engineering：A，2014，599：16-24.

[51] Momeni A，Abbasi S M，Morakabati M，et al. Yield point phenomena in TIMETAL 125 beta Ti alloy [J]. Materials Science and Engineering：A，2015，643：142-148.

[52] Rastegari H，Kermanpur A，Najafizadeh A. Effect of initial microstructure on the work hardening behavior of plain eutectoid steel [J]. Materials Science and Engineering：A，2015，632：103-109.

[53] Wang Y X，Tomota Y，Harjo S，et al. In-situ neutron diffraction during tension-com-pression cyclic deformation of a pearlite steel [J]. Materials Science and Engineering：A，2016，676：522-530.

[54] Tsuzaki K，Matsuzaki Y，Maki T，et al. Fatigue deformation accompanying dynamic strain aging in a pearlitic eutectoid steel [J]. Materials Science and Engineering：A，1991，142：63-70.

[55] Sadamatsu S，Higashida K. Understanding of stress redistribution due to the internal stress of dislocation pile-up in pearlite steel [J]. Tetsu-to-Hagane，2012，98：328-338.

[56] Tomota Y，Watanabe O，Kanie A，et al. Effect of carbon concentration on tensile behav-ior of pearlitic steels [J]. Materials Science and Technology，2003，19（12）：1715-1720.

[57] Tomota Y，Lukáš P，Neov D，et al. In situ neutron diffraction during tensile deforma-tion of a ferrite-cementite steel [J]. Acta Materialia，2003，51（3）：805-817.

[58] 黄青松，李龙飞，杨王玥，等. 共析钢的过冷奥氏体动态相变和组织超细化 [J]. 金属学报，2007（07）：724-730.

[59] 陈伟，李龙飞，杨王玥，等. 过共析钢在过冷奥氏体形变过程中的组织超细化 [J]. 材料研究学报，2008（04）：374-378.

[60] 张占领，柳永宁，张柯柯，等. 形变对超高碳钢组织细化的影响 [J]. 材料热处理学报，2009，30（03）：89-91.

[61] 惠卫军，田鹏，董瀚，等. 形变温度对中碳钢组织转变的影响 [J]. 金属学报，2005，41（06）：611-616.

[62] Harrigan M J，Sherby O D. Kinetics of spheroidization of a eutectoid composition steel as influenced by concurrent straining [J]. Materials Science and Engineering，1971，7（4）：177-189.